建筑设计基础

ARCHITECTURAL DESIGN BASICS

黄琪 周婧 袁铭 著

HUANG QI ZHOU JING YUAN MING

同济大学出版社·上海

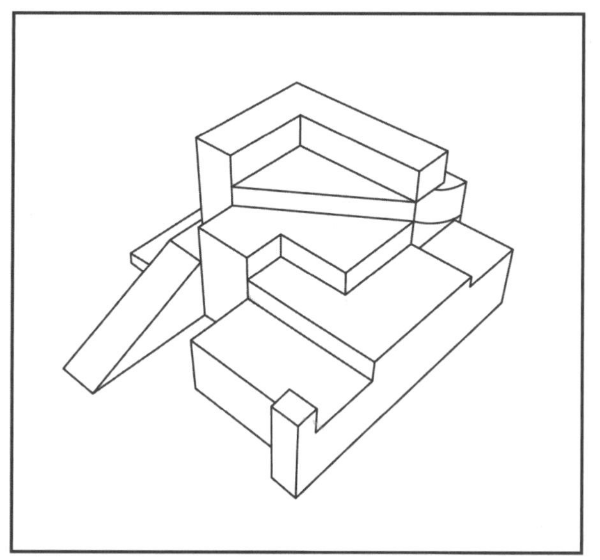

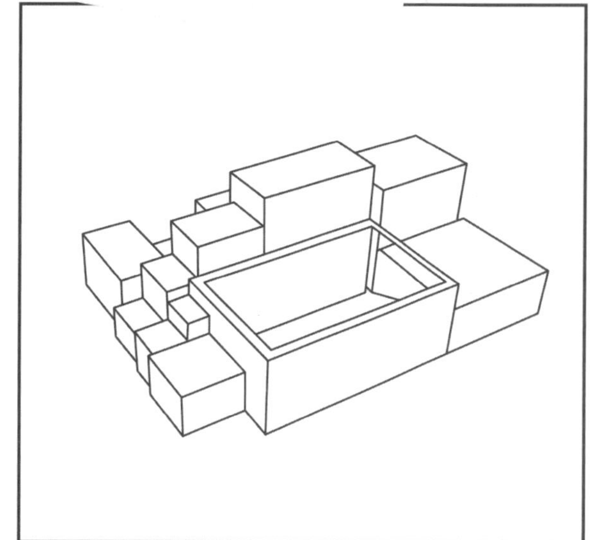

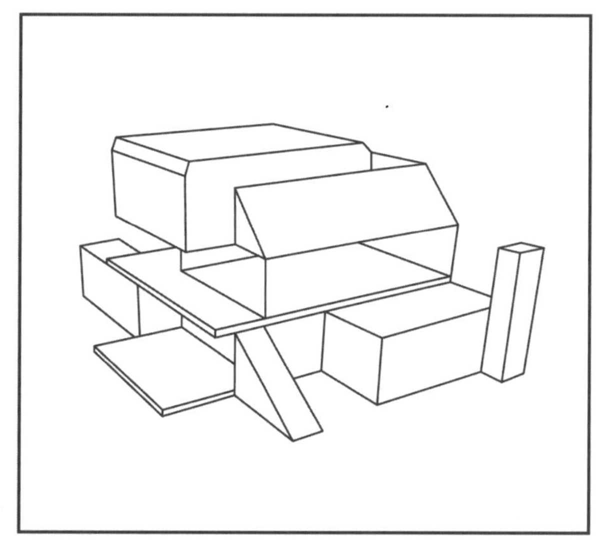

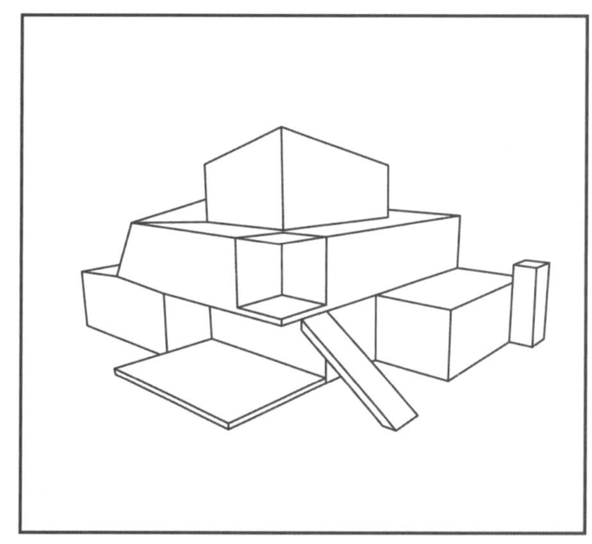

图书在版编目（CIP）数据

建筑设计基础 / 黄琪，周婧，袁铭著 . -- 上海：同济大学出版社，2024.3
ISBN 978-7-5765-1072-0

Ⅰ . ①建… Ⅱ . ①黄… ②周… ③袁… Ⅲ . ①建筑设计－教材 Ⅳ . ① TU2

中国国家版本馆 CIP 数据核字 (2024) 第 056958 号

建筑设计基础

黄琪 周婧 袁铭 著

出 品 人 金英伟
责任编辑 由爱华 责任校对 徐春莲 装帧设计 吴雪颖
出版发行 同济大学出版社 www.tongjipress.com.cn
（地址：上海四平路 1239 号 邮编：200092 电话：021-65985622）
经　销 全国各地新华书店
印　刷 上海安枫印务有限公司
开　本 787mm × 1092mm 1/16
印　张 13.5
字　数 270 000
版　次 2024 年 3 月第 1 版
印　次 2024 年 3 月第 1 次印刷
书　号 ISBN 978-7-5765-1072-0
定　价 78.00 元

FOREWORD

序言

教育教学工作如同流水，教材应该不断更新，随人才需求、就业要求新变化而变化。《建筑设计基础》新教材的编写考虑到专业群（建筑、室内、景观）学生择业的多样性和个人专业发展的需要，为他们提供了帮助和可能。新教材的结构安排合理清楚，分为建筑认知、分析、表达三大基础板块、八个单元，特点鲜明。在培养学生专业理论认知的基础上强化了专业技能的训练，这对高职学生来讲十分重要。新教材符合社会发展对高职专业人才的需求，是一本好教材，期待早日出版投入使用。

郑孝正

2023 年 10 月

PREFACE

前言

无论是在普通本科院校还是在职业技术院校，“建筑设计基础”作为建筑设计类专业启蒙和为后续设计课程打基础的课程，不仅要有一定理论支撑，启发学生专业学习兴趣，同时也要与时俱进，能够很好地配合设计课教学特点。本教材根据学生的定位，搭建框架体系，分为建筑认知基础、建筑分析基础、建筑表达基础三大板块，下设八个单元，每个单元设置相应的单元目标、任务和要求。第九单元收录学生单元任务作业优秀案例，为学生提供参考。

教材单元任务重点依托住宅建筑类型，借助自主研发的小住宅大模型实体及其虚拟平台，案例引领、以训促能，在培养学生从二维到三维空间认知、分析与表达能力的基础上，构建起专业基础板块课程与专业核心课程（建筑设计一、建筑材料与构造、室内设计、景观设计）之间交互的课程链。教材编写注重价值引领，育训结合，将知识传授和技能训练融入整个教学过程，通过每个单元任务的知识点深挖思政元素，弘扬中国优秀传统建筑文化，培养学生理想信念、“工匠精神”以及健全的人格与价值观。教材编写融入信息化技术，纸质教材通过模块化单元组织，重点形成支撑单元任务所需的知识点和技能点，在个别单元利用二维码关联实现知识拓展外延，配合虚拟仿真平台满足学生的个性化需求。

本教材注重知识与技能相结合，案例分析与学生作业并重，能够帮助初学者配合训练掌握建筑设计基本知识和技能，具有很强的教学指导作用。本教材适合职业技术院校、应用型本科建筑设计类相关专业的学生使用。

CONTENTS

目录

上篇

建筑认知基础

第一单元

初识建筑

单元概述

单元目标

（1）学会从不同视角理解建筑；

（2）了解建筑设计专业相关特点；

（3）掌握科学的学习方法，树立正确的价值观，培养良好的职业道德与修养。

单元任务

初识建筑——分享一个喜欢的建筑、室内、景观作品。

1.1 有关建筑

1.1.1 建筑释义

在日常生活中，我们每天都会与形形色色的建筑接触，那么，什么是建筑？历史上有很多名家对这个问题进行过思考：德国哲学家黑格尔认为“建筑是凝固的音乐”；法国大文豪雨果说“建筑是石头写成的史诗”；古罗马著名建筑师维特鲁威提出建筑的三要素是“实用、坚固、美观”；现代建筑巨匠勒·柯布西耶认为“建筑是在光线下对形式的恰当而宏伟的表现”；赖特认为“建筑是人的想象力驾驭材料和技术的凯歌”；贝聿铭认为“建筑是有生命的，它虽然是凝固的，可在它上面蕴含着人文思想”。这些名家从不同的角度对建筑这个概念进行过不同层次的解读，作为初涉建筑专业的学生，我们可以从以下三个层面理解“建筑”。

建筑是建筑物与构筑物的统称：建筑物是指直接提供人们进行生产、生活或其他活动的房屋或场所，如住宅、学校、办公室、体育馆、影剧院等。构筑物是指间接提供人们使用的建造物，如烟囱、水塔、堤坝、桥梁等。其他如纪念碑、城市雕塑等属于广义的建筑范畴（图 1-1）。

建筑是一种建造活动：建筑是设计师为满足社会生活需求，利用所掌握的物质技术手段，运用科学的技术、理念和法则进行创造的特定行为；是从原始的、遮风避雨的庇护场所逐步演化成为一种承载人们工作、生活及其他社会行为的综合体。

建筑是建筑专业的简称：建筑作为一门综合研究建筑物或构筑物的学科，主要研究建筑功能、技术、艺术等方面的相互关系，研究如何综合运用结构、施工、材料、设备等方面专业知识进行建筑设计，以建造适应人们物质和精神需求的建筑物。

1.1.2 建筑属性

建筑包含以下四个基本属性：适用性、工程技术性、艺术性和社会文化性。

适用性：建筑的适用性是指在建筑空间的尺度、功能、材料、设备、建筑高度、朝向等方面满足预定使用要求的能力。为了满足建筑适用性的原则，我国出台了一系列相关规范要求，详细地将建筑设计中每一项规范、技术规程等标准化。[1] 作为我国落实 “碳达峰、碳中和” 目标的重要领域，建筑业必须持续提升建筑效能，大力推动建筑业绿色低碳转型，加快智能建造与新型建筑工业化协同发展。

工程技术性：建筑的工程技术包含建筑材料、建筑结构、建筑设备、建筑施工等方面内容。随着生产力的不断进步，建筑工程技术水平也得到了不断的提升，这彰显

1《民用建筑设计统一标准》（GB 50352—2019）、《建筑设计防火规范》（GB 50016—2014）、《绿色建筑评价标准》（GB/T 50378—2019）等规范中都对建筑设计提出了一系列适用性的要求。

建筑物

构筑物

其他

图 1-1 广义建筑范畴

出人类的智慧和力量。作为构造建筑的重要手段，工程技术是推动建筑发展最活跃的因素。不同时期建筑技术的变革也是建筑形式的灵感来源。目前绿色技术创新正推动着行业发展方式的绿色转型，也为绿色建筑设计赋予了新动能。

艺术性：作为技术与艺术的结合体，建筑的艺术性主要体现在建筑的形态与空间之美，体现在建筑对构图、比例、尺度、韵律、虚实等多方面的考虑。古往今来，建筑的形式千变万化，但在形式美的法则上却是大体相通的。

社会文化性：建筑与社会有着密不可分的关系，从原始的棚屋到现代的高楼大厦，建筑的发展都是在社会的大背景之下进行的。建筑的社会文化性体现在建筑与社会制度、社会意识形态，以及社会现实问题的关系上。建筑的社会文化性还体现在不同社会形态下赋予建筑不同的时代特征等方面，如历史文脉、民族性与地域性等（图1-2）。

1.1.3 建筑类型

一般可按建筑使用性质和功能、高度和层数、建筑体量和规模等划分建筑类型。

按建筑使用性质和功能分类：建筑物根据其使用性质，可分为生产性建筑与民用建筑两大类。生产性建筑是人们从事工业、农业、畜牧业、养殖业、渔业等生产以及生产辅助的建筑，如各类工业厂房、农业生产加工用房等，其形式与规模一般由生产内容与生产工艺决定（图1-3）。民用建筑是满足人们日常生活使用的非生产性建筑，根据使用功能可分为居住建筑和公共建筑两大类（图1-4）。居住建筑是供人们生活起居和活动使用的建筑。公共建筑是供人们进行各种社会活动的建筑。民用建筑两大类型根据不同的建筑功能还可以进一步细分。[2]

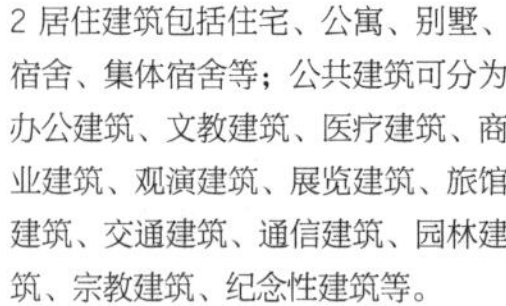
2 居住建筑包括住宅、公寓、别墅、宿舍、集体宿舍等；公共建筑可分为办公建筑、文教建筑、医疗建筑、商业建筑、观演建筑、展览建筑、旅馆建筑、交通建筑、通信建筑、园林建筑、宗教建筑、纪念性建筑等。

按建筑高度和层数分类：建筑物可按照不同的高度和层数进行分类，公共建筑按照高度和层数分类时，可分为非高层、高层、超高层建筑。住宅类建筑按照层数进行分类时，可分低层、多层、中高层、高层以及超高层住宅（表1-1）。

宫殿

民居

中国古代封建制度下，庄严和宏伟宫殿一砖一瓦都显示出皇权以及不可逾越的等级制度，与民居形成鲜明对比。

图1-2 建筑社会文化性

农业建筑

工业建筑

图 1-3 生产性建筑

公共建筑

居住建筑

图 1-4 民用建筑

表 1-1 建筑按层数与高度分类

层数 / 类别	非高层	高层	超高层
公共建筑	建筑高度不超过24m的建筑	建筑高度超过24m的两层以上的建筑	建筑高度超过100m或40层以上的建筑
住宅建筑	1~3层为低层、4~6层为多层、7~9层为中高层	10层及10层以上建筑	40层以上建筑

按建筑体量和规模分类：建筑物的规模有单栋建筑规模和总体规模建筑之分。面积在 3000 ㎡以下的单栋建筑称为小型建筑，面积在 3000 ~ 100000 ㎡的称为中型建筑，面积达到或超过 100000 ㎡的建筑称为大型建筑。居住类建筑和学校虽然单栋建筑面积不大，但总体建筑规模较大，所以一般被称为集群建筑。还有一类建筑综合体（Building Complex），将城市活动中办公、居住、商业、餐饮、会议、娱乐等不同

功能空间进行有机组合，其体量和规模都相对较大。

其他分类方法： 建筑物还可以按照主要承重结构形式、主体结构的耐久年限、主体结构形式以及建筑耐火等级等进行分类，比如按建筑承重结构形式可分为砖混结构建筑、框架结构建筑、框架–剪力墙结构建筑、剪力墙结构建筑、筒体结构建筑、排架结构建筑等。

1.2 走进建筑

1.2.1 建筑空间

对于初学者理解建筑空间，老子在《道德经》里的一段话非常经典："埏埴以为器，当其无，有器之用。凿户牖以为室，当其无，有室之用。故有之以为利，无之以为用。"这段话大意是指糅合陶土做成器具，有了器皿中空的地方，才有器皿的作用。开凿门窗建造房屋，有了门窗四壁中空的地方，才有房屋的作用。所以"有"给人便利，"无"发挥了它的作用。建筑空间简单来说就是可供人们生活与使用的地方。不同于绘画、雕塑、装饰艺术里的空间，建筑的空间强调的是人与空间的结合。

建筑空间按空间围合的方式与开放程度可分为封闭空间、半封闭空间、开敞空间、流动空间。封闭空间相对完整、独立，私密性较好；半封闭空间一般有顶无墙或部分无墙，介于室内与室外空间之间，可将建筑与外部空间分离，并成为室内与室外的过渡性空间；流动空间的特点是既有独立性又有连通性。建筑空间可以在水平或者垂直方向上组合：水平横向组合是指在同楼层范围内，通过走道、门厅、休息厅等公共空间与各种房间组合，或将建筑内部空间与外部空间组合，形成庭院、外廊、平台等半室外空间；垂直纵向组合是指各楼层之间通过楼梯、电梯、自动扶梯、坡道以及中庭等垂直交通，将各种房间组合或连通成垂直空间，由此形成千变万化的建筑外部形体（图 1-5 ～ 图 1-7）。

1.2.2 建筑形体

建筑的外部形体与内部空间是相互共生的关系，就如人的外在形体与内部骨骼的关系。我们一般可以从体形与体量两方面去理解建筑形体。体形是指建筑形体的几何形状，体量是指建筑物在空间上的体积，包括建筑的长度、宽度与高度，是人对建筑几何形状大小的感知。一般而言，建筑形体长、宽、高越大，其体量也就越大，但这并

绘画空间

雕塑空间

建筑空间

绘画空间：通过透视效果、画面纵深度等二维的方法来展现三维空间效果。

雕塑空间：强调占用空间的量块感。

建筑空间：有深度、序列、形状等不同限定方式，但都强调人与空间的结合。

图 1-5 不同空间比较

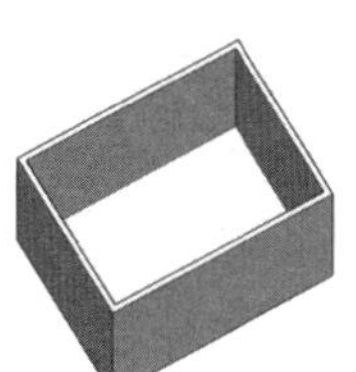

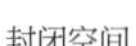

封闭空间

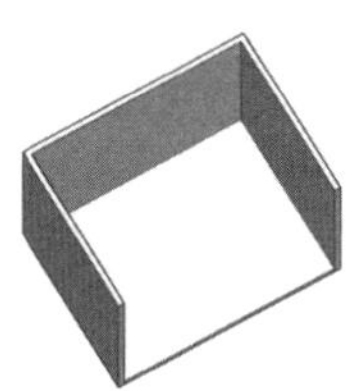

半封闭空间

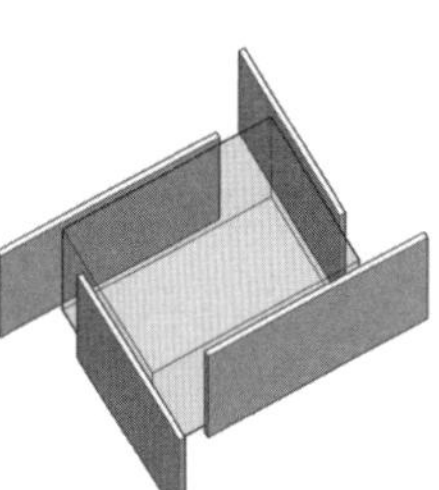

流动空间

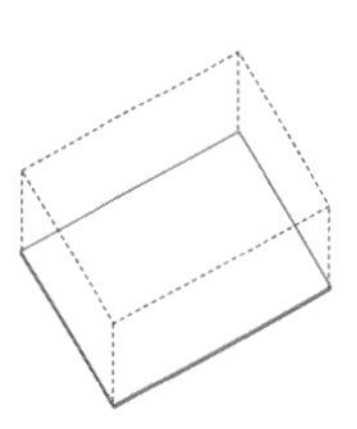

开敞空间

图 1-6 建筑空间形式

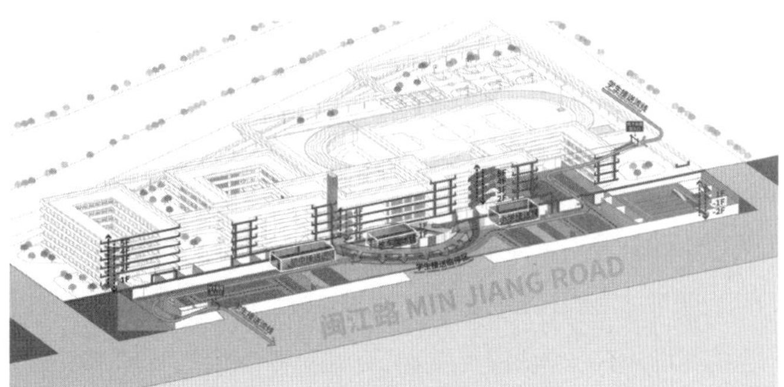

横向组合

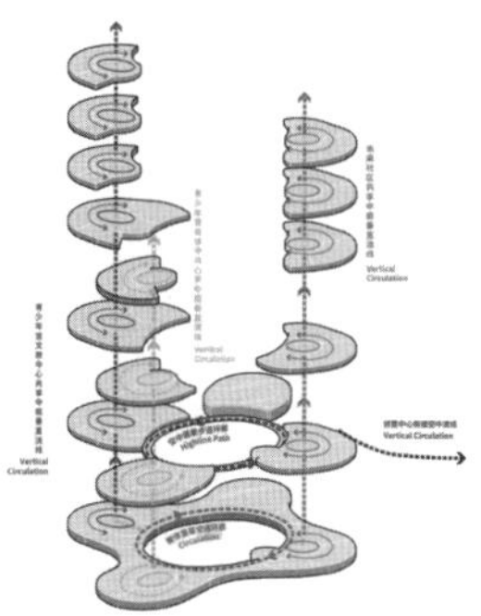

纵向组合

图 1-7 建筑空间组合

不是绝对标准，只是相对人体尺度而言，建筑体量综合了建筑物实际体积和感知体积。

大多数建筑形体都不只是一个简单的几何形体，而是由多个形体组合而成的。建筑形体轮廓越复杂，其三维几何形体构成也越复杂。无论是米兰大教堂哥特式的尖顶、佛罗伦萨主教堂的大穹顶，还是罗马斗兽场优美的环形券廊，这些建筑的内部空间与外部形体都是相对应的（图 1-8）。

1.2.3 建筑环境

我们生活的环境包括自然环境和人工环境两方面。自然环境是指自然界中原生态的山川、气候、地形、地貌、植被以及一切生物所构成的环境。人工环境是指人类改造自然界形成的人为环境，如城市、建筑、道路、桥梁等。人工环境是人类更持久、更舒适的栖身环境。绿水青山就是金山银山，我们不仅要加强对生态环境保护，而且还要加强对身边这些已建成人工环境的保护。在城市中，建筑与建筑、建筑与周围环境，以及城市各街道之间所形成的中间地带就是一个有秩序的人造环境（图 1-9）。这些城市空间中除了建筑，还有地形地貌、街道（街区）和各种基础设施等要素，这些要素在不同的外界条件、组织规则影响下，形成丰富多变的城市形态。我们常用城市地图来记录城市空间分布，记录城市地表各要素位置分布情况，并以此来认识城市环境与形态。我们常说的“城市肌理”，简单地理解就是在这些物质要素共同作用下城市形态的图底关系与平面表达（图 1-10）。

1.3 有关设计

1.3.1 设计释义

何谓设计：设计是一种创造的过程，需要根据设计对象的特点进行合理的创作，并运用技术手段将设想通过各种形式表达出来的过程。设计过程往往会受到诸如经济、技术、法规、市场等很多方面因素的制约，但也可能因此获得不同的设计思路与灵感。

设计特点：设计具有创造性、综合性、双重性、社会性、过程性等诸多方面的特点。设计创造离不开丰富的想象力和开放的思维方式，同时也需要严谨的分析概括、总结归纳等逻辑思维能力，两者兼顾才能满足设计的基本要求。设计也是一个众多环节相互作用与平衡的过程。无论在设计的哪个阶段都需要不断地思考、调整、细化和完善，最终才会得到一个令人满意的方案。

米兰大教堂

佛罗伦萨主教堂

罗马斗兽场

图 1-8 建筑外部形体与内部空间

图 1-9 城市空间——上海陆家嘴

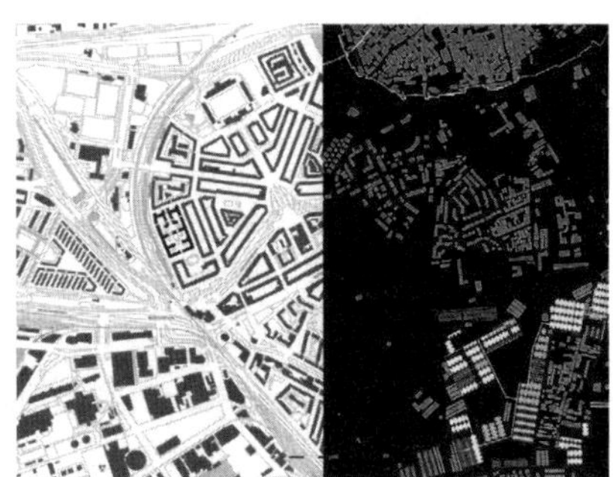

图 1-10 城市肌理

设计内容：设计内容包括功能设计、形态设计、空间设计等方面。功能设计是设计中最重要的环节。功能设计必须充分考虑不同使用要求，以及使用功能的可持续性和建筑物在使用过程中的可改造性。在设计中，除了满足功能要求，还需要满足美观方面的要求。形态设计是与功能、技术和环境设计同时进行的，贯穿设计的整个过程。空间设计有多种含义，对应不同的空间层次，不仅要考虑建筑内部空间，还要考虑建筑外部空间环境。建筑设计的过程就是一个不断解决功能、技术、环境和形式之间矛盾的过程。

设计目标：任何物质层面的空间与场所设计，最终都要落实在创造美好生活，推进人与自然和谐共生，不断实现人民对美好生活的向往，满足对绿色、安全、健康的人居环境的需求上。

1.3.2 相关专业

建筑设计：建筑设计根据工程项目的规模和复杂程度，一般提供设计前期、建筑设计和设计后期三类设计服务（图 1-11）。在建筑设计阶段又可分为方案设计、初步设计和施工图设计三个阶段，这三个阶段按照工程建设项目基本程序来进行，在时间进程和设计深度上依次递进。对于一些小型建筑工程，可以不做初步设计，从方案设计直接进入施工图设计。

方案设计是建筑设计的第一个环节，是一个从无到有、从混沌到清晰的创作过程，也是方案从最初的构思、立意到最后呈现在图纸上的过程。同一个设计任务，由于构思角度不同，可以做出各种不同的方案[3]。建筑方案设计文本是依据设计任务书和有关文件、规范编制而成的，一般包括设计说明书、设计图纸、投资估算、建筑表现图四部分。一些大型或重要的建筑可根据工程的需要加做建筑模型。

3 为了选出最佳方案，提高设计质量，根据《中华人民共和国招标投标法》的规定，对于规模较大的项目或重要影响力的项目，需采用招标的方法来征集多种方案。

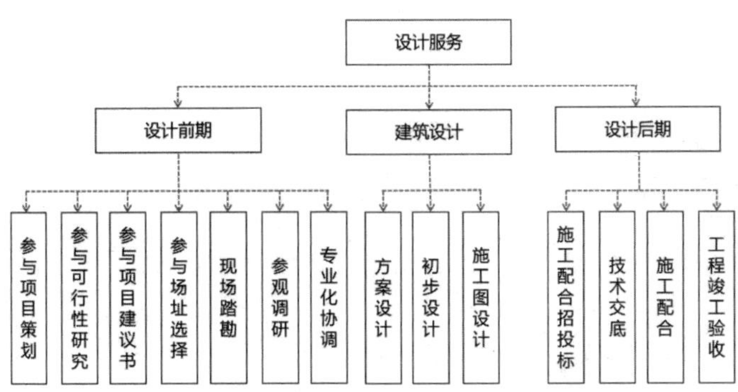

图 1-11　建筑设计的不同类型和阶段

室内设计：室内设计与建筑设计密不可分。从专业类别来讲，两者都属于建筑学范畴，专业学习的内容和技能有许多相通之处。建筑设计的目标是为营造实用、坚固、美观的使用空间，满足人们对场所的需求。按照工作阶段划分，建筑设计阶段仅负责完成建筑工程的构架，而建筑空间要达到可以供人使用的阶段还需要室内设计进一步深化。因此可以说，建筑设计是室内设计的前提，室内设计则是建筑设计的延续。

室内设计可以分为居住建筑室内设计、公共建筑室内设计、工业建筑室内设计和农业建筑室内设计。一般室内设计师所从事的主要以居住建筑室内设计（即家装）和公共建筑室内设计（即公装）为主（图 1-12）。无论哪一类室内设计，均以人在建筑空间的行为活动为基础，尤其在当代，随着健康建筑概念的普及，空间环境、生态人文、物理因素、心理因素等都是室内设计师需要综合考虑的。整个室内设计方案包括物理环境规划、空间风格、材料运用、灯光设计、装饰设计以及成套设备配备等，体现使用空间的实用性、美观性、舒适性，以及人性化。室内环境所涉及的声、光、热等物理环境、室内视觉环境、工程技术等问题都是需要考虑的内容。对于建筑设计专业学生而言，学习室内设计也是一门必修课程，在有一定设计基础后，了解室内设计的设计内容、流程及方法对建筑设计专业素养的提高有很大帮助。

公共建筑室内设计

居住建筑室内设计

图 1-12　室内设计的两种主要类型

风景园林设计：风景园林设计专业也是一门归属于建筑学范畴的学科，主要研究的是园林景观设计、园林工程设计等方面的基本知识与技能，需掌握区域、绿地、园林等风景园林工程项目设计及实际操作的技能，能进行园林景观设计、园林效果图绘制、施工图设计、园林工程管理等。风景园林的设计范围在当代主要可以分为几大部分：其一为以公共绿化、城市广场、园林公园等在内的纯景观型设计；其二为对建筑环境进行配合设计的园林绿化环境设计；其三为新形成的城市景观环境，如道路环境、滨水空间、口袋广场等（图 1-13）。

纯景观型设计

配合建筑环境设计

城市景观环境

图 1-13 风景园林设计类型

风景园林设计与建筑设计在学科上存在一定的交叉。从研究范围上看，风景园林设计研究范围较广，包含规划层面、设计层面以及施工层面，如公园规划、小区景观规划、道路设计、小品设计、水体设计等，其中也涵盖了景观建筑设计与实践。因此，学习风景园林设计也需要储备一定的建筑设计知识，而在建筑设计专业的学习中，虽然研究的对象以建筑为主，但由于建筑与环境是不可分割的，建筑周边环境的设计实际也是建筑设计需要考虑的重要部分，这也是风景园林设计所涉及的内容。

1.3.3 学习方法

广泛阅读：由于建筑设计相关专业具有多学科交叉、历史和现代融合、形象和逻辑并重等专业特点，一个好的设计作品，其设计者必定具有广博的知识，这就需要我们平时点滴积累。广泛阅读意味着不仅可以从书本上间接地获得知识，还可以从生活中直接阅读。既可以通过阅读大量经典或前卫的建筑设计作品以积累资料，也可以从展览会、学术讲座、新闻媒体、竞赛、国内外学术交流等活动中摄取有用的知识。建筑界的前辈曾告诉我们："学建筑要会生活"，"处处留心皆学问"，周围值得观察学习的建筑比比皆是。我们生活的城市，其功能、尺度等问题都可以作为研究对象，我们参加活动的场所也有值得分享借鉴之处。许多建筑师都会随身带着相机、笔记本等，随手记录和勾画生活中观察到的点滴，作为设计灵感的积累，这些经验都是值得借鉴的。

手脑结合：设计是对一个设计项目从无到有、从粗到细、不断寻找各种矛盾解决方案的过程，需要经过反复修改，逐步深入。因此，从全局到局部、从总体到个体，都要经过深思熟虑，反复推敲。在构思方案时，设计师常常敏于思而讷于言，但手中的笔却可以随着自己的思路在图纸上不停地勾勒，边思考边修改，这就是手脑结合的设计过程。建筑设计相关专业的学生必须经过特定的训练使自己具有一定的绘画基础、鉴赏能力和徒手草图的能力。在建筑设计的方案阶段，草图是捕捉灵感和发展思维的最好方法（图 1-14）。

在实践中学习：建筑设计工作的核心就是在设计过程中不断寻求各种矛盾的解决办法，不断修改，以获得最佳方案。设计过程本身就是实践过程。因此，建筑设计相关专业的学习也只有不断地实践，在实践中不断发现问题并解决问题，才能逐步积累科学的设计方法，并将设计意图通过图纸准确地表达出来（图 1-15）。

速写本　速写笔　相机

图 1-14 草图与记录工具

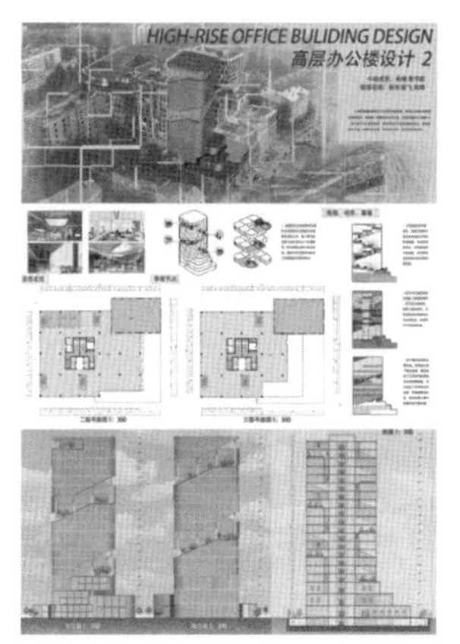

建筑设计图纸

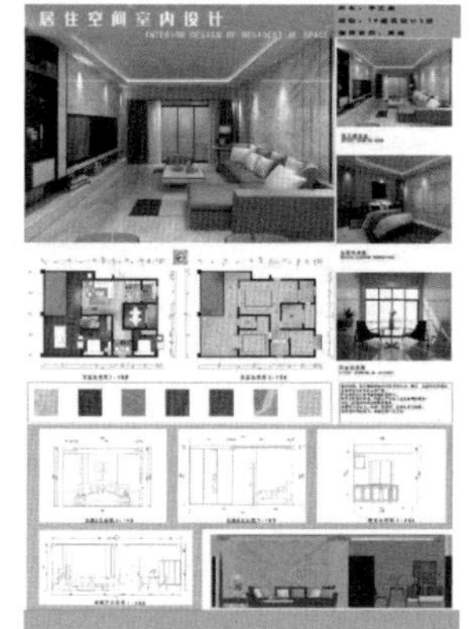

室内设计图纸

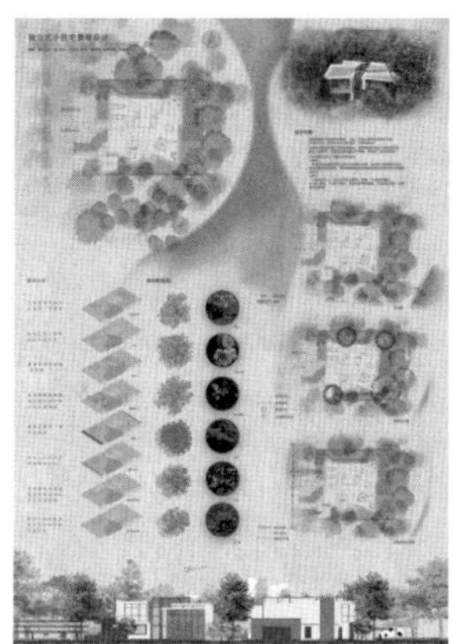
景观设计图纸

图 1-15 学生作业

扫码观看：建筑调研方法

单元任务

初识建筑——分享一个喜欢的建筑、室内、景观作品

任务内容

以小组为单位分享一个喜欢的建筑、室内、景观作品。

任务要求

（1）现场调研或者文献调研；

（2）汇报形式不限（PPT、短视频、手绘、照片），介绍该作品吸引你的地方。

第二单元

理解建筑

单元概述

单元目标

（1）了解建筑的基本组成部分；

（2）从构件、材料、建造等不同视角理解建筑，建立专业思维；

（3）强化逻辑思维与观察能力等专业素养的培养。

单元任务

理解建筑——建筑材料与细部体验。

2.1 建筑组成

一栋建筑物是由不同材料、不同位置的多个构件组合而成。在满足一定的功能需求（承重、维护、保温、防水、采光、通风、防潮、降噪等外部条件），保证建筑实用性的同时，也应体现特定的审美价值以及社会文化特征。建筑通常由六个基本部分构成：基础、柱和墙、楼面和地面、屋顶、楼梯和电梯、门窗。每个部分都在建筑中起到了特定的作用，如墙体、屋面起围护作用，避免自然界的风吹雨淋日晒，门窗洞口解决人们室内外进出和采光通风，楼梯解决垂直交通等（图 2-1）。

扫码观看：独立式住宅的构造组成部分

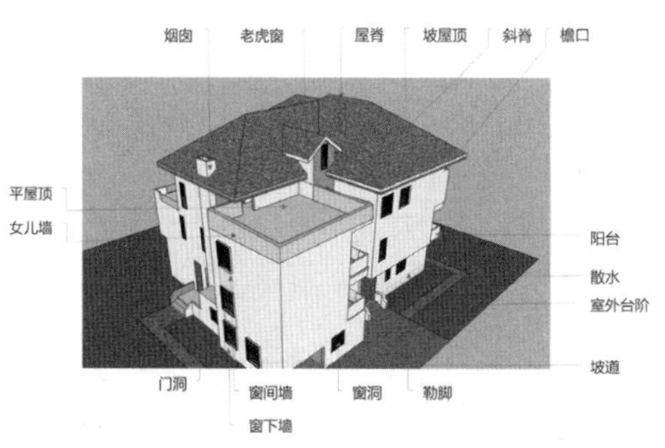

建筑的构成要素——外部

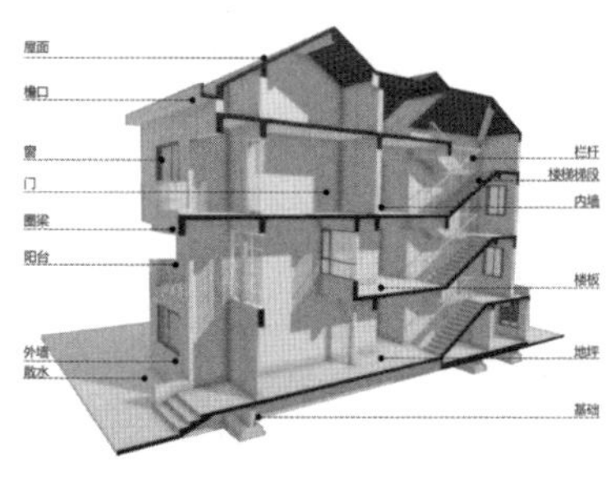

建筑的构成要素——内部

图 2-1 建筑组成部分

2.1.1 基础

基础是指建筑物底部的承重构件，作用是承受上部整个建筑荷载，并将其传递给地基。地基是实际承受整个建筑重量的土层，不属于建筑物的组成部分。基础根据不同标准可划分为各种不同的类型：根据材料和受力情况可分为刚性基础和柔性基础[1]；根据持力层的深度可分为浅基础和深基础[2]；根据外形可分为独立基础、条（带）形基础、筏（板）形基础和箱形基础等（图 2-2）。

1 刚性基础一般用三合土、砖、毛石、混凝土等受压强度大、受拉强度小的刚性材料建造。柔性基础一般用钢筋混凝土建造。

2 深浅基础的划分主要根据基础的埋深而定。建筑物室外地面到基础底面的距离简称埋深。基础的埋深一般大于 0.5m，埋深不超过 5m 的基础叫浅基础，反之为深基础。

2.1.2 柱和墙

柱和墙都是建筑物的主要垂直承重构件，承受其上部梁架结构、楼面及屋面的荷载，并把这些荷载传递给基础。柱是结构中极为重要的部分，在建筑空间中也是非常重要的造型元素，兼具建筑表现和结构受力的双重功能。柱子按截面形式可分为方柱、

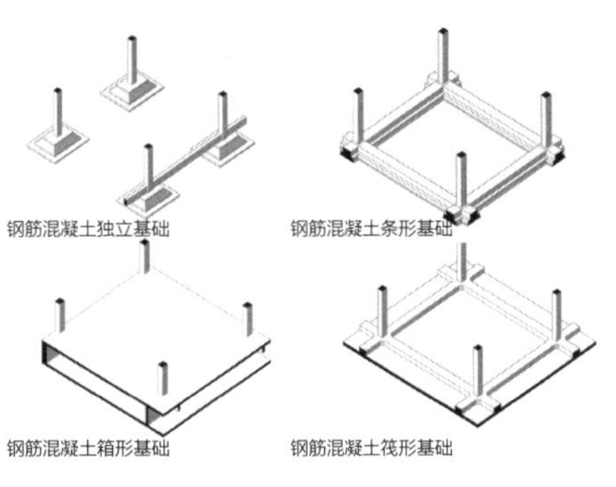

钢筋混凝土基础形式

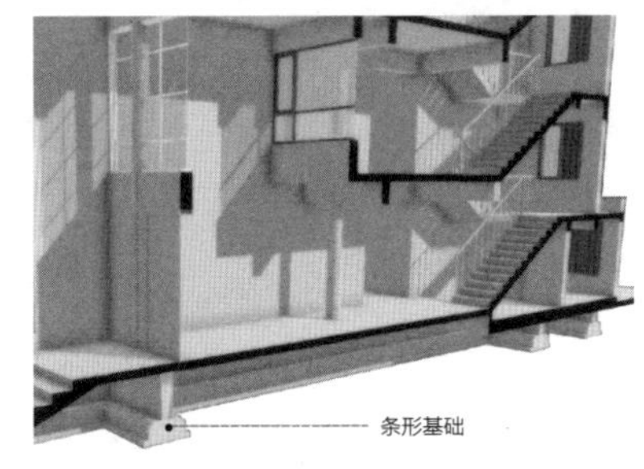

条形基础

图 2-2 基础

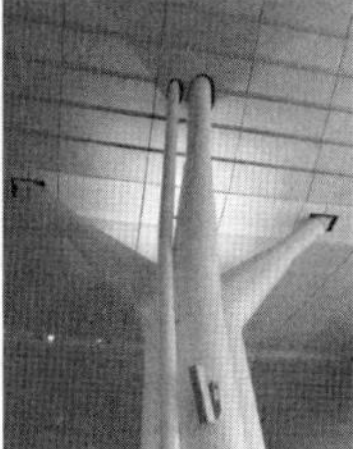

柱的造型

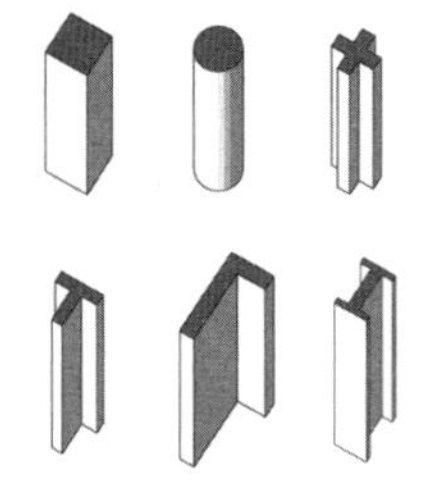

柱的截面形式

图 2-3 柱

圆柱、矩形柱、工字形柱、H 形柱、T 形柱、L 形柱、十字形柱等不同形式。按材料可分为石柱、砖柱、木柱、钢柱、钢筋混凝土柱等类型。按功能，除了承重柱，还有装饰柱和构造柱等不同类型（图 2-3）。

墙体主要起承重、围护和分隔空间的作用。墙体按不同标准可划分为多种不同类型。根据所在位置可以分为外墙和内墙，外墙可以抵御风雨雪、太阳辐射等外界影响，内墙则起着分隔空间、隔声、遮挡视线等作用；根据方向可分为纵墙、横墙，沿建筑物短轴方向布置的墙为横墙，沿建筑物长轴方向布置的墙为纵墙，外横墙又称为山墙；按照受力特点可以分为承重墙与非承重墙；按照材料可分为砖墙、土墙、石墙、混凝土墙等；按照构造方式可分为实心墙、空心墙、复合墙等不同形式。此外，窗与窗之间或者门与窗之间的墙，称为窗间墙，窗下的墙称为窗下墙，平屋顶四周高出屋面部分的墙称为女儿墙。墙体应具有足够的强度、稳定性，外墙除了有保温隔热、防潮防水、防火及隔声等功能需求外，还必须符合建筑形体和立面的设计要求（图 2-4）。

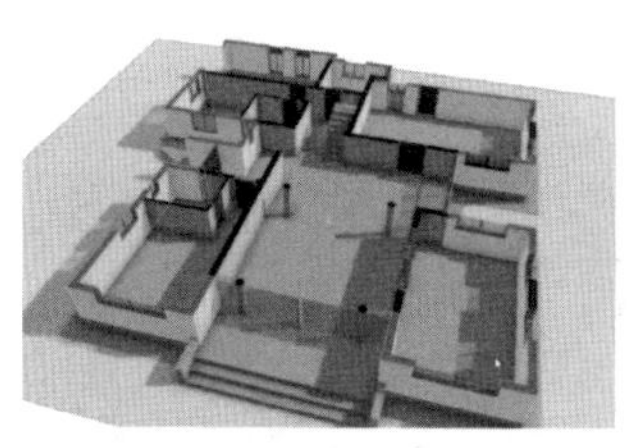
内墙

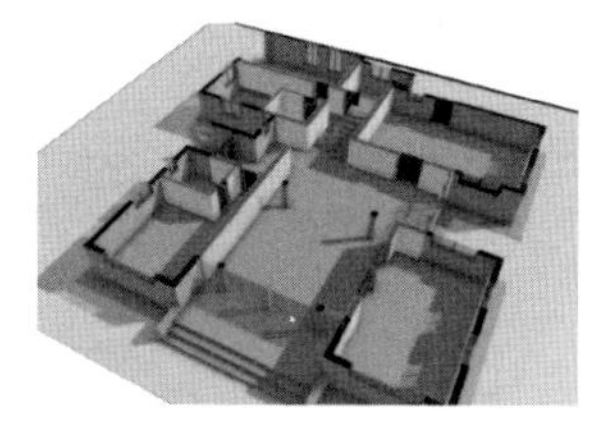
外墙

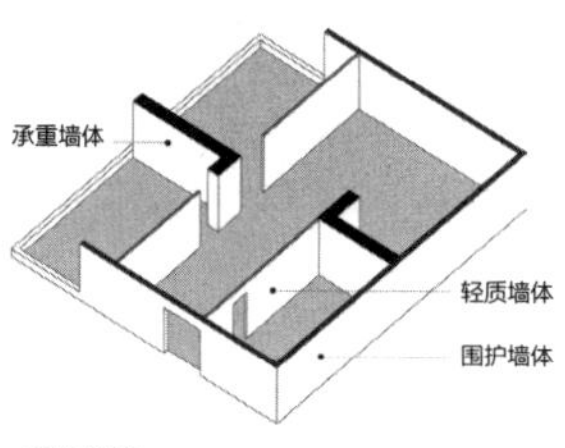

墙的类型

图 2-4 墙

2.1.3 楼板层和地坪

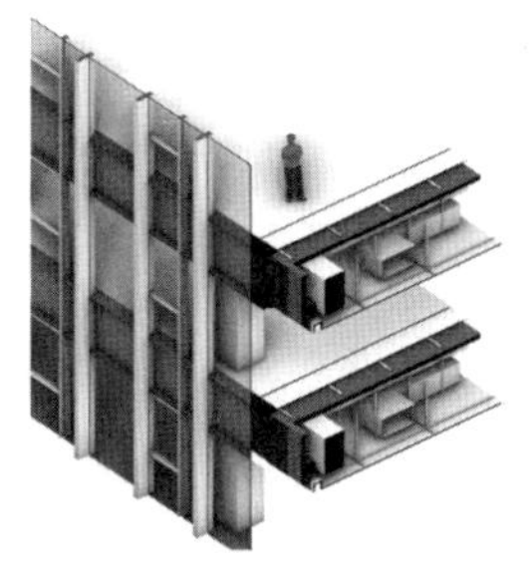
图 2-5 楼板层剖切透视图

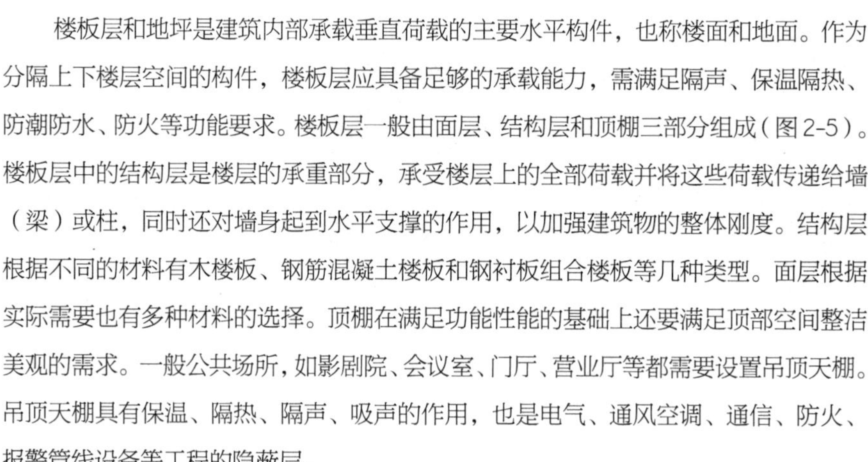
楼板层和地坪是建筑内部承载垂直荷载的主要水平构件，也称楼面和地面。作为分隔上下楼层空间的构件，楼板层应具备足够的承载能力，需满足隔声、保温隔热、防潮防水、防火等功能要求。楼板层一般由面层、结构层和顶棚三部分组成（图 2-5）。楼板层中的结构层是楼层的承重部分，承受楼层上的全部荷载并将这些荷载传递给墙（梁）或柱，同时还对墙身起到水平支撑的作用，以加强建筑物的整体刚度。结构层根据不同的材料有木楼板、钢筋混凝土楼板和钢衬板组合楼板等几种类型。面层根据实际需要也有多种材料的选择。顶棚在满足功能性能的基础上还要满足顶部空间整洁美观的需求。一般公共场所，如影剧院、会议室、门厅、营业厅等都需要设置吊顶天棚。吊顶天棚具有保温、隔热、隔声、吸声的作用，也是电气、通风空调、通信、防火、报警管线设备等工程的隐蔽层。

地坪一般由面层、结构层和垫层三种基本组成。在没有地下室的建筑中，地坪层与土壤直接相连。

2.1.4 屋顶

屋顶是建筑顶部的水平覆盖与承重构件，用以承载雨雪荷载。作为外围护构件的重要组成部分，屋顶也是体现建筑风格的重要元素之一，因此又被称为建筑的第五立面。屋顶有多种分类方式。按照坡度的形态可分为平屋顶、坡屋顶、其他屋顶（如悬索、薄壳、拱顶、折板屋顶等）。按照屋面材料可分为钢筋混凝土屋顶、瓦面屋顶、金属屋顶、玻璃屋顶等。为了安全以及排水需要，平屋顶四周都会设置一圈女儿墙，而坡屋顶下的空间也常用作阁楼，设有老虎窗、天窗等构件，便于空间的有效利用以及建筑造型需求（图 2-6）。

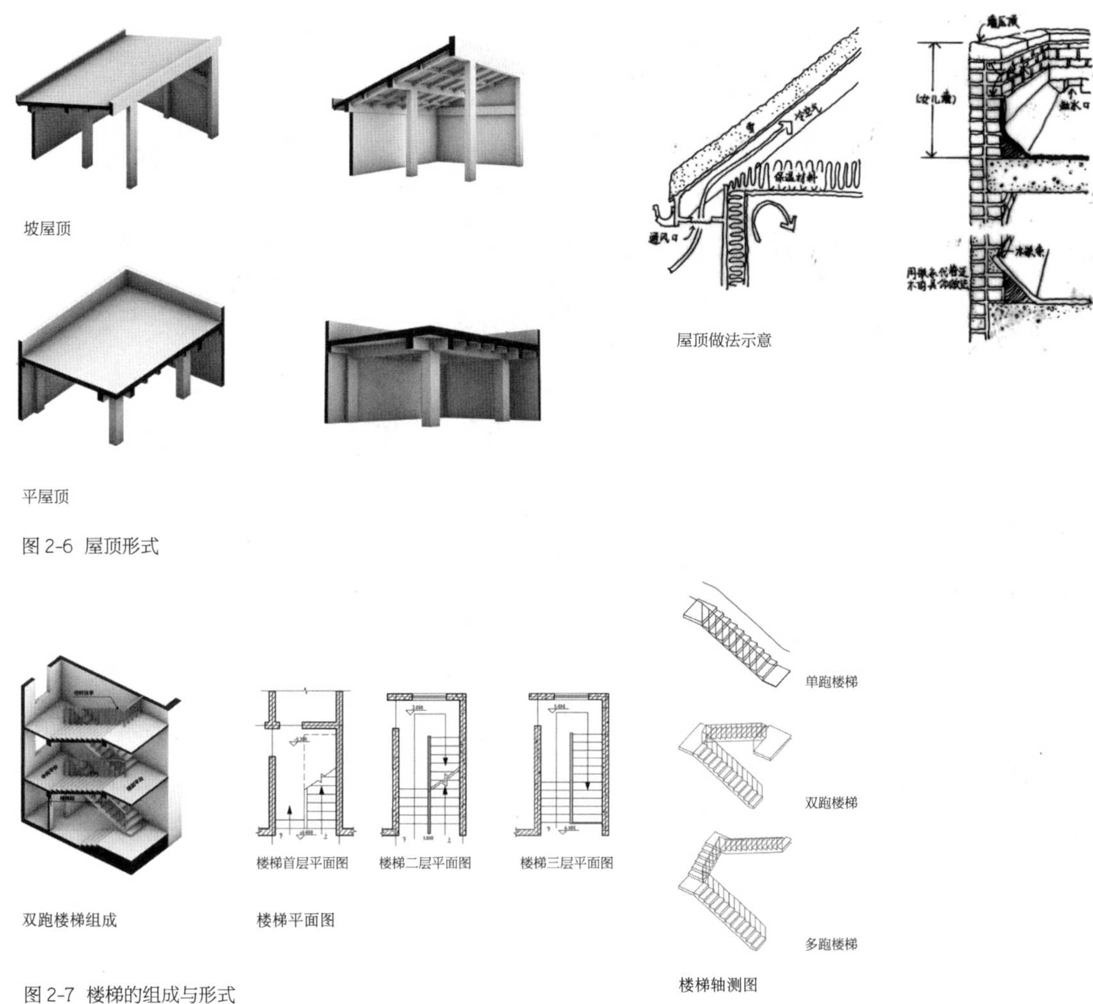

图 2-6 屋顶形式

图 2-7 楼梯的组成与形式

2.1.5 楼梯

作为建筑物基本的构件之一，楼梯、电梯和自动扶梯是建筑中连接不同高度空间的交通设施。楼梯广泛用于低层和多层建筑中。在以电梯和自动扶梯作为主要垂直交通的中高层、高层和超高层建筑中，必须同时设置楼梯作为应急逃生通道。楼梯由楼梯段、休息平台、栏杆和扶手等部分组成。楼梯根据梯段的形式可分为单跑楼梯、双跑楼梯和多跑楼梯等多种形式（图 2-7）。无论何种形式的楼梯都应满足通行方便、坚固耐久、安全防火等消防疏散要求。一般楼梯坡度大于 45° 时称为爬梯，爬梯主要用于屋面和设备维修。

图 2-8 不同造型的门和窗

2.1.6 门和窗

门窗的主要作用是围护与分隔，是建筑的非承重构件。门的主要功能是分隔与连接建筑空间，供人和货物的出入，带有玻璃或通风小窗的门还有采光通风的作用。窗的主要功能是分隔室内外空间、通风采光和观景等。建筑物的门窗应该满足采光和通风、密闭性能和热工性能、使用和消防安全，以及室内外建筑造型方面的要求（图 2-8）。

2.2 建筑结构

2.2.1 支撑与围护

墙体、门窗、屋顶、楼梯（电梯）等建筑的重要组成部分，可根据建造方式和作用分为支撑与围护两大体系。支撑体系是建筑结构，即通过建筑材料与结构形式的结合，以获得所需要的建筑形体与空间。围护体系则是划分室内外的界面。两种体系与建筑材料的完美结合为建筑形式带来了丰富的视觉效果和不同的观感，在承载功能作用的同时，也承载着建筑美学和建筑文化。

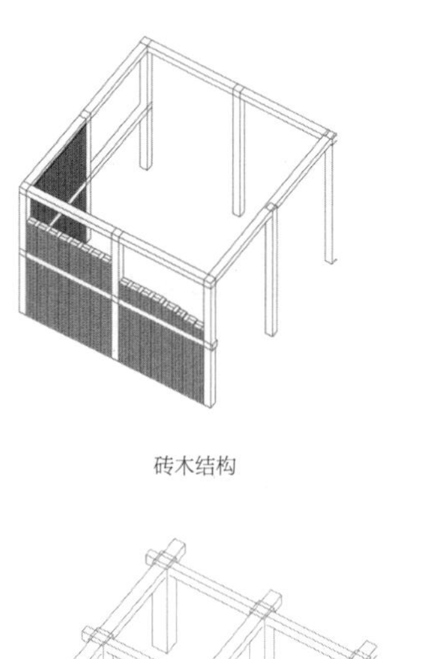

砖木结构

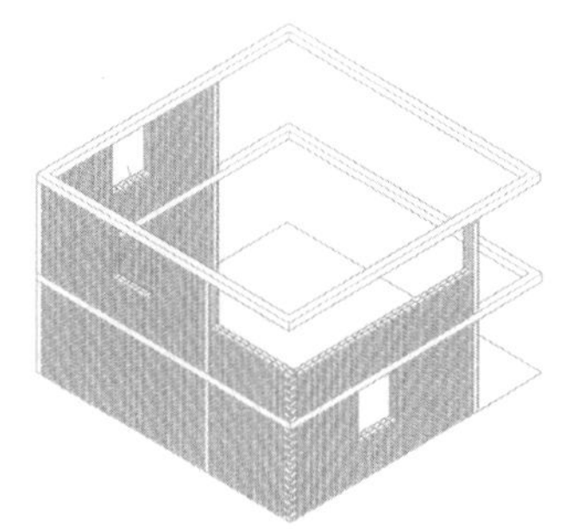

砌体结构

钢筋混凝土结构

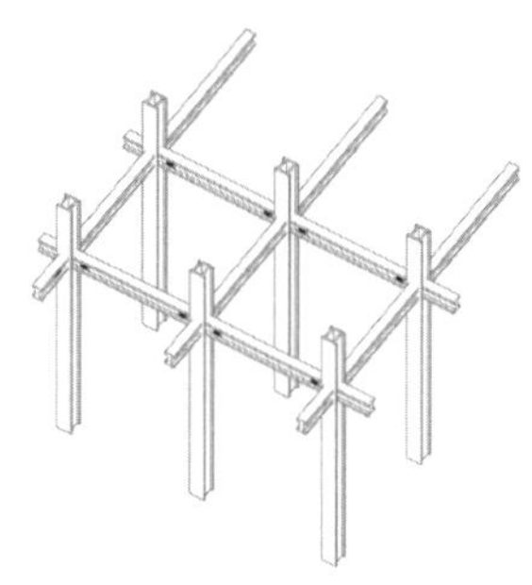

钢结构

图 2-9 结构类型示意

2.2.2 结构类型

砖木结构：砖木结构的主要承重构件均为木材制作，由木柱、木梁、木屋架等组成骨架，砖、石、木板等组成墙体。木结构建筑自重轻、构造简洁、施工方便，木材资源丰富的地区常采用木结构建造房屋。

砌体结构：砌体结构由砖块、块材和砂浆按照一定要求砌筑成其墙体构件。这类结构的优点是原材料广泛、易于就地取材，但由于砌体结构的抗震性能较差，只适用于进深小的低层和多层建筑中，所以具体设计时应遵守国家相关规定。

钢筋混凝土结构：钢筋混凝土结构的承重构件均采用钢筋混凝土材料。此结构的优点是整体性好，刚度大，耐久性和耐火性都较好。

钢结构：钢结构的主要承重构件均采用钢材制成，具有强度高、自重轻、平面布局灵活、抗震性能好等特点，主要用于大跨度、大空间及高层建筑中（图 2-9）。

2.3 材料与细部

建筑材料有石材、砖、木材、瓦、混凝土、玻璃、金属等不同类型。建筑材料和建筑结构一样，是体现建筑美学和建筑文化的重要载体。随着当代建造技术的进步，支撑体系和围护体系的选材可以统一，也可以分开。同一种材料既可用在建筑的支撑结构上，也可用在建筑的围护结构上。不同建筑材料的质感结合不同的建筑形式，会给人们带来不同的视觉效果和心理感受。随着我国可持续发展战略在建筑领域的不断推进与发展，可再生资源建材、新型智能材料、复合多功能材料等新型建筑材料必将以其独特的优势在建筑行业大放异彩。

2.3.1 建筑材料

石材：石材是使用最广、优点众多的建材之一，具有耐久性强、抗压强度高、产地多等特点。石材由于重量巨大，其运输成本也相对较高。不同的石材有不同的特性，使用方法也各不相同。与古代建筑大量运用石材不同的是，当代石材经过加工后，仅用作墙体、窗框、线脚等部位的饰面（图 2-10）。

砖：砖是最古老、使用最广泛的建筑材料，按材质、形状与尺寸的不同可分为实心砖、多孔砖、釉面砖、玻璃砖等。砖的排列方式称为砌法。砖砌法有各种不同的类型，不同地区一般采用当地传统的砖砌法，反映了当地的地域文化。现代设计师们为了适应经济、生态等方面的需求对其不断改良，形成了砖的现代感，使这种传统建筑材料焕发出新的生机（图 2-11）。

木材：和石材、砖一样，木材也是被广泛应用的建材之一。几乎所有的文明都曾采用木材作为建筑材料。木材强度高，相对质轻，并易于切割，常被用于建筑的结构框架，特别适用于屋顶。在传统木构建筑中，木材被用作垂直立柱和水平横梁的承重

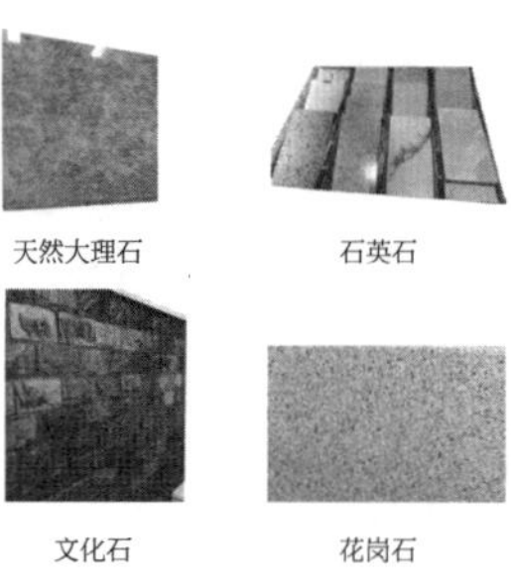

图 2-10 石材

石材饰面类型

石材饰面照片

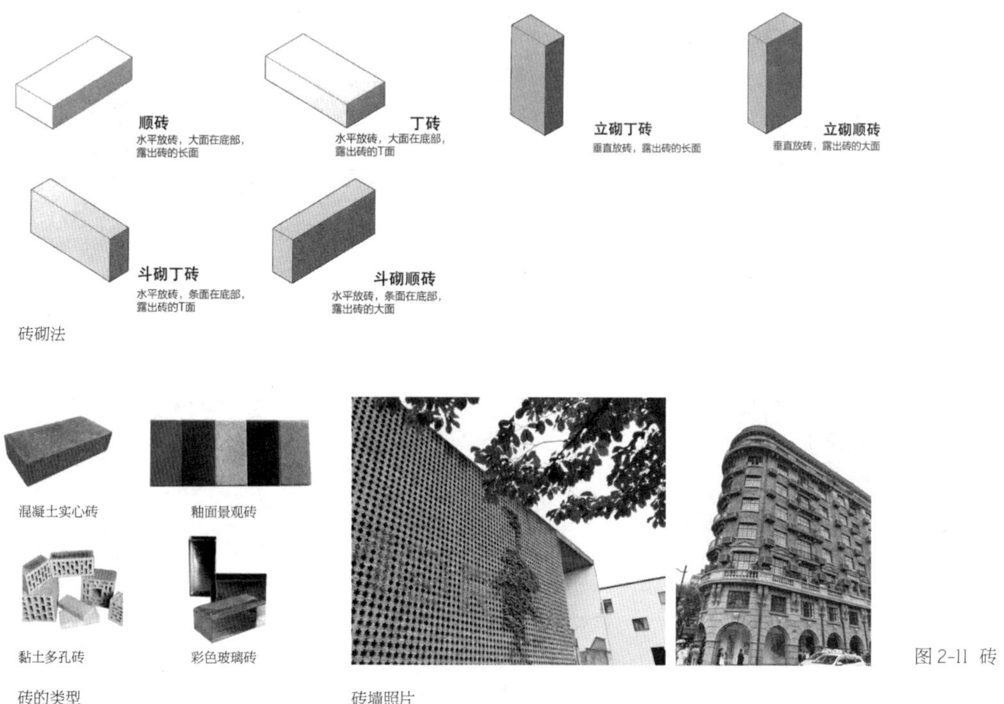

图 2-11 砖

框架，框架中可以填入砖石、灰泥、水泥或抹灰篱笆。有些情况下，木结构外部还可以铺设木包层、瓷砖或砖墙。在现代建筑中，木材常用作贴面材料，根据木材排列的不同方向和表面处理，形成不同的肌理效果（图 2-12）。

瓦片和陶瓷：传统的瓦片是用耐火黏土制成的，由于其不透水，常用于建筑贴面，特别是屋顶外部。瓦片通过模具制作成型，并敷上各种釉料，可以用作表面图案和色彩的装饰。当代建筑中常采用各种类型的人造陶瓷，用于装饰墙面或地面（图 2-13）。

混凝土：混凝土是由水泥、碎石、沙和水混合而成的人造材料。早在罗马时代就已经出现，并用作建筑材料。混凝土将建筑从砖石材料的局限中解放出来，成就了很多古代伟大的经典建筑。在当代，混凝土更是体现很多现代建筑结构美学的重要材料（图 2-14）。

玻璃：玻璃用作窗户的历史悠久，但是用作幕墙的时间并不长。随着混凝土、钢构件建造技术的进步，墙体不再承重，使玻璃等材料制作成幕墙成为可能。幕墙悬挂在结构框架之外，属于非承载结构负荷的建筑围护体系。玻璃在当代建筑中是最常用的幕墙材料，一般有玻璃幕墙的建筑会依赖空调设备来调节室内温度，也会在幕墙外

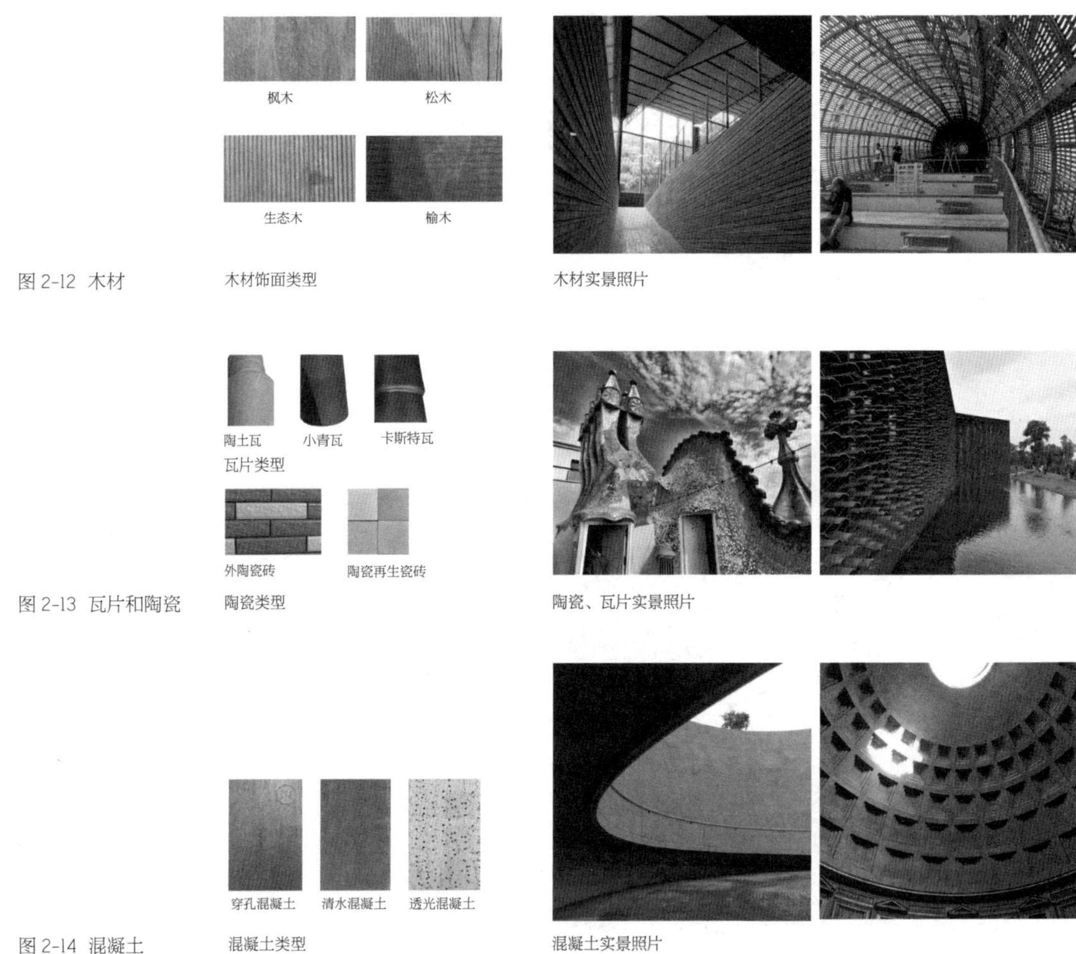

图 2-12 木材

图 2-13 瓦片和陶瓷

图 2-14 混凝土

部加装半透明的镶板、百叶或者方格遮阳罩来控制日照（图 2-15）。

金属与合成材料：金属在 19 世纪已成为重要的建筑材料，特别是钢，不仅用于支撑结构，也常用作墙和屋顶的面层材料。铅、铜、铝等金属及其合成材料因美观、抗腐蚀、抗风化等优点，也越来越多地应用在建筑中（图 2-16）。

2.3.2 建筑细部

功能：建筑细部与构件、材料与构造（建筑构造做法，简单地理解就是处理建筑建造问题的方法，解决各种构件以及材料交接的问题）等因素密切相关。相同的建筑结构和材料因为不同的构造做法和细部处理方式，会产生不同的视觉效果。作为建筑设计和建造的重要内容，建筑细部不仅关系到建筑的质量，也影响到建筑的美观效果。

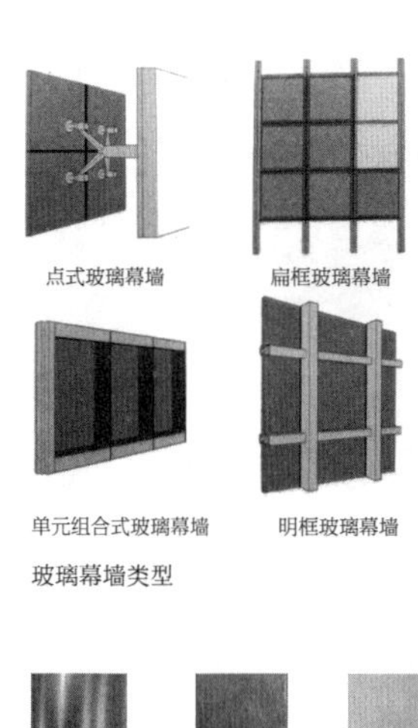

玻璃幕墙类型

玻璃幕墙实景照片

图 2-15 玻璃幕墙

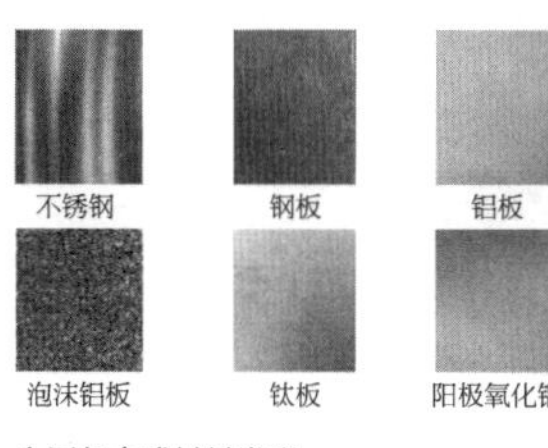

金属与合成材料类型

金属与合成材料实景照片

图 2-16 金属与合成材料

技术与功能的需求是细部的产生和发展的原始动力，而美学的需求促使细部做法的进一步完善。建筑细部不仅涉及建筑技术，也涉及建筑文化和审美。建筑细部对完善和美化建筑整体及各部位的功能、结构、构造等方面起着重要作用，不仅反映建筑整体的身份、性格，也表现出建筑的时代性、民族性和地域特征。比如传统建筑某种构件的做法往往会形成一种特定建筑形式的语言，甚至会形成某种风格或流派。

类型：建筑细部可分为功能性细部、结构性细部、形态性细部等不同类型。简单理解就是在建筑中某些反映功能、结构、形态的连接部位。门、窗户等属于功能性细部。组成建筑结构体系的梁柱、屋架等属于结构性细部。立面、线脚、墙裙之类的装饰物则属于形态性细部（图 2-17）。

原则：建筑细部的设计原则可以从形式与内容的统一、细部的尺度控制、细部的施工与构造等方面入手。无论建筑细部呈现出何种形式，它与建筑整体之间都存在某种内在统一的逻辑关系。作为建筑整体的有机部分，细部设计（构图、样式、肌理、色彩等）需要服从建筑造型的总体要求和建筑的整体构思，通过细部自身的特色，体现出建筑整体的内涵。细部为建筑整体提供尺度感，反映出建筑与城市的关系。设计师运用合理的尺度来体现建筑的形式美，使人感受建筑的内涵和本质，也使人对历史文脉和地方特色产生联想。细部设计还需充分考虑施工与构造的因素，以提升建成后的效果。

图 2-17 建筑细部

单元任务

理解建筑——建筑材料与细部体验

任务内容

以小组为单位对所在校园建筑环境的材料与细部进行调研，选取 10 种以上的材料与细部做法。

任务要求

（1）现场调研；

（2）成果以 PPT 形式汇报（PPT、短视频、手绘、照片），介绍该建筑材料的主要特征与细部做法。

第三单元

阅读建筑

单元概述

单元目标

（1）了解中国传统建筑与西方古典建筑各时期的划分及其艺术内涵；

（2）了解近现代主义建筑的发展与影响，把握当代建筑的发展趋势；

（3）深刻认知中国建筑的设计特征与优越之处，以及当代中国建筑的发展趋势，提升文化自信。

单元任务

走进建筑——中国建筑空间体验。

3.1 中国传统建筑

作为世界上历史最为悠久的艺术形式之一，中国的建筑艺术是中国传统文化的集中呈现，映射了当时的思想认知、意识形态、社会环境、政权体制、技术条件、艺术特征等要素。中国传统建筑的根本基石是土木结构，沿长江、黄河流域，华夏祖先利用自然之中最易于取得的黄土与木材等材料进行庇护所的搭建，也正因如此，中国传统建筑将整体的建造过程称之为“土木之功”，“土木”就成为中国古典建筑的代名词。中国传统建筑在发展过程中，无论在单体建筑还是群体组织上均有着成熟完善的具体做法和体系，加之我国地大物博，各地区居住着不同民族以及聚落群体，所处区域地理气候环境以及人文习俗也大相径庭，由此形成了千变万化的建筑形式（图 3-1、图 3-2）。

传统木构建筑

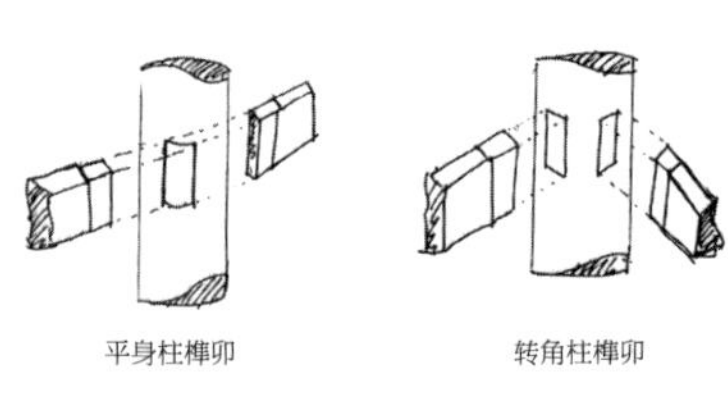

榫卯结构

图 3-1 中国传统木构建筑

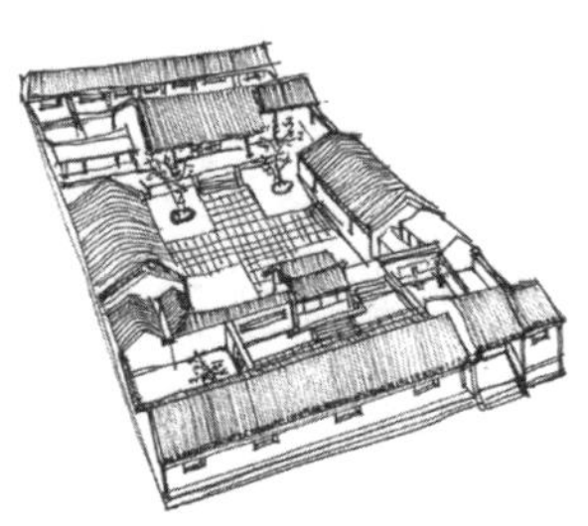

北京四合院

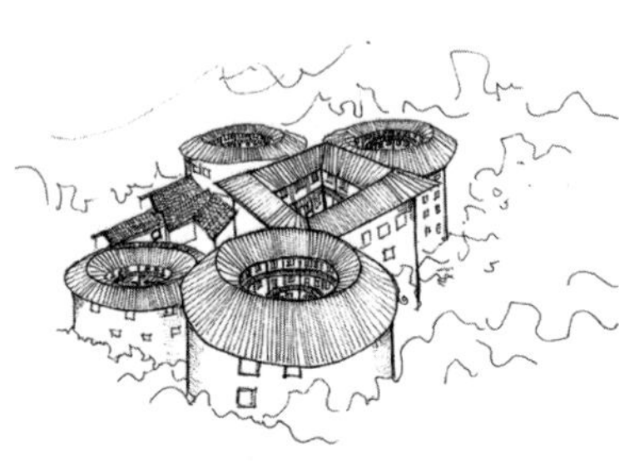

福建土楼

江南民居

山西窑洞

北京四合院：对外只有一个街门，私密性强。中心庭院是人们穿行、采光、通风、纳凉、休息、家务劳动的场所。
福建土楼：御外凝内，出于族群安全采取自卫式的居住样式。
江南民居：依河筑屋，依水成街，前街后河，通风换气、便于防潮，也是人们会友、聊天的场所。
山西窑洞：一般修在朝南山坡上，面朝开阔地带。在气候干燥少雨、冬季寒冷、木材稀少的自然条件下打造冬暖夏凉、经济适宜的居住空间。

图 3-2 中国传统民居

3.1.1 中国传统建筑的主要分类

宫殿：宫殿建筑是中国古代最为重要的建筑，是专供皇帝进行政务和日常生活起居的建筑空间。宫殿以其巍峨壮丽的气势、宏大的规模和严谨整饬的空间格局，给人以强烈的精神震撼，突显出帝王的权威。中国的传统宫殿建筑发展大致分为四个阶段。其一为我国早期文明发展过程中，整体工程及艺术发展水平较低的状态下所呈现的“茅茨土阶”的原始阶段。根据殷墟遗址的考古发现，基本可以确定夏商两代的宫室空间仍处于初级的建设阶段。由于瓦当时还未发明，宫殿建筑是以夯土筑基、茅草盖顶的形式进行建设的。瓦最早出土于西周早期的宫殿遗址之中，伴随着工程技术的发展，逐渐成为重要的建筑构件，后在春秋战国时期被广泛运用。这一时期我国传统宫殿建筑普遍坐落于夯土高台之上，建筑整体以木材为结构框架，搭配筒瓦屋面，于是便有了宫殿建筑的雏形。秦汉以后“宫殿”一词开始正式出现[1]，并有了等级的差别，从此奠定了中国传统宫殿建筑的基础。伴随着宫殿形式的发展，政务处理与生活起居在宫殿的营造过程中被分为两大部分，并逐渐形成了纵向布置的“三朝”。春秋战国时期诞生了我国传统建筑以及城市规划体系之中最为重要的著作《周礼·考工记》。在周礼制度的影响下，宫殿制度逐渐形成“三朝五门”的行政区域划分[2]，这是我国传统社会文化中的等级制度和宗法关系的具体化体现。

1 伴随着秦国统一中国，秦国在咸阳兴建了规模空前、宏大壮美的宫殿群体，与汉三宫（长乐宫、未央宫、建章宫）共同形成中国宫殿建筑发展史上的第一次高潮。

2 “五门”是指皋门（皇宫最外层的大门）、库门（皇宫仓库之门）、雉门（皇宫的宫门）、应门（治朝之门）、路门（燕朝之门，门内即为天子及妃嫔燕居之所）。对应到故宫中的“五门”在明朝时期为：大明门、承天门（天安门）、端门、午门、奉天门（太和门）。在清朝时期为：天安门、端门、午门、太和门和乾清门。“五门”划分出的三个行政区域称“三朝”，分别是：外朝（主要功能是举办大规模礼仪性朝会）、治朝（主要功能是日常议政朝会）、燕朝（主要功能是定期朝会）。

作为中国封建社会末期的代表性建筑之一，北京故宫是中国传统建筑中最为灿烂的瑰宝之一，在利用建筑群烘托皇权的威严与神圣方面达到了登峰造极的地步。整体建筑群串联在一条 1.6km 长的中轴线上，通过连续、对称的封闭空间，逐步呈现出三朝大殿的庄严与崇高。在建筑上，故宫采取了高度、体量、装饰等方面的对比处理，将中心主体建筑与周边次要建筑进行差异化处理，烘托中心建筑的等级地位。太和殿作为整体建筑群之中最为核心、规模最大的单体建筑[3]，充分呈现了皇权的至高无上（图 3-3）。

宗教庙宇：宗教建筑同样是我国传统建筑中重要的组成部分。我国的宗教建筑在形式上与西方宗教建筑冷峻、神秘、闭塞的外观大相径庭。它兼具宗教活动及公共文化活动的双重角色，在主持宗教礼拜祭祀的同时，还为歌舞、戏剧以及其他文化活动提供公共场所，因此当时佛教建筑的数量以及规模均远大于单纯祭祀活动的需要。隋唐时期是我国传统宗教建筑发展的重要时期，现存最为著名的是位于山西省五台山的佛光寺大殿。佛光寺大殿被梁思成先生称为“中国第一国宝”，是中国现存排名第二早的木结构建筑，其木构架是唐宋时期同类建筑之中尺度最大、形制最为典型的作品之一[4]（图 3-4）。

3 太和殿面阔十一间、进深五间，共五十五间，象征着天地和谐、人间和谐，无论在建筑体量上，还是在建筑开间的数量上都是最高等级的。

4 佛光寺大殿面阔七间，进深四间，采用殿堂形制，制式严谨、结构逻辑清晰。最富特色的木构要素为巨大的斗拱，承托屋顶与出挑檐口，出跳层数以及出挑距离为我国古典建筑斗拱之最，成就我国现存古典建筑登峰造极之作。

北京故宫是中国明清两代的皇家宫殿，布局依据《周礼·考工记》中所载“左祖右社，面朝后市”的原则，在中轴线上，南北取直，左右对称。

故宫中轴线

故宫太和殿

图 3-3 中国宫殿建筑

佛光寺采用庑殿式的屋顶形式，屋面平缓配有优雅柔美的长出檐。

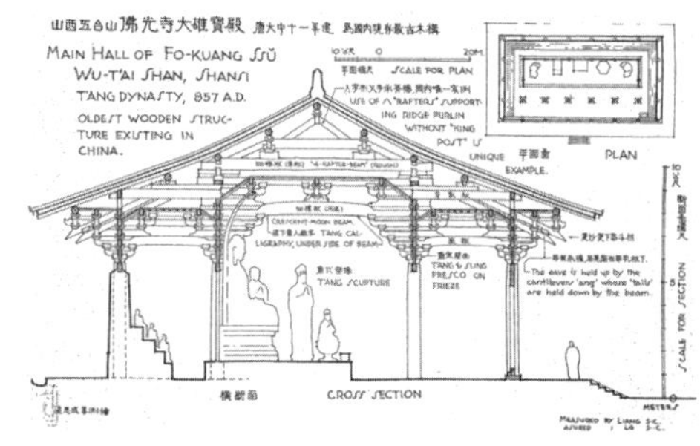

佛光寺大殿剖面图

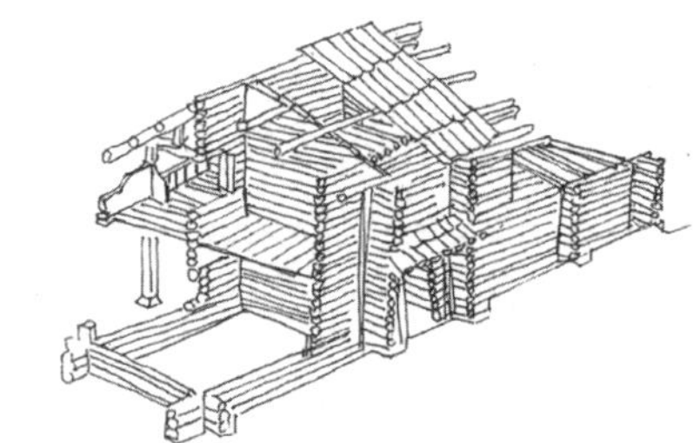
佛光寺大殿屋顶

图 3-4 中国宗教建筑

井干式木结构：一种不用立柱和大梁的房屋结构，以圆木或矩形、六角形木料平行向上层层叠置，在转角处木料端部交叉咬合，形成房屋壁体。
穿斗式木结构：最大特点是没有梁，柱子直接顶到屋顶，与承接屋顶的檩相接，多用于我国南方民居建筑中。

井干式木结构

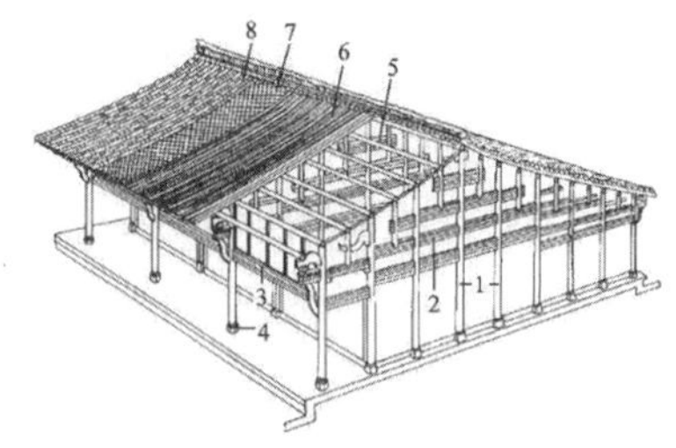

穿斗式木结构

图 3-5 民居构造

民居：我国地域辽阔，不同地区有着不同的地貌气候特征，另外，众多少数民族聚落也带来了别样的人文环境。由于民族的多样性，我国传统民居自古以来就彰显出不同地区劳动人民的智慧，以及当地建筑材料特有的魅力。由于气候寒冷，我国北方地区的建筑往往采用厚重的墙体，其材料、比例较为粗放，建筑形式也相对庄严，如东北地区常用的井干式住宅形式。反观南方地区，由于气候湿暖，整体建筑更侧重于解决通风问题，建筑材料相对轻盈，于是造就了相对灵动的建筑形象，如云贵川地区民居普遍采用的穿斗式做法。传统民居基于地区差异，呈现出鲜明的特征，对于当代建筑设计过程中回应地域性特征有着重要的参考价值与意义（图 3-5）。

园林建筑：中国传统园林建筑包括园、囿、苑、园亭、庭园、园池、别墅、山庄等，起源于古代皇家园林，随着时代的发展，还出现了文人园林、寺庙园林、邑郊风景园林等。它的艺术造诣不仅表现在建筑上，同时还融入了诗歌、绘画、雕刻和园艺等多种艺术形式。在历史的长河中，明、清是中国传统园林的鼎盛时期。明末计成所著的《园冶》对明代江南地区造园中的空间处理、叠山理水、园林建筑设计、树木花草配置等多种艺术手法进行了系统的总结。中国传统园林发展到了清代，除了继承历代苑园的特征之外，更注重自然景观与意境的营造，使用功能也愈加丰富，增加了例如听政、看戏、游园、祈祷、观赏等功能，由此，"山水之园"便成了清代园林的内核。中国传统园林的美不仅体现在建筑、结构、布局中，更重要的是体现在趣味性上。我们在历代中国传统园林鉴赏的过程中所看到的不仅是亭、台、楼、榭，更多是阅读中国造景背后的文化与艺术。

3.1.2 中国传统建筑的主要特征

整体构成：中国传统建筑基本由屋顶、屋身和台基三部分组成，称为"三段式"，根据建筑功能、结构和等级结合形成独特的建筑形态。中国传统建筑的台基，一般高出室外地面三至七级（取单数）台阶，比较重要的建筑台基做成须弥座形式，外围用栏杆围合。中国传统建筑屋身为建筑的主体，主要由木构架承重，即立柱和横梁组成构架。四根柱子组成一间，一栋房子由几间组成。建筑大小以间的尺寸和数量为准，一般三至九间，也有十一间。外墙门窗根据建筑造型、规模、等级的差别覆以不同的装饰。中国传统建筑的屋顶一般有庑殿顶、歇山顶、悬山顶、硬山顶和攒尖顶五种基本形式，以及在此基础上演化而成的盝顶、重檐顶等其他形式。采用何种屋顶形式很大程度上取决于建筑自身形象的需求，也有根据传统的制式与规定进行塑造。中国传统屋面出檐深远，可以有效强化建筑体量，其丰富的装饰构件也象征着吉祥与富贵。

平面组织：中国传统建筑平面一般都为长方形，通常是以柱网来控制整体建筑的体量，以屋顶结构来表达结构特征，同时也控制了建筑的等级。这种以结构要素为标准进行的平面组织有效地实现了标准化制造[5]。平面形式除长方形外，还有正方形、圆形、十字形等。除了受地形限制或者特殊功能需求外，中国传统建筑往往以院子为中心进行布局，或者沿若干院子组成的轴线进行布局。

主要构成要素：屋架、柱、斗拱是中国传统古典建筑的主要结构构件。这些部分的结构与构造在建构策略、选材用料等众多方面均遵循着当时相应的技术规范[6]。中国古典建筑的立柱与西方古典建筑的立柱在选材上存在着显著区别。不同于石材建造

5 这种平面组织形式与我们当代建筑设计以模数化的柱网为基础的平面组织在逻辑上有着异曲同工之妙。

6 这些规范分别包含诸如宋《营造法式》、清《工程做法则例》等在内的官方颁布的工程做法，同时也包含流传于民间的如《木经》等在内的"地方手法"。正是这些规范，让我国传统古典建筑的构造形式具有高度的延续性与统一性，也为我们后代认识与研究传统古典建筑奠定了良好的基础。

的西方古典立柱的粗壮外观，我国建筑以天然树干所建造的立柱则纤细得多，细长比通常在 1:10 左右。木柱的截面多为圆形，符合力学性能要求的同时便于加工，彰显出我国古代匠人的智慧。斗拱作为中国传统建筑之中重要的结构转换构件，是中国古典建筑的辉煌历史中最为核心的构件之一[7]。斗拱的前生是柱头，由于其自身的装饰性与结构性，很快从柱子中独立出来，由单层发展为多层、单向发展为多向，逐渐成为在梁、柱之间起结构过渡作用的重要构件。斗拱发展后期由于过度强调装饰作用而逐渐丧失结构作用，形态也逐渐纤巧、精细，因此演化成了中国传统建筑中最为重要的装饰要素之一（图 3-6 ~图 3-10）。

7 斗拱主要是由斗与拱的不断重复堆叠进行组织的，斗上有拱、拱上有斗。斗拱的尺度以“材”和“斗口”来决定，建筑的等级越高、建筑越大，其用料也就越大，并作为“模数”来度量，使整体建筑尺寸标准化。清代则完全以“斗口”作为标准单位，以此来测量建筑的开间与柱距。

图 3-6 中国传统建筑木结构屋顶

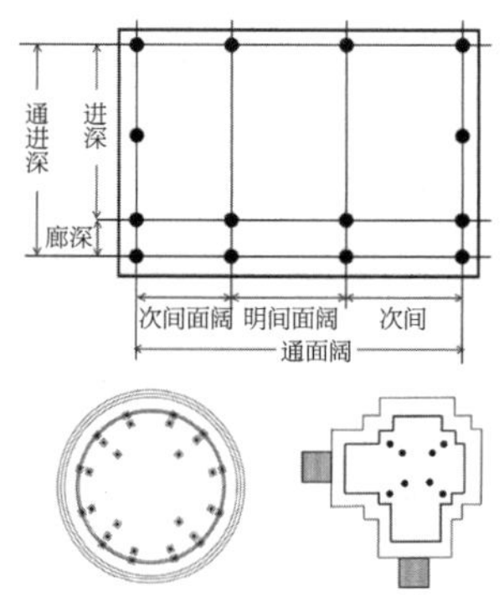

图 3-7 中国传统建筑平面形式

图 3-8 中国传统建筑门

图 3-9 斗拱

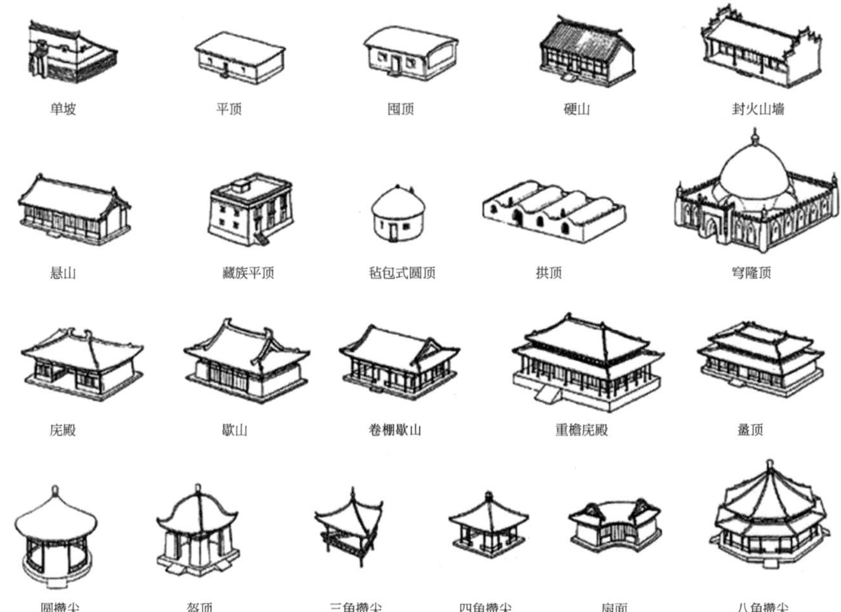

图 3-10 中国传统建筑屋顶形式

3.2 西方古典建筑

西方古典建筑的源头是古希腊与古罗马建筑，之后经历了中世纪、文艺复兴等各个时期的不断发展与演变，直至 20 世纪初才逐渐被现代主义建筑所取代。伴随着社会形态与技术应用等众多方面的转变，西方古典建筑对欧洲乃至世界许多地区的建筑发展产生过巨大的影响。

3.2.1 西方古典建筑的主要分类

神庙与教堂：神庙是祭拜神明的精神活动场所，也是重要的公共集会活动场所。神庙是伴随着神明崇拜代替祖先崇拜而出现的。最早的神庙被安置在雅典卫城的圣地上。正因为其开放性的特征，古希腊庙宇主要采用列柱围廊的平面布局，其中最具有代表性的是位于雅典卫城的帕提农神庙。

教堂是西方宗教文化最为重要的载体，也是西方古典建筑中最为重要的建筑类型。教堂的形式随着教会的发展以及民众对于教堂的需求而发生显著的变化。从早期隐秘低调的修道院，到后来中世纪时期宏伟高耸、用来彰显城邦文明水平的哥特主教堂，再到文艺复兴与古典复兴时期的宏大工程，均有着众多的差异。由于神庙与教堂极高的公共性，所以它是每个城市最为重要、最能彰显城市特征与形象的场所，往往也是先进建筑材料与技术集中体现的舞台。古罗马时期斗兽场中的拱券结构归功于天然混凝土的发明，它有效地摆脱了墙体承重的束缚。穹顶与帆拱的发明集中体现在拜占庭各式教堂之中，也是文艺复兴教堂穹顶的重要元素。中世纪骨架券与飞券的发明带来了教堂高耸的内部空间（图 3-11）。

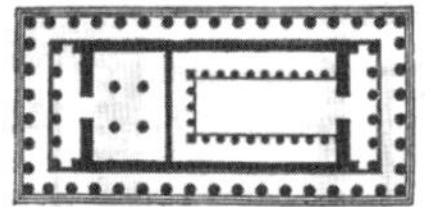

帕提农神庙平面图

帕提农神庙：以其柱式特征与三段式（基座、柱子和檐口山花）的立面组织方式奠定了西方古典建筑的基本形式。
圣维塔大教堂空间：相互交错的肋和室外的飞券结构呈现出典型的哥特式建筑特征。

图 3-11 西方神庙与教堂

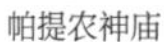

帕提农神庙

圣维塔大教堂

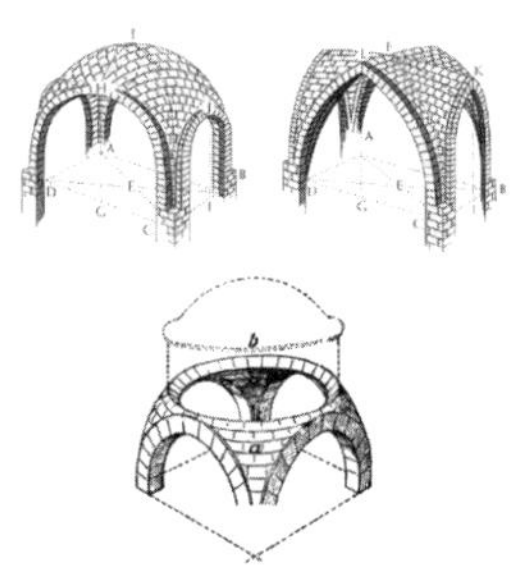

拱券结构穹顶与帆拱

府邸与宫殿：在西方古典建筑之中，府邸作为另一类重要建筑类型主要出现在文艺复兴时期。这个时期随着经济衰落，以及市民对教堂、神庙的热度逐渐降低，再加上资产阶级将资本转向土地和房屋，大量的豪华府邸被迅速地建造起来。文艺复兴时期的府邸建筑普遍以四合院的形式沿街而建。这些府邸与此前城市公共建筑有着显著的不同，虽然也采用三段式配合拱券，但立面造型往往更为森严、封闭。府邸规模宏大，仅次于当时建筑等级最高的梵蒂冈教皇宫，其中最为著名的是位于佛罗伦萨的美第奇府邸。随着意大利经济在文艺复兴晚期受挫，府邸的建设者纷纷倾向于建造庄园化的府邸，其中由帕拉迪奥设计的圆厅别墅最具代表性，其基座、柱廊、山花、穹顶都是庄园型府邸的标配（图 3-12）。

法国古典主义时期的府邸由于普遍处于平原地区，与意大利集中式、台阶型布局完全不同，普遍采用对称几何形的花园搭配雄伟的建筑来构建府邸，并严格遵循对称的轴线进行布局组织，其中位于巴黎郊外的维康府邸就是这一时期的代表作之一。此后的凡尔赛宫也是在此基础之上进行兴建的，其中包含了部分的行政办公功能。

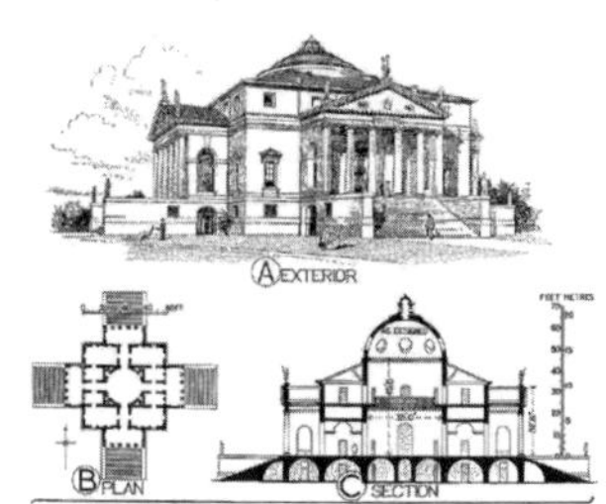

图 3-12 圆厅别墅

3.2.2 西方古典建筑的主要特征

柱式是西方古典建筑中最基本的组成部分，也是最核心的要素，其类型十分繁杂。文艺复兴建筑家阿尔伯蒂曾提出：“柱式是建筑最美丽的装饰。”他在前人研究的基础上对柱头、柱身、柱础的不同组合进行分类，为后世的仿建和标准化提供了基础。

柱式的基本构成要素：柱式由基座、柱身、檐口三部分组成，其中柱身部分又分柱础、柱身、柱头三部分，不同的柱式各部分的大小比例各不相同。柱式的尺寸普遍以柱下部的半径尺寸作为基本的模数，以此对建筑整体尺寸进行度量，其他各部分以基本模数“模度”（Module）的标准比例进行设计，形成严谨的尺度感。

柱式类型：古希腊的柱式主要有三种：其一是表现男性阳刚气质的多立克柱式，细长比普遍集中在 1:6~1:4，柱头由方块和圆盘组成；其二为爱奥尼柱式，纤长的柱身搭配顶部优雅的涡卷柱头表现出女性的柔美，细长比一般为 1:10~1:9；其三为科林斯柱式，其最为显著的特征是由毛茛叶石雕装饰而成的柱头，细长比一般为 1:10。古罗马在继承古希腊三种柱式的基础上又发展了两种柱式：以多立克柱式为原型、柱身无槽的塔司干柱式，以及由爱奥尼和科林斯结合而成、更具有装饰性的混合柱式（图 3-13）。

柱式的组合关系：柱式作为古典建筑中最为核心的部分，其组合方式是建构西方古典建筑形象的重要因素。多样化的组合方式造就丰富的建筑表情与不同的建筑外观。组合方式主要分为列柱围廊、壁柱与倚柱的组合、券柱式、双柱式等多种形式：列柱围廊是指通过多个相同柱式的立柱重复排列，以形成一种强烈的韵律感，通常用于纪念类建筑中；壁柱与倚柱的组合虽然形式上与立柱非常相似，但几乎不起任何承载作用，往往作为立面装饰用于建筑中，比如用作建筑入口以烘托仪式感；券柱式自古罗马斗兽场开始就被广泛使用，经常用于各类凯旋门之中，此类柱式也不承担结构作用，主要表现装饰性，形成丰富、动感的建筑外观；双柱式是指将两个相同柱式的立柱紧

图 3-13 柱式类型

塔司干柱式　多立克柱式　爱奥尼柱式　科林斯柱式　混合柱式

圣彼得大教堂

坦比哀多教堂

圣马可广场图书馆

卢浮宫

圣彼得大教堂：以椭圆形广场为核心，列柱围廊式柱式的采用呈现出强烈的仪式感。
坦比哀多教堂：通过中心穹顶的集中式平面柱廊，呈现出活跃的视觉效果。
圣马可广场图书馆：帕拉迪奥母题的建筑立面形成丰富的律动感。
卢浮宫：最具代表性的东立面双柱式，庄严肃穆，具有强烈的纪念性。

图 3-14 柱式组合案例

密排列，以进一步强化建筑的庄严感，广泛用于宏伟的建筑中（图 3-14）。

3.3 近现代建筑

18 世纪末随着工业革命的到来，社会生产力、经济、科技水平进步飞速，致使各种建筑类型大爆发。生产力的集中引发人口的快速膨胀，整体社会结构发生了显著的变化，各阶级之间的差距日渐加大，社会现状与百姓需求之间的矛盾也极为突显。面对这种矛盾，建筑设计主要有两种倾向：其一，继续盛行为社会上层阶级服务的复古思潮，通过对古典主义的复兴彰显上层阶级的社会价值；其二，为了应对当时社会矛盾激化背景下的各种需求，力求探索通过新功能、新技术与新形式来缓解社会复杂矛盾。

3.3.1 以古典复兴为核心的近现代西方建筑

古典复兴反映出新兴资产阶级对社会地位的渴求，渴求自己也能像昔日的贵族那样获得至高无上的荣誉。古典复兴的盛行主要集中于 18 世纪中期至 20 世纪初的欧美国家及地区。

以法国与美国为代表的古典复兴：古典复兴是对古罗马与古希腊正统古典主义的复兴，因此，经典的三段式以及柱廊、拱券被广泛运用，其中最具代表性的是巴黎万神庙、巴黎凯旋门、美国国会山大厦等。

以英国为代表，通过哥特复兴来表达的浪漫主义：哥特复兴最具有代表性的作品是英国国会大厦。它采用英国历史上最辉煌时期——亨利五世阶段的哥特风格，其垂直线条以及顶部的纤细凸起形成了具有标识性的民族风格。

盛极一时的折中主义：伴随着资本主义革命的胜利，精神上的束缚被解放，形式之间的交杂与非正统不再是一种对于历史的亵渎。于是，历史上的各式古典形式被广泛运用于各式建筑之中，其中最具代表性的是 1893 年芝加哥为了庆祝发现新大陆所举办的世博会“白城”[8]。

8 白城由于各式古典主义的杂糅，被定义为“商业古典主义”，广泛地影响了纽约、费城等众多城市建筑的建设工作，也对当时刚刚在芝加哥兴起的现代主义新思潮带来了沉重的打击，几乎一时间美国各地都开始大量建造白色的穹顶与列柱围廊。

3.3.2 新技术、新材料与新形式下的现代建筑

伴随着建筑材料与建筑结构的不断更新、不断突破，从 19 世纪末至 20 世纪初，建筑的价值已不再是用来炫耀所谓的权力与等级，而是越来越重视建筑的实际功能。如 1889 年巴黎世博会的机械馆（跨度达到 115m）、纽约帝国大厦（高度达到 378m）等都集中代表了新技术背景下人们对于大空间的需求。由于各项新技术的飞速突破以及两次世界大战的社会矛盾日益激化，“新建筑”应运而生。现代主义的首要任务便是解决建筑功能、技术与艺术之间的矛盾，处理建筑功能与形式之间的关系。我们当代所熟知的以功能、空间为优先的“方盒子”便是现代主义的产物。

现代主义的理念与古典主义的形式与风格很明显是对立的。现代主义奠基人格罗皮乌斯曾认为古典复兴使建筑物沦为“死去的装饰”的承载体；柯布西耶认为古典

样式的意义对于我们来说已不复存在；沙利文提出了“形式追随功能”的重要口号。这一时期涌现出众多以解决实际需求为重要目标的现代主义名家大师，其中最为突出的是现代主义建筑四位大师：瓦尔特·格罗皮乌斯（Walter Gropius）、勒·柯布西耶（Le Corbusier）、密斯·凡·德·罗（Ludwig Mies van der Rohe）、弗兰克·劳埃德·赖特（Frank Lloyd Wright）。他们的设计思想和设计作品为现代建筑的发展做出了重要的贡献（图 3-15、图 3-16）。

瓦尔特·格罗皮乌斯

勒·柯布西耶

密斯·凡·德·罗

弗兰克·劳埃德·赖特

图 3-15 现代建筑四大师

3.3.3 现代主义的多样性

随着现代主义的迅速发展，现代主义在原有的基础上又派生出各种不同的流派，其中有以密斯为代表的技术派，强调通过对钢材、玻璃等现代构件节点的精雕细琢来达到精湛的视觉效果；以柯布西耶为代表的粗野主义，通过不加修饰的混凝土作为主要材料，表现出强烈的材料质感和雕塑般的建筑形象；以菲利普·约翰逊（Philip Johnson）、雅马萨奇（Yamazaki）为代表的典雅主义吸取了古典主义的精髓，并在此基础上重新为现代建筑所用，通过现代手法打造的纤细柱廊与装饰性的线脚可以对现代主义的冷漠感进行一定的修饰，呈现出一定的人文主义色彩；以理查德·罗杰斯（Richard George Rogers）与诺曼·福斯特（Norman Foster）为代表的高技派，以结构、设备的暴露和呈现为目标来表现建筑的结构美学，其中最具有代表性的是巴黎蓬皮杜国家艺术和文化中心；以阿尔托（Alvar Aalto）为代表的地域性建筑，强调在建筑形式上借鉴当地传统形式以及材料构造方式，使建筑在满足空间需求的同时，彰显地域人文特色；以文丘里（Robert Venturi）为代表的后现代主义则是在典雅主义基础上进一步发展，指出建筑的艺术装饰不应被摒弃和贬低，它是人文历史研究过程中的重要因素，也是表现城市、建筑以及多元化生活的重要手段（图 3-17）。

格罗皮乌斯 / 包豪斯校舍：包豪斯学校堪称现代设计之源，以实现艺术与新技术的结合为教学宗旨。

柯布西耶 / 萨伏伊别墅：新建筑五大原则——底层架空、屋顶花园、自由平面、自由立面、横向长窗。

密斯 / 巴塞罗那博览会德国馆：充分体现“少就是多”的建筑原则。

赖特 / 流水别墅：充分体现了赖特对环境的充分利用，对结构的大胆构思以及对有机的、诗意的建筑形式的追求。

图 3-16 现代建筑四位大师作品

范斯沃斯住宅

栗子山母亲住宅

巴黎蓬皮杜国家艺术和文化中心

图 3-17 现代建筑作品

3.4 当代建筑的发展

所谓的当代建筑主要指 20 世纪末至今，伴随着信息技术的快速发展以及全球化的迅猛进程而出现的建筑。当代建筑整体可以分为三大类型：其一为以国际式为代表，具有显著当代工程技术特征的建筑；其二为以体现地域人文为特色的批判性地域建筑；其三，人工智能、互联网技术、大数据与云计算、3D 打印等技术带来了全新的信息化和智能化革命，以这些理念与技术融合与应用为特征的建筑，这一类型必将对建筑行业产生深远的影响。

3.4.1 建筑形态的全球化

在物质条件相对充裕的社会背景之下，全球化的建筑形态常以大众易于接受的形式呈现，这成为适应当代社会与市场背景的形式逻辑。这种逻辑在 20 世纪末期逐渐兴起，通过简洁的形式反映了建筑的本质，协调功能与形式之间的平衡，标志着现代主义的回归。当代众多诸如 GMP、HPP 等优秀事务所均属于此类。这里，简约的形态并不仅仅局限于单体块的交叠，有时也呈现出复杂性，诸如扎哈·哈迪德（Zaha Hadid）、丹尼尔·李伯斯金（Daniel Libeskind）、汤姆·梅恩（Thom Mayne）、弗兰克·盖里（Frank Owen Gehry）等当代建筑大师，都以简洁的单体块为基础进行交叠、组合与变体，最终呈现出具有标志性的建筑外观。这种设计手法逐渐成为当代大型公共建筑的主流（图 3-18）。

3.4.2 地域主义建筑在中国的实践

在全球化的背景下，如何在建筑设计中展现当地的文化内涵，这是市场和民众都迫切关注的问题。这一问题在我国尤为明显，随着快速的城市化进程，面对“千城一面”

广州大剧院 / 扎哈·哈迪德：通过流线形的形体，塑造流畅动感的建筑外观与内部空间。
柏林犹太博物馆 / 丹尼尔·李伯斯金：通过对单体块进行变形、扭曲，呈现出对传统的大体量建筑的解构。通过打断交通流线来展现历史的连续性与曲折性。

图 3-18 广州大剧院与柏林犹太博物馆

广州大剧院

柏林犹太博物馆

的问题，各地都在努力实施文化振兴与文化自信的战略，探索地域文化的传承与表达。

地域主义建筑在当代已有很多成功的案例，如隈研吾（kengo kuma）、伦佐·皮亚诺（Renzo Piano）、伊东丰雄（Toyo Ito）等众多建筑大师都力图在设计中实现对本土文脉的传承与发展。我国当代众多建筑师中也不乏积极尝试者，如我国建筑大师王澍，他的设计作品一直坚持“本土化”策略，不只是单纯地对传统进行模仿及再现，而是强调传统文化内在的价值，营造出一种根植于熟悉的文化土壤，却又相对新颖陌生的形态样式，在国内与国外均获得广泛的赞誉（图 3-19）。此外，还有一批卓越的建筑师在力行这种基于本土文脉的建筑实践，让传统的人文魅力在当代全面绽放。其中包括以徐甜甜为代表的关于中国乡土建筑的再造；以章明为代表的城市景观建筑

宁波博物馆：“新乡土主义”代表作。外观形态模仿山体，并采用大量旧城改造时所废弃的旧砖瓦贴在混凝土墙外，将传统元素与现代建筑进行完美结合。

中国美院象山校区：大量使用回收的旧材料作为立面元素，在空间上采用中国传统的合院式布局，在色彩上运用中国画中的水墨意蕴，将建筑与山水情怀融合得淋漓尽致。

图 3-19 王澍作品

学，再现了中国城市从 1949 年到现在的城市文脉遗风；以马岩松为代表的山水城市建筑，通过极具当代表现力的材料与技术来呈现中国传统山水与人文情结等（图 3-20）。作为新时代的建筑设计类专业学习者，我们也应当力图将中国传统的哲学思想与人文精神相结合，传承中国文化的同时，不失现代创新，设计出适应当代的居家环境，争做具有中国特色的设计师。

3.4.3 建筑未来发展趋势

我国颁布了关于《中国制造 2025》的提议，向建筑行业提出以互联网 + 为导向以及为实现“工业大国”“工业强国”方向而转型的新要求。因建筑产业在我国碳排放总量中的占比非常高，所以建筑的节能减排至关重要。在绿色建筑发展与“双碳”目标的引导下，装配式建筑、超低能耗建筑、智慧建造以及新型建材等将逐渐取代传统建筑，成为未来建筑行业发展的主流。

装配式建筑，简单来说就是像造汽车一样造房子。其中大部分建筑构件在工厂中预制完成后，再去现场组装，以达到快速、可控、高效、节能等目标。相对于传统建筑，装配式建筑具有工期短、质量可控、资源节省、环境友好等优点，在节能、环保和提效等方面具有强大的优势，是建筑行业助力实现“双碳”目标的重要抓手。超低能耗建筑又叫被动式建筑。被动式建筑和主动式建筑的区别主要在于能源利用方式的差异。无论是低碳或者零碳，都以减少碳排放为目标，其核心理念是在设计、建造和运行过程中尽可能减少、抵消产生的碳排放量，尽量利用可再生能源、减少碳足迹，并创造更环保的建筑。这种趋势催生了新的技术和设计方式，也推动了整个建筑行业

杨浦滨江绿之丘 / 章明：在工业遗产改造过程中，将垂直公共空间的概念首次引入设计中。利用现状仓库形成退台与缓坡，并在其上覆土种植，让老厂房焕发新的生机。
朝阳公园广场 /MAD 马岩松：以“墨色山水”为理念，塑造城市中人造物的“自然化”，通过对传统山水画的模拟，使自然和人造环境交相辉映。

杨浦滨江绿之丘

朝阳公园广场

图 3-20 基于本土文脉建筑实践

的数字化转型和发展。智慧建造离不开新一代数字信息技术的赋能，在安全、质量、进度等环节融入数字化技术，完成数字化转型升级，实现低碳环保。以 IOT、AI、云计算等为代表的新技术也将全面支撑“双碳”战略的落地，推动建筑节能减排，助力探索以技术创新驱动的“双碳”战略发展的新路径和新模式。

单元任务

走进建筑——中国城市空间体验

任务内容

以小组为单位对城市空间进行参观调研，选取近现代建筑个案，体验建筑室内外空间与环境。

任务要求

（1）工具材料：现场调研照片、手绘等；

（2）成果：以 PPT 形式汇报，介绍该建筑主要特征、历史环境、风格样式等。

中篇

建筑分析基础

第四单元

识图与制图

单元概述

单元目标

（1）了解工程制图的绘制原理与常用方法；

（2）熟悉测绘的全过程与测量技巧，掌握建筑制图的基本步骤与制图表达；

（3）培养严谨良好的制图习惯，弘扬精益求精的大国工匠精神。

单元任务

（1）轴测图练习——小住宅大模型局部构件绘制；

（2）建筑测绘——小住宅大模型测绘；

（3）建筑制图——小住宅大模型制图。

4.1 识图基础

4.1.1 投影概念与分类

概念：阳光或灯光照射在物体上，墙面和地面会产生影子，影子通过光的作用反映出物体的形状，这种现象就叫作“投影”。当光线照射的角度或距离发生改变时，投影的位置、形状也随之变化。研究光线、物体和影子这三者之间关系的方法称之为“投影法”。工程制图中的投影图是指三维物体呈现在二维图纸上的平面图形（图 4-1）。

光线、形体和投影面是投影的三要素：光源是投影的中心；连接投影中心与形体上各个点的直线称之为投影线；投影所在的平面称之为投影面；通过物体的投影线与投影面相交，所得交点形成的几何形体称之为投影图（图 4-2）。

分类：投影可分为中心投影和平行投影两大类。光由一点放射的投影线所形成的投影称之为中心投影，运用中心投影法得到的投影一般不反映物体的真实大小，在工程制图中度量性较差，制图难度也较大。而一束平行的投影线所形成的投影称之为平行投影，同一时刻改变物体的方向与位置时，投影也随之变化。根据投影线与投影面的角度不同，平行投影又可分为斜投影与正投影两类。在工程制图中一般采用正投影法（图 4-3）。

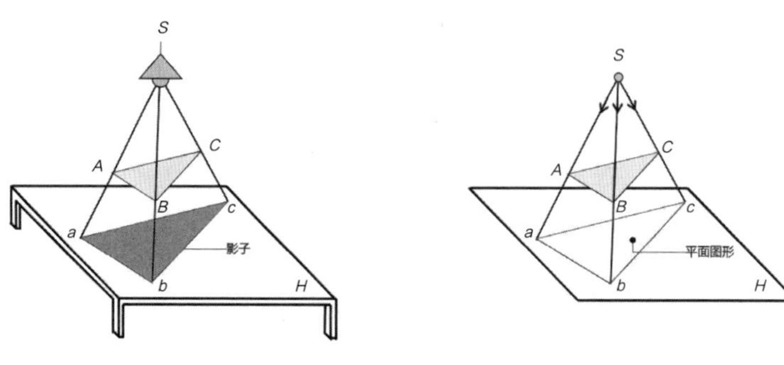

图 4-1 投影图原理

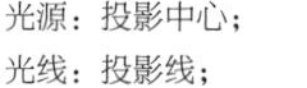
光源：投影中心；
光线：投影线；
影子：投影面上的投影图形。

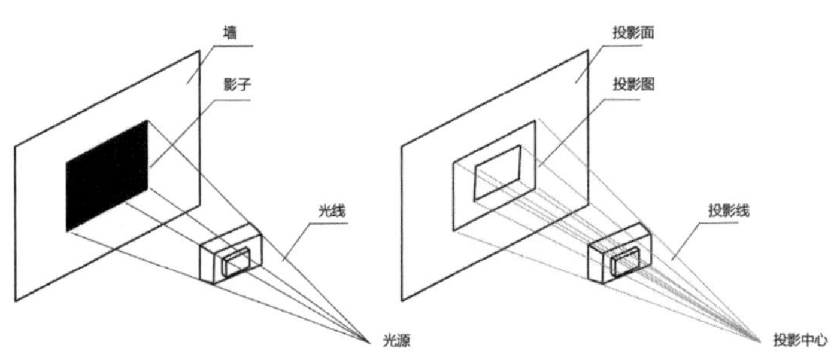

图 4-2 投影三要素

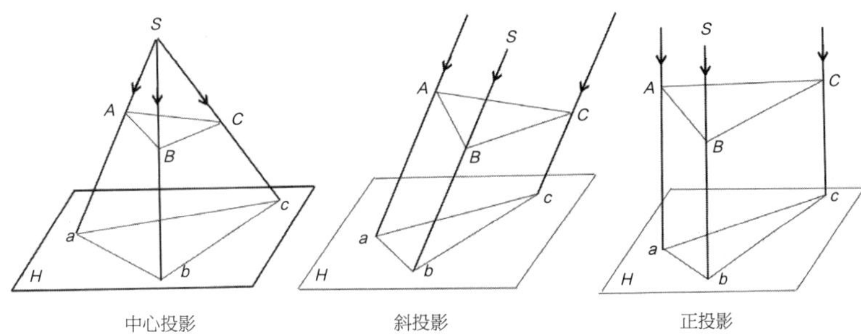

图 4-3 投影的分类

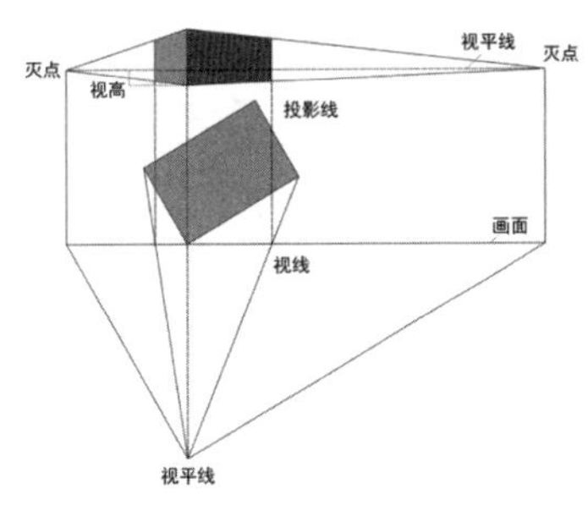

视点：人站立的位置，视线集中于一点即视点，也称为立点。
视线轴：视点与心点相连，与视平线成直角的线，又称为视中线。
视平线：观察物体时眼睛高度的水平线 。
视高：观察物体时眼睛距离地面的高度。正常视高一般取 1.7m。
画面：人与物体间的假设面 。
灭点：平行线在无穷远处交会集中的点，也称消失点，与画面相交的平行线消失相交成一点，透视上称为灭点，与画面平行的线无灭点。

图 4-4 透视图原理

4.1.2 工程制图类型

根据投影类别的不同，工程制图中常见有透视图、轴测图、多面正投影图和标高投影图四种图示形式。

透视图：透视图是绘画中常见的一种表达方式，运用这种方法可以在平面上表达出景物的立体特征（图 4-4）。透视具有近大远小、近高远低、近疏远密的特点。当投影中心、物体和投影面的相对位置不同时，物体的透视形象也随之变化，从而形成一点透视、二点透视、三点透视三种不同类型的透视图。

一点透视图是指建筑物只有一个方向的轮廓线垂直于投影面，另外两个方向的轮廓线则平行于画面。一点透视由于只有一个视点，所形成的画面较为稳定，有强烈的纵深感。在建筑制图中，室内设计的表现图纸多用一点透视来表达（图 4-5）。

当画面与物体的直角坐标平面形成一定角度，且平行于物体的高度棱线时，所得的透视图形称为两点透视，也称成角透视。两点透视在表现效果上比较接近人的直观感受。两点透视有两个灭点，除了高线外其余都是可连接至灭点的斜线，可表现出空间的进深感，但宽度和进深的区别表现不太明显（图 4-6）。

画面与物体的三个直角坐标平面都形成一定角度时，所得到的图形为三点透视图。三点透视的主要特点表现为当物体平行于画面与基面时，其棱线分别消失在三个灭点上，多用于高层建筑表现图中的俯瞰图或仰视图（图 4-7）。

轴测图：运用平行投影法的原理，将物体连同物体的直角坐标系一起投影到的新的投影面上，所得到的单面投影图，称为轴测图。轴测图立体感较强，直观性强，常作为工程制图中的辅助图样。轴测图按照投影的方向可以分成正轴测投影和斜轴测投影。根据物体倾斜角度和方向的不同，同一物体可以得出不同的斜轴测图。斜轴测图易于表达物体的立体感，常用来表达建筑群的布局以及与周围环境的关系（图 4-8、图 4-9）。

多面正投影图：多面正投影图是指运用正投影法，将物体的正面、顶面和侧面分别在三个互相垂直的投影面上进行投影并展开，所得图形为多面正投影图。多面正投

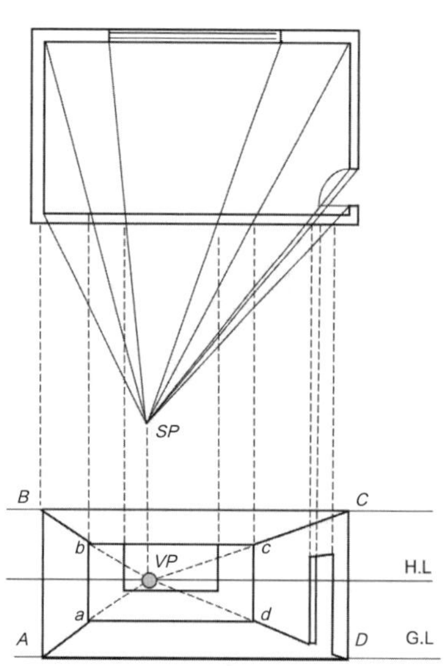

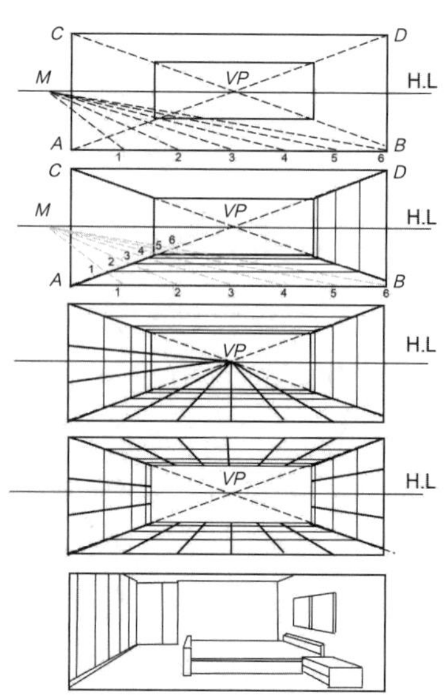

视线法作图（已知平面图）：
确定透视图中 *AB*、*CD* 的高度，定位视平线 HL，控制在人的视觉高度 1.7m；
确定站点 *SP*，*SP* 距左右墙的距离控制在 1:1 ~ 1:1.5，连接平面图中各个角的内转折点；
SP 向 HL 垂直延伸，交点即为灭点，过灭点连接 *ABCD* 外框的四角，做垂线，确定空间位置；
利用真高线确定透视图内部空间的高度。

网格法绘制（未知平面图）：
按比例确定空间的宽度和高度 *ABCD*；
1.7m 左右确定视平线 HL 与灭点 *VP*；
确定距点 *M*，长度约为画面宽度；
连接 *ABCD* 各点与灭点，利用距点和灭点确定空间的进深；
利用外框的真高线确定室内各物体的高度。

图 4-5 一点透视图绘制法

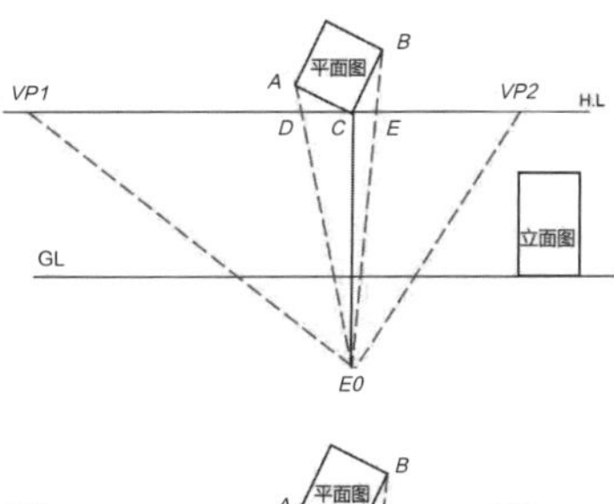

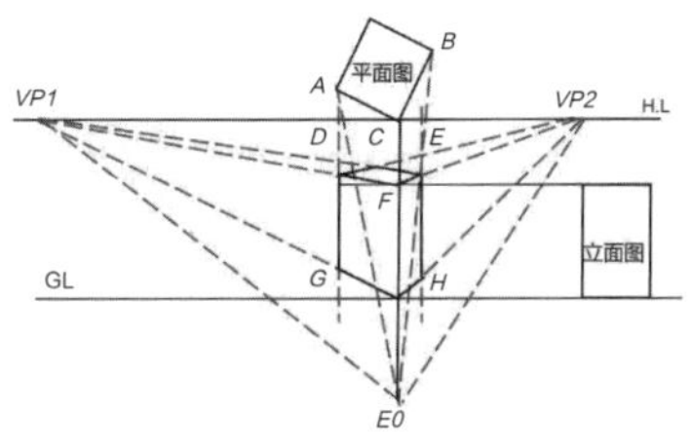

已知平面图与立面图的视线法作图：
将平面图纸与视平线 HL 相交于 C 点，从 C 点向下作垂直线并任取一个视点 E0；
从 E0 任意作两条斜线交于 HL 于 VP1、VP2，继续通过 E0 引线连接 A、B 两点交于 HL 于 D、E；
在视点 E0 与视平线 HL 之间定一条基线 GL，并放置立面图于基线上；
从立面图引真高线交 C-E0 线于 F 点，同时从 D、E 点向下作垂下与 F-VP1、F-VP2 相交；
连接所有交点并作透视线，得出两点透视图。

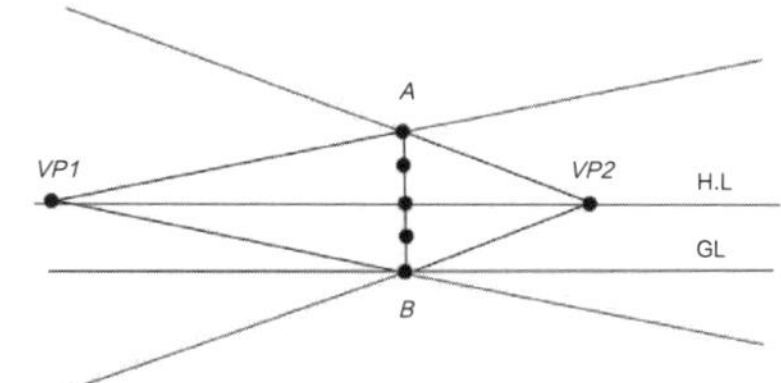

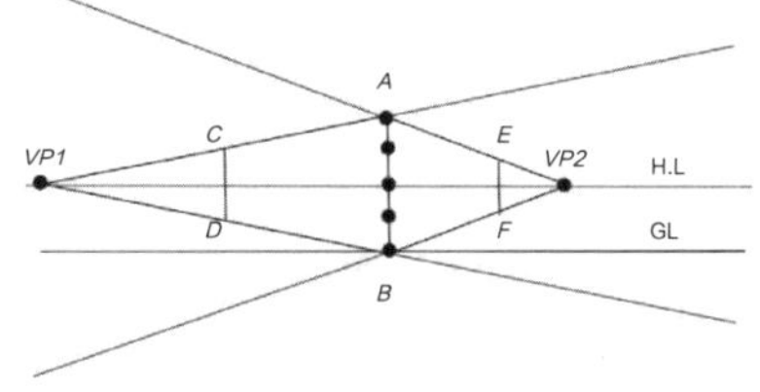

未知平面图与立面图的透视图画法：
绘制一条水平线，确定为视平线 HL，在 HL 上画垂直线 AB，并在 AB 线的两侧，HL 线上确定两个灭点 VP1、VP2；
分别从 VP1、VP2 向 A、B 两点引线并延伸，以确定透视图的地平线和天际线；
作 CD、EF 垂直于 HL 的两条线，得出两点透视图。

图 4-6 两点透视图绘制法

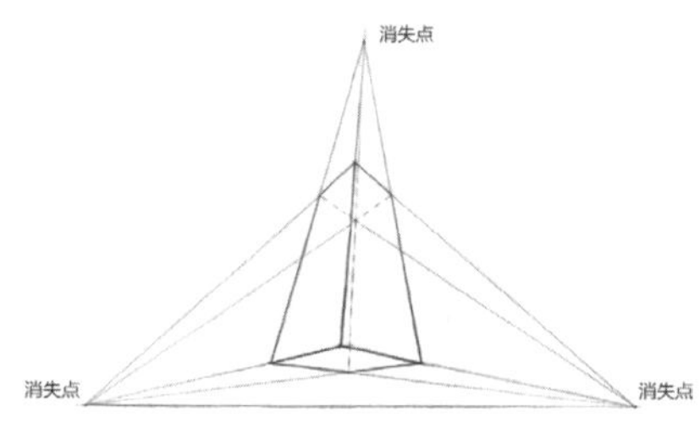

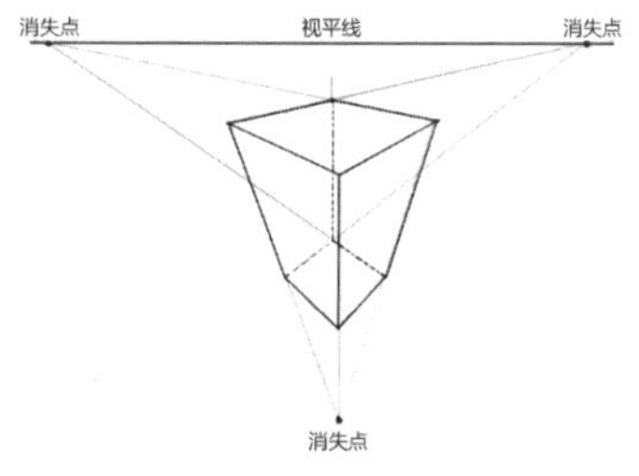

图 4-7 三点透视图绘制法

影的优点在于能反映物体的真实形状和大小，是建筑工程图中常用的一种。多面正投影展开后具有长对正（正立面投影图与水平投影图）、高平齐（正立面投影图与侧立面投影图）、宽相等（水平投影图与侧立面投影图）的三等关系，熟练掌握多面正投影的三等关系有利于解决较为复杂的空间几何问题（图 4-10）。

标高投影图：标高投影图是一种单面正投影图，常用于地形测量和土建工程中，用来表达地形及复杂曲面，作图时将间隔相等而高程不同的等高线投影到水平的投影面上，用来表示地面的高低起伏（图 4-11）。

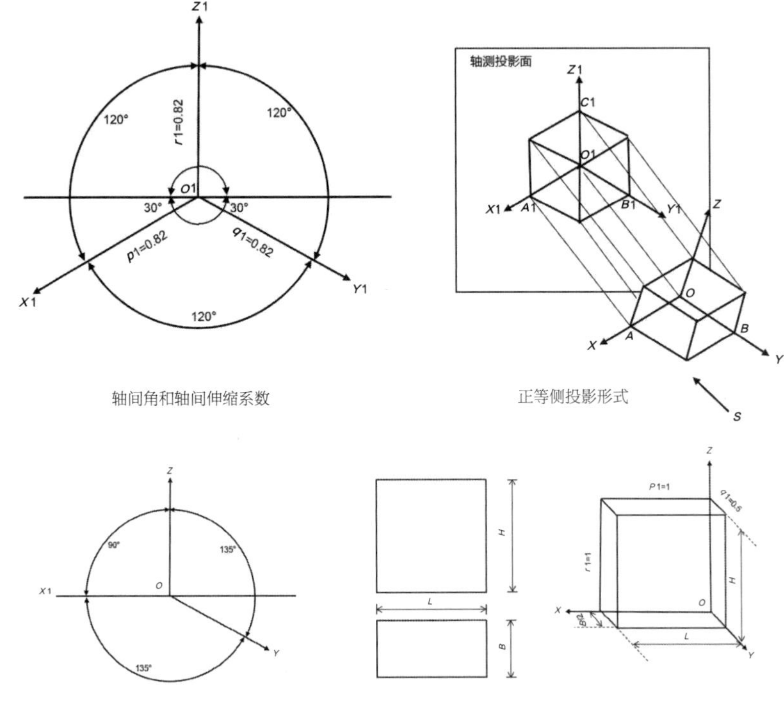

正轴测投影：三条坐标轴 OX、OY、OZ 对轴测投影面处于倾角且相等的位置，把物体向轴测投影面投影，所得即正投影轴测图。

斜轴测投影：当物体上的 XOZ 的坐标平行于轴测投影面，投影方向与轴测投影面倾斜时，所得即斜轴测图。

图 4-8 轴测图的类型

正轴测图绘制方法：

已知投影形体的投影图，根据坐标轴得出长方体的轴测图；

在长方体平行于 O1Z1 轴的左侧棱线上截取高度 Z1/2，得出点 A 的轴测投影位置，且同理得出点 B 与点 C 的位置；

通过 A、B、C 分别作出平行于 O1X1、O1Y1、O1Z1 的平行线，即得出切割一个角后的轴测图；

删除被切割部分及相关辅助线，加粗保留后线条轮廓，即得到所求的正轴测图。

斜轴测图绘制方法：

已知建筑的投影图，将坐标原点选择在右后方；

将建筑水平投影图围绕 O1Z1 轴逆时针旋转 30°，建立轴测轴并将建筑基底的投影图画出；

从基底的各顶点向上引垂线，并在 O1Z1 轴量取相应高度，绘出建筑的顶部；

删除多余线条，加粗所得轮廓线，即得出所求的斜轴测图。

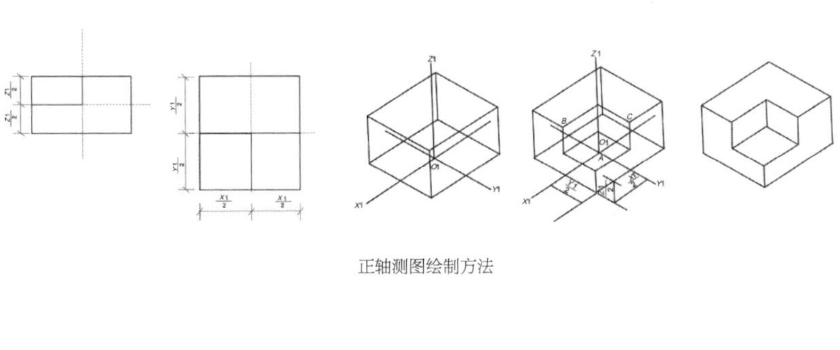

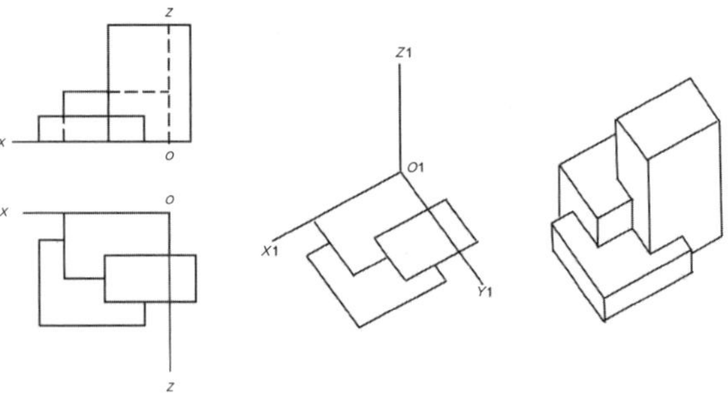

图 4-9 轴测图的绘制

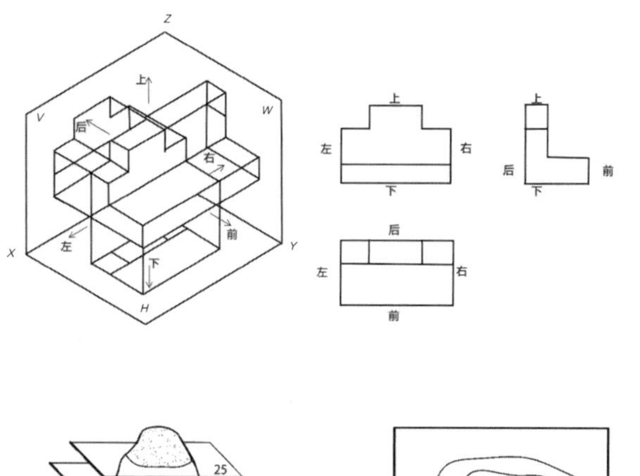

图 4-10 多面正投影图

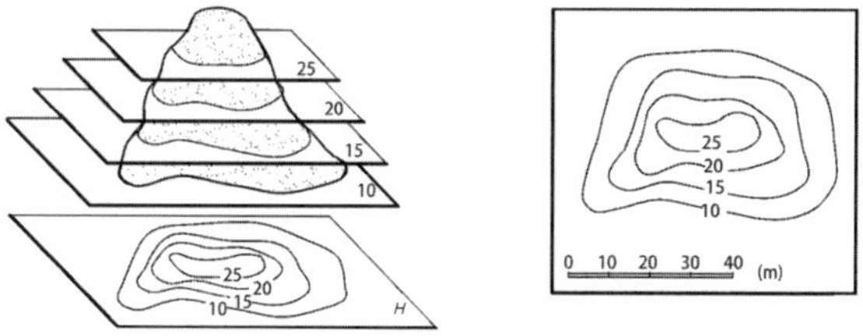

图 4-11 标高投影图

4.1.3 建筑图纸表达

三维的建筑空间需要通过总平面图、平面图、立面图、剖面图、详图等一套专业图纸，以专业规范的图示语言将其清晰完整地表达出来。这套专业图纸我们称之为二维技术性图纸。每种技术性图纸表达的信息不尽相同。总平面图表达的是建筑屋顶之间的关系以及建筑与环境的关系；平面图和剖面图是剖开建筑空间的正投影，因此可以比较清晰地表达建筑内部空间的布局；立面图主要表达的是建筑外部的形体关系（图 4-12）。

大多数的建筑形体都不会只是一个简单的几何形体，而是往往由一个简单形体切割而成或由多个简单形体组合构成的复杂形体。下面我们以小别墅建筑大模型的一套图纸为例。小住宅大模型是砖石砌筑的三层独立式小住宅建筑。建筑屋顶造型为平坡相结合，并配有烟囱与老虎窗，二层以上局部出挑房间和露台。

总平面图——建筑与环境关系。建筑总平面图是新建建筑或改建建筑所在基地范围内的总体布置图，包括新建建筑、原有建筑与拆除建筑、构筑物等的位置和朝向，室外场地、道路、绿化等的布置，地形、地貌、标高、建筑与周围环境以及红线范围等（图 4-13）。

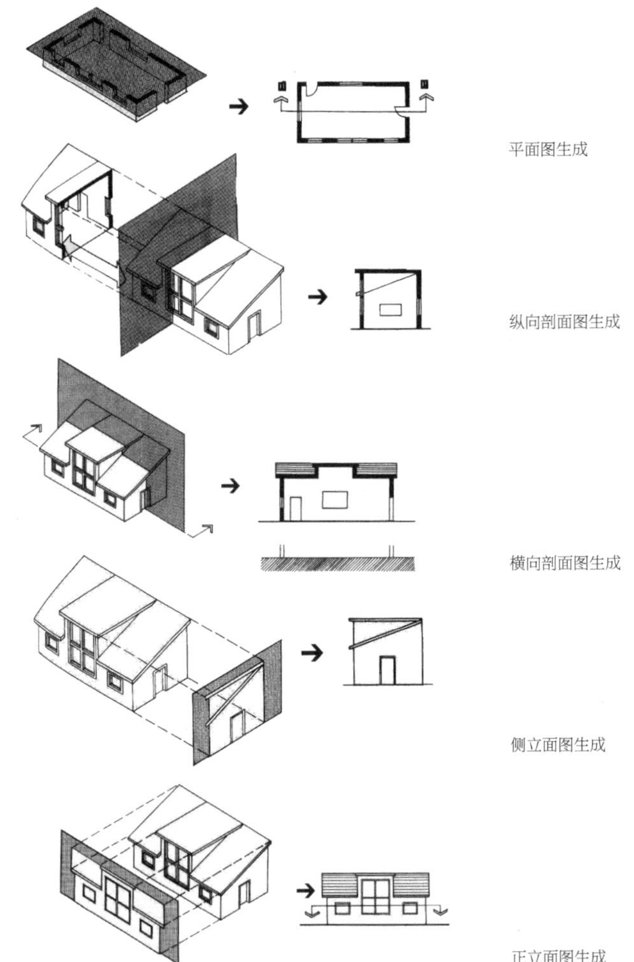

扫码观看：建筑图纸表达基本原理

图 4-12 建筑图纸的生成原理

立面图——建筑形体分析。建筑立面图是将建筑物不同方向的表面，投影到投影面上而得到的正投影图。立面图一般可根据朝向分为南立面图、北立面图、西立面图、东立面图。通常建筑四个方向的立面图可以比较全面地反映出建筑的外在形体关系，包括形体、体量、立面凹凸关系、屋顶造型和材料的质感色彩等。立面图上不同粗细的线条可以用来表现不同的内容。建筑与地面相交的线用最粗的线条表示，次级粗的线条用于表示建筑主要形体的外轮廓和门窗洞口，最细的线条表现材料质感等信息（图 4-14）。

平面图、剖面图——建筑空间分析。立面图虽然能够表达建筑形体的位置与尺寸，但却无法反映出建筑内部空间的情况，而平面图和剖面图则可以通过对建筑假设性的剖切，将建筑内部空间尽可能地表现出来。平面图、剖面图同样需要用不同粗细的线

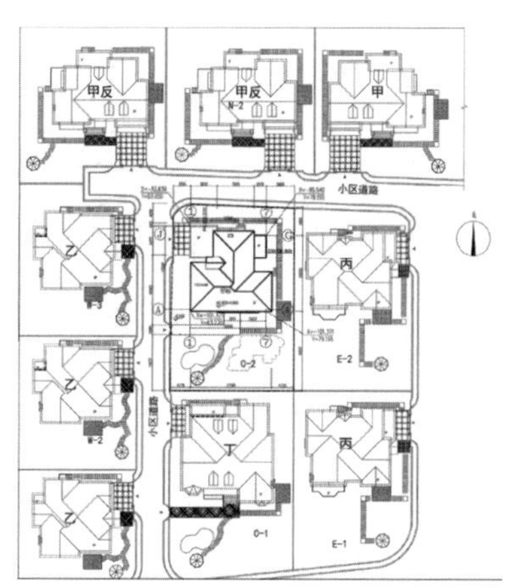

图 4-13 总平面图—建筑与环境关系

图 4-14 立平面图—建筑形体分析

来区分不同的信息。最粗一级的线表示被剖切线所切到的主要承重构件或者维护结构，如墙体、柱子、梁或楼板的部分；次级粗的线用以表示没有被剖切到的建筑轮廓以及门窗洞口等部分的投影线；最细一级的线则表达更次一级的部分。

平面图是用假设的剖切线在建筑室内地面约 1.2m 高的位置将建筑物水平切开，反映出建筑物内部空间的平面形状、大小、组合布置，墙柱的位置、尺寸和材料，门窗的类型和位置等。对于多层建筑，一般每层应有单独的平面图，当建筑中几层平面布置完全相同时，就可共用一个典型平面图来表示，这种平面图称为标准层平面图。因此，平面图一般至少有底层平面图、标准层平面图、顶层平面图及屋顶平面图这四

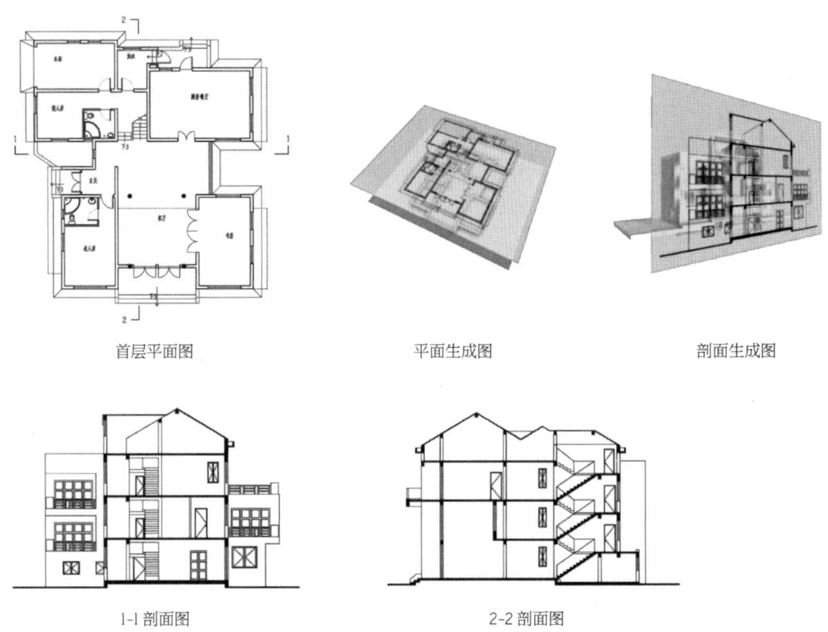

图 4-15 平面图、剖面图—建筑空间分析

种类型。建筑剖面图是依据建筑平面图上标明的剖切位置和投影方向，假定用垂直方向的剖切线将建筑物切开后得到的正投影图。剖面图一般是剖在楼梯或者空间变化较多的位置（图 4-15）。

4.2 建筑制图

4.2.1 制图基本知识

制图工具：建筑工程设计制图中，常用的制图工具有纸、笔、尺、绘图板等。绘图纸常用卡纸和硫酸纸两种。卡纸又分为白卡纸与彩色卡纸。方案设计时常用卡纸来绘制图纸正稿，模型制作使用的卡纸一般称模型卡。硫酸纸主要用于设计草图或需晒图的工程图纸。常用的绘图笔有铅笔[1]、针管笔[2]等。方案构思稿和方案草图通常用软质铅笔。绘制工程图常用 H 铅笔打底稿，用 HB、B 铅笔来加深，铅笔线条要求画面整洁、线条光滑、粗细均匀、交接清楚。工程制图中使用针管笔在铅笔底稿之后上正稿墨线，可使图面清晰美观，在平时绘制配景图时也会用到针管笔。在工程制图中，尺的种类有很多，常用的有丁字尺[3]、三角板、比例尺[4]等，此外还有绘图板[5]、圆规[6]、各类制图模板、曲线板、胶带纸、橡皮、刀片、排线笔等其他工具（图 4-16）。

1 铅笔上的字母 H、B 表示铅笔的软硬度，H 表示硬度，B 表示软度，H 或 B 前面的数字越大，表示越硬或越软。
2 针管笔上的数字（0.1mm、0.2mm、0.8mm）等表示其笔头粗细，每种粗细的针管笔只可画一种线宽。
3 丁字尺又称 T 形尺，由相互垂直的尺头和尺身构成，常在工程设计绘制图纸时配合绘图板和三角板使用。
4 比例尺是一种按特定比例量取长度的专用量尺。三棱尺是比例尺中最常用的一种，尺上标有 6 种比例刻度，每个面 2 种，绘图时将实际尺寸按选定比例在相应尺面的刻度处量取长度（均以 m 为单位）。同一实物按不同比例所画出的图面大小是不同的。
5 绘图板用来铺放和固定图纸，要求表面光洁、平整，板边（丁字尺的导边）必须平直。根据图纸大小，常用绘图板有 1 号绘图板（600mm × 900mm）、2 号绘图板（450mm × 600mm）等。
6 圆规是画圆及圆弧的工具。一般从圆的中心点开始，顺时针方向转动圆规，另外，使用圆规时可向前进方向稍作倾斜，圆或圆弧应一次画完。

工程线条：线条是建筑制图最基本的元素，不同粗细和不同线型的工程线条往往表示不同的含义。工程线条一般使用绘图工具绘制，要求比例正确，粗细均匀，光滑整洁，交接点清楚。线条可分为实线、虚线、点画线、折断线、波浪线等五个大类。制图时，一般应按用途选用所示图线。绘图时应根据图的复杂程度与比例大小，先从线宽组中选定基本线宽 b，再选用相应的其他线宽。线形画法与制图标准可参照中华人民共和国国家标准（简称“国标”）的《房屋建筑制图统一标准》（图 4-17、图 4-18）。

工程字体：工程图纸上所需书写的文字、数字或符号等，均应笔画清晰、字体端正、排列整齐，标点符号应清楚正确。图纸及说明中的汉字，宜采用仿宋体或黑体[7]。图纸及说明中的拉丁字母、阿拉伯数字与罗马数字，宜采用单线简体或 ROMAN 字体。同一图纸上的字体种类不应超过两种。在同一幅图纸上，无论是汉字、数字或是字母，都应控制字体的种类，避免字体变化太多而使图面凌乱。

尺寸标注：建筑图上标注的尺寸应包括尺寸线、尺寸界线、尺寸起止符号和尺寸数字。尺寸线、尺寸界线都应用细实线绘制；尺寸起止符号用中粗斜短线绘制，其倾

7 仿宋体（又称长仿宋体）是工程图纸上最常用的字体。黑体为正方形粗体字，在工程图纸上一般用作标题和加重部分的字体。

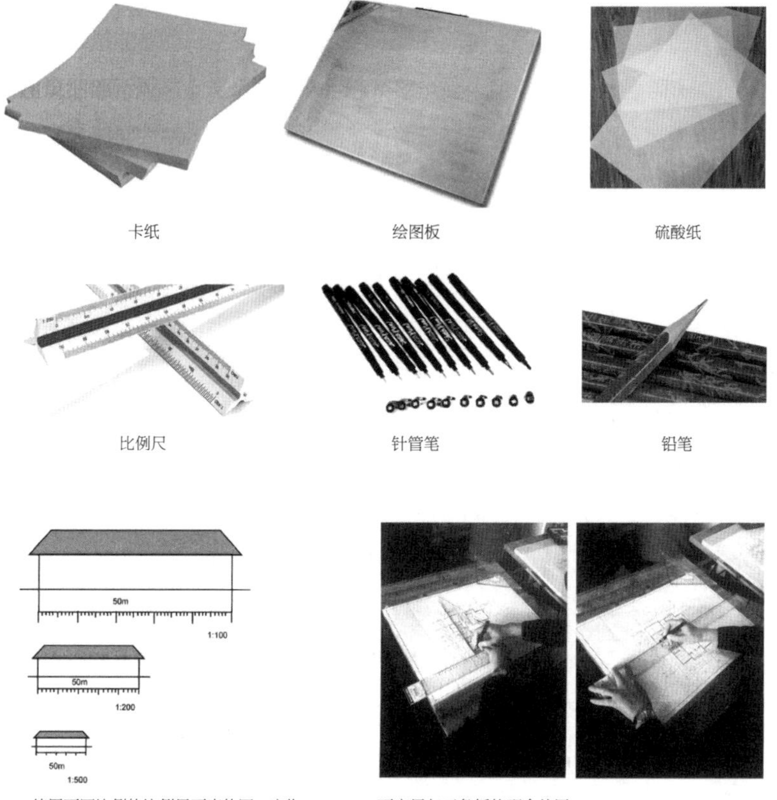

图 4-16 制图工具

名称		线型	线宽
实线	粗		b
	中		0.5b
	细		0.25b
虚线	粗		b
	中		0.5b
	细		0.25b
单点长画线	粗		b
	中		0.5b
	细		0.25b
双点长画线	粗		b
	中		0.5b
	细		0.25b
折断线			0.25b

工程制图中，不同粗细和不同线型的工程线条往往表示不同的含义。

图 4-17 图线

线宽比	线宽组			
b	1.4	1.0	0.7	0.5
0.7b	1.0	0.7	0.5	0.35
0.5b	0.7	0.5	0.35	0.25
0.25b	0.35	0.25	0.18	0.13

常用的线宽组可以帮助初学者合理运用线型表达图纸。

图 4-18 线宽

斜方向应与尺寸界线成顺时针 45°，长度宜 2 ~ 3mm；尺寸数字应根据其方向一般标注在靠近尺寸线的上方中部。平面图、立面图、剖面图尺寸标注单位均为毫米（mm）（图 4-19）。

定位轴线：定位轴线应用细点划线绘制。定位轴线一般应编号，编号应注写在轴线端部的圆内，圆应用细实线绘制，直径为 8 ~ 10mm。定位轴线圆的圆心应在定位轴线的延长线上或延长线的折线上。平面图上定位轴线的编号，应标注在图样的下方与左侧。横向编号应用阿拉伯数字从左至右顺序编写。竖向编号应用大写拉丁字母，从下至上顺序编写，注意拉丁字母的 I、O、Z 不得用作轴线编号（图 4-20）。

标高：室内标高及总平面图以米（m）为单位。建筑相对标高以底层室内地面完成面为零点标高，注写成 ±0.000，各楼层标高以各层室内地面完成面为标准，标高数字以 m 为单位，注写到小数点以后第三位，在总平面图上可注写到小数点以后第二位（图 4-21）。

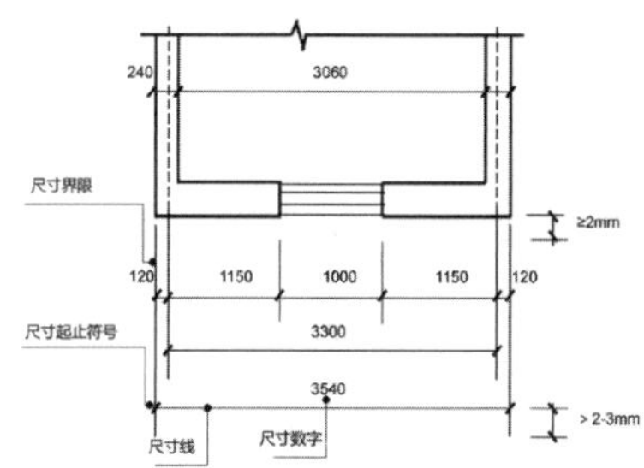

平面尺寸标注：最外面一道尺寸线是外包尺寸，是建筑的总长度，即最外围轮廓线的尺寸；中间一道尺寸线是轴线尺寸，是墙中心线之间的尺寸；最里面一道尺寸线门窗等构件的定位尺寸。

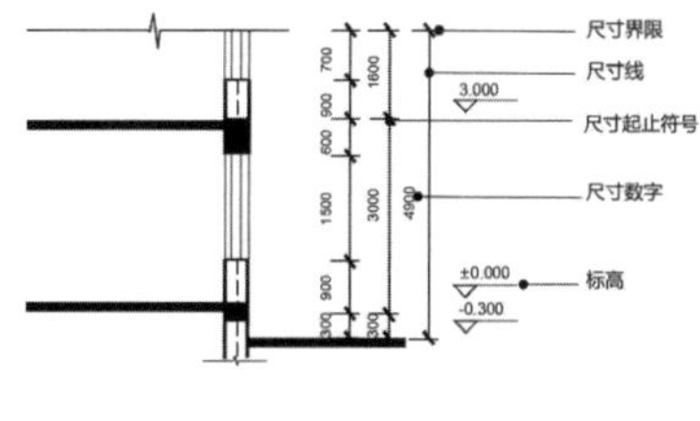

剖面尺寸标注：最外面一道尺寸线是建筑总高度；中间一道尺寸线是层高尺寸；最里面一道尺寸线是门窗等构件的高度尺寸。

尺寸标注一般有三道尺寸线，三道尺寸间的距离要保持一致。

图 4-19 尺寸标注

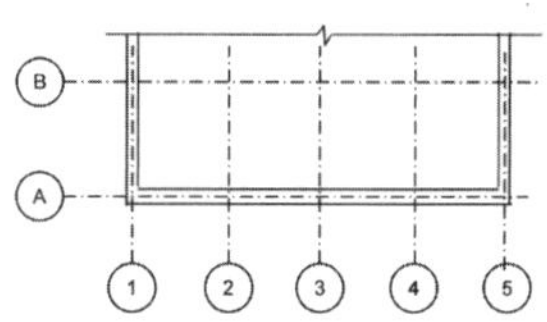

定位轴线是指确定各主要承重构件（墙、柱等）相对位置的基准线，一般为主要承重构件的中线。

图 4-20 定位轴线

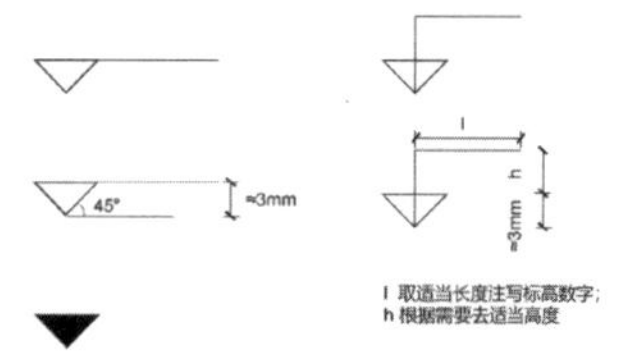

标高符号用等腰直三角形加上水平引线表示，标高符号应用细实线绘制。室外地坪标高符号的三角形内宜涂黑。

图 4-21 标高符号及画法

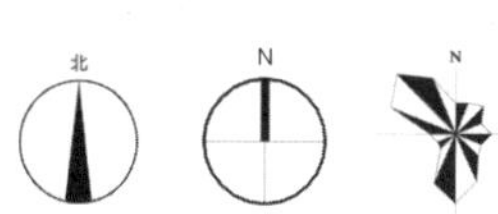

指北针的尖端部可标注“北”字或“N”字。指北针还可以与风玫瑰图结合使用。

图 4-22 指北针

指北针：指北针有多种表达方法。常用的圆形指北针制图画法，其圆的直径宜为 24mm，用细实线绘制，指北针尾部的宽度宜为 3mm。如果需用较大尺度绘制指北针时，指北针尾部的宽度宜为直径的 1/8（图 4-22）。

制图步骤：准备图板、丁字尺、三角板、画图桌等绘图仪器。根据绘图的数量、内容及大小选定比例，确定图纸幅面，然后固定图纸，开始绘图。其次，根据图纸内容，选择横式幅面或立式幅面。安排整张图纸时应注意单张图的位置，使各张图之间疏密均匀，构图完整。制图顺序通常遵循先整体、后局部[8]，先骨架、后细部[9]，先底稿、再加粗[10]，先画图、后注字的原则（图 4-23）。

8 先整体后局部可以避免遗漏。制图时应先画平面图、剖面图，再画立面图。平面图和剖面图可先从横向和纵向两个方向确定建筑物的基本尺寸，也为立面图提供了相应依据。

9 先骨架、后细部是指在画平面图时应先画轴线网，再画墙体，然后画门窗等细部；画立面图时先确定建筑的整体轮廓线和各层窗高的控制线，然后再画细部；画剖面图应先画轴线，再画砖墙、梁、板等结构部分，然后画门窗、台阶、散水等细部。

10 先底稿、再加粗是指根据所画图样的内容来确定画图的先后顺序，尤其在尺规制图和手绘草图时可避免触及未干墨线和减少待干时间。

4.2.2 制图相关规定

总平面图：总平面图表达要有三个注意事项：第一是基地整体情况要表示清楚，包括地形、地貌、标高和原有环境的关系；第二是新建建筑物层数和阴影的关系；第三是新建建筑物和原有基地的场地、道路、出入口之间的关系。总平面图上的尺寸表达重点在标注指北针、风玫瑰图和比例尺，还有经济技术指标[11]。建筑总平面图可选用 1:500、1:1000、1:2000 等比例，在具体建筑工程设计中，由于国土局有关单位提供的地形图比例常为 1:500，所以建筑总平面图的常用绘制比例也通常是 1:500。建筑总平面图的原有房屋、道路、绿化、围墙及拟新建建筑物等都应具有相应图例，常用图例可参考“国标”（图 4-24、图 4-25）。

11 建筑经济指标一般包括基地面积、总建筑面积、建筑密度（建筑物底层占地面积 / 建筑基地面积的比率，用百分比表示）、建筑容积率（总建筑面积 / 总用地面积）、绿化率等。

平面图、立面图、剖面图：建筑工程制图中，除了总平面图之外，还须绘制各层平面图、立面图和剖面图，并在平面图、立面图、剖面图上标出建筑的主要尺寸、各房间名称和面积、高度、门窗位置和室内布置等，以充分表达设计意图。建筑平面图、立面图、剖面图都应采用正投影图的方式表达（图 4-26）。

幅面代号 / 尺寸代号	A0	A1	A2	A3	A4
b x *1*	841x1189	594x841	420x594	297x420	210x297

类型与尺寸

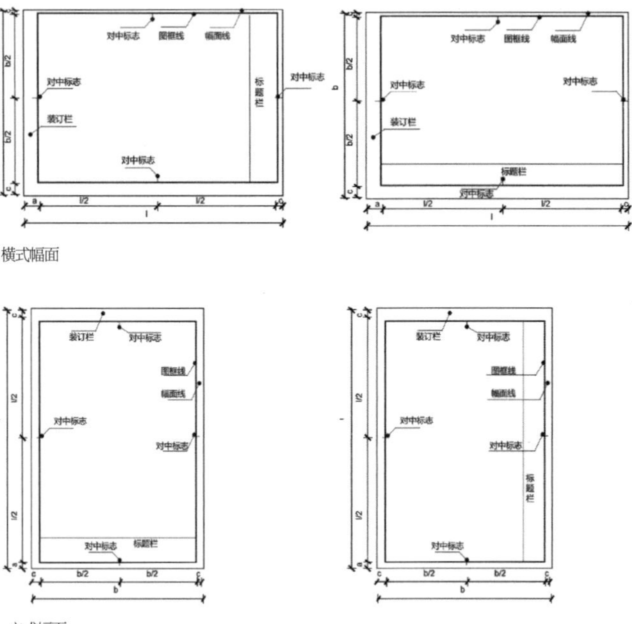

图 4-23 图幅

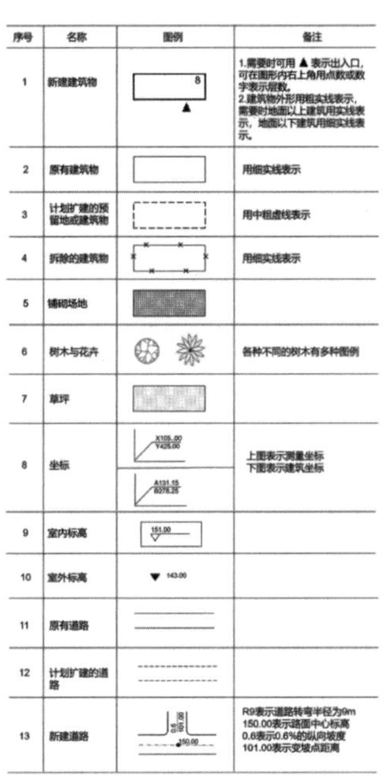

序号	名称	图例	备注
1	新建建筑物	8 ▲	1.需要时可用▲表示出入口，可在图形内右上角用点数或数字表示层数。 2.建筑物外形用粗实线表示，需要时地面以上建筑用实线表示，地面以下建筑用细实线表示。
2	原有建筑物		用细实线表示
3	计划扩建的预留地或建筑物		用中粗虚线表示
4	拆除的建筑物		用细实线表示
5	铺砌场地		
6	树木与花卉		各种不同的树木有多种图例
7	草坪		
8	坐标	X105.00 Y425.00 A131.15 B278.25	上图表示测量坐标 下图表示建筑坐标
9	室内标高	151.00	
10	室外标高	▼ 143.00	
11	原有道路		
12	计划扩建的道路		
13	新建道路	0.6 101.00 150.00	R9表示道路转弯半径为9m 150.00表示路面中心标高 0.6表示0.6%的纵向坡度 101.00表示变坡点距离

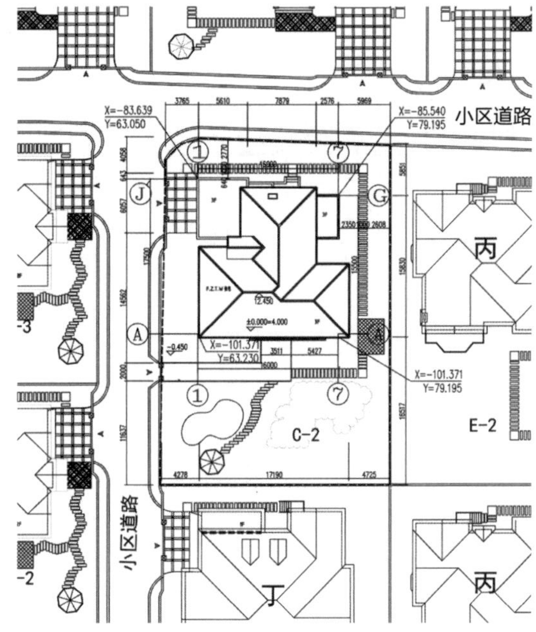

技术经济指标

总建筑面积：800m²

基地面积：1500m²

绿化率：0.46

图 4-24 总平面图与常用图例

<table>
<tr><th colspan="2">名称</th><th>线型</th><th>线宽</th><th>用途</th></tr>
<tr><td rowspan="3">实线</td><td>粗</td><td></td><td>b</td><td>1 新建建筑物±0.00高度的可见轮廓线
2 新建的铁路、管线</td></tr>
<tr><td>中</td><td></td><td>0.5b</td><td>1 新建构筑物、道路、桥涵、边坡、围墙、露天堆场、运输设施、挡土墙的可见轮廓线
2 场地、区域分界线、用地红线、建筑红线、尺寸起止符号、河道蓝线
3 新建建筑物±0.00高度以外的可见轮廓线</td></tr>
<tr><td>细</td><td></td><td>0.25b</td><td>1 新建道路路肩、人行道、排水沟、树丛、草地、花坛的可见轮廓线
2 原有（包括保留和拟拆除的）建筑物、构筑物、铁路、道路、桥涵、围墙的可建轮廓线
3 坐标网线、图例线、尺寸线、尺寸界线、引出线、索引符号</td></tr>
<tr><td rowspan="3">虚线</td><td>粗</td><td></td><td>b</td><td>新建建筑物、构筑物的不可见轮廓线</td></tr>
<tr><td>中</td><td></td><td>0.5b</td><td>1 计划扩建建筑物、构筑物、预留地、铁路、道路、桥涵、围墙、运输设施、管线的轮廓线
2 洪水淹没线</td></tr>
<tr><td>细</td><td></td><td>0.25b</td><td>原有建筑物、构筑物、铁路、道路、桥涵、围墙的不可见轮廓线</td></tr>
</table>

总平面图中所表达的内容丰富，因此需特别注意总平面图中线型和线宽的设置，不同线型和线宽表达不同的含义。

图 4-25 总平面线型、线宽及用途

绘制建筑平面图、立面图、剖面图的比例有 1:50、1:100、1:150、1:200 等，其中最常用的是 1:100。不同比例的平面图、立面图、剖面图的线型以及材料表达方式都不一样。建筑平面图、立面图、剖面图常用的基本线型有粗实线、中实线、细实线、中虚线、细虚线、点划线、折断线、波浪线等。不同的建筑材料有着不同的画法（图 4-27、图 4-28）。

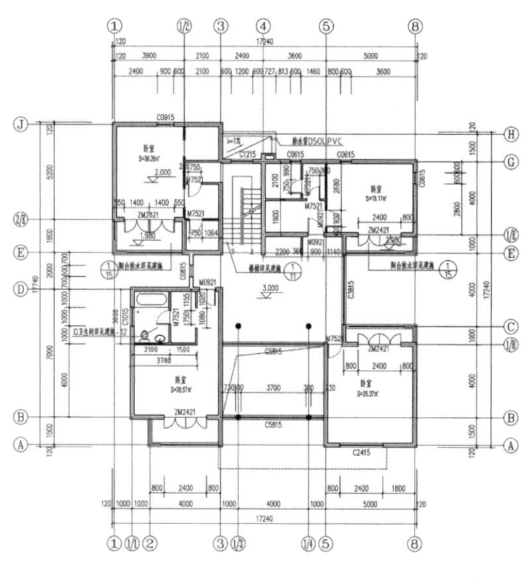

二层平面图

平面图：

建筑物及其组成房间的名称、尺寸、定位轴线等；

墙、柱的位置和墙的厚度；

走廊、楼梯位置及尺寸；

门窗位置、尺寸；

台阶、阳台、雨篷、散水的位置及尺寸；

室内、外地面的标高；

首层标注剖切符号，以便与剖面图对照查阅。

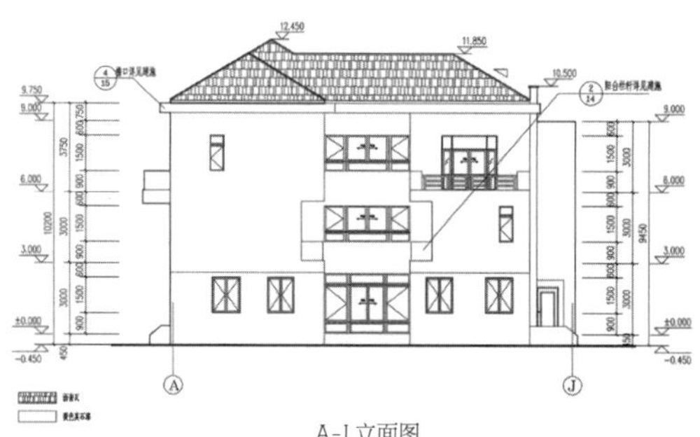

A-J 立面图

立面图：

建筑立面的外观——屋顶、门窗、阳台、雨篷、台阶等的形式、位置以及建筑艺术造型效果；

建筑垂直方向各部分的高度，包括建筑总高度（室外地面至檐口或女儿墙顶）、建筑立面的门、窗、阳台、雨篷等可见部分的高度尺寸与装饰做法等；

建筑室外的勒脚、花台、室外楼梯等的尺寸与造型效果；

外墙的预留孔洞、檐口、屋顶（女儿墙或隔热层）、雨水管、墙面分格线或其他装饰构件等；

文字或列表说明外墙面的装修材料及做法。

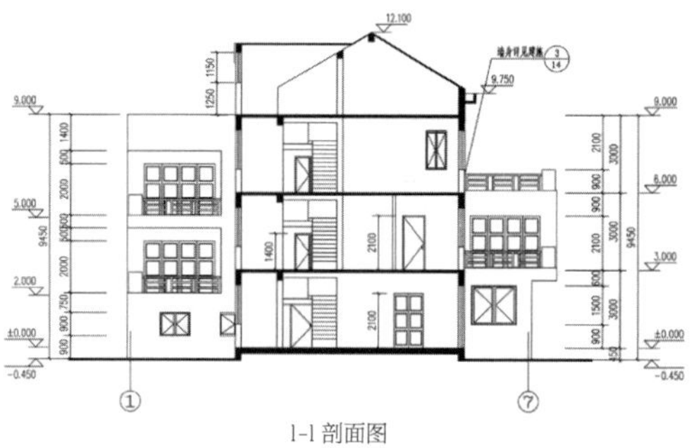

1-1 剖面图

剖面图：

建筑垂直方向的内部布置、层高和高差变化；

建筑的结构形式、构造关系，墙、柱的定位等；

建筑内部竖向各部分的高度尺寸，各层楼面及楼梯平台的标高、室内外地面高度、门窗洞口的高度等。写标高及尺寸时，注意应与平面图和立面图相一致。

图 4-26 小住宅大模型图纸表达

名称	线宽	用途
粗实线	b	1 平、剖面图中被剖切的主要建筑构造（包括构配件）的轮廓线 2 建筑立面图或室内立面图的外轮廓线 3 建筑构造详图中被剖切的主要部分的轮廓线 4 建筑构配件详图中的外轮廓线 5 平、立、剖面图的剖切符号
中实线	0.5b	1 平、剖面图中被剖切的次要建筑构造（包括配件）的轮廓线 2 建筑平、立、剖面图中构配件的次要轮廓线 3 建筑构造详图及建筑物配件详图中的轮廓线
细实线	0.25b	小于0.5b的图形线、尺寸线、尺寸界限、图例线、索引符号、标高符号、详图材料做法引出线等。
中虚线	0.5b	1 建筑构造及配件不可见的轮廓线 2 平面中较大设备轮廓线 3 拟扩建的建筑物轮廓线
细虚线	0.25b	图例线、小于0.5b的不可见轮廓线
单点长画线	b	较大设备，如起重机、吊车的轨道线
细单点长画线	0.25b	中心线、对称线、定位轴线
折断线	0.25b	不需画全的断开界线
波浪线	0.25b	不需画全的断开界线、构造层次的断开界线

图 4-27　平立剖面线型、线宽及用途

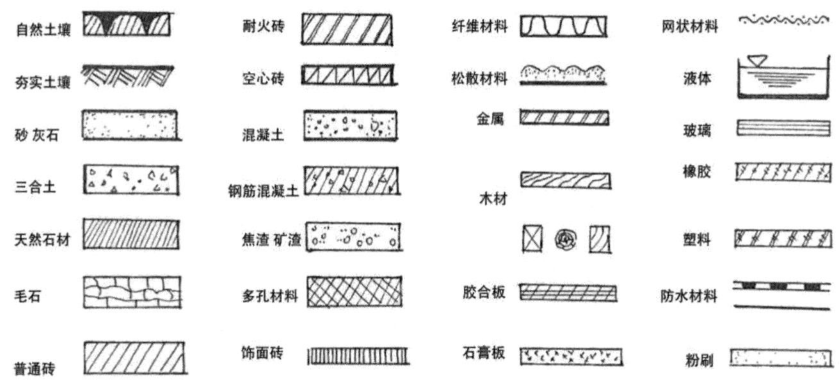

图 4-28　常用建筑材料图例（共 28 种）

4.2.3 制图相关类型

用“图”说话是设计表达的特点，也是建筑设计相关专业表达的主要方式。设计图纸包括建筑绘图与工程制图，建筑绘图主要表达设计师的设计意向，工程制图是方案具体实施过程中的应用绘图。图纸的表达可以有多种方式，如尺规制图、手绘草图及计算机制图（图 4-29）。

尺规制图：尺规制图是指用直尺、丁字尺等制图工具辅助绘制图纸的方法，是建

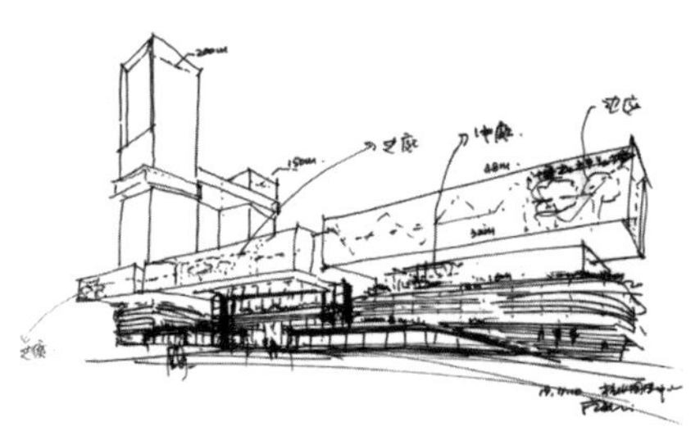
尺规制图

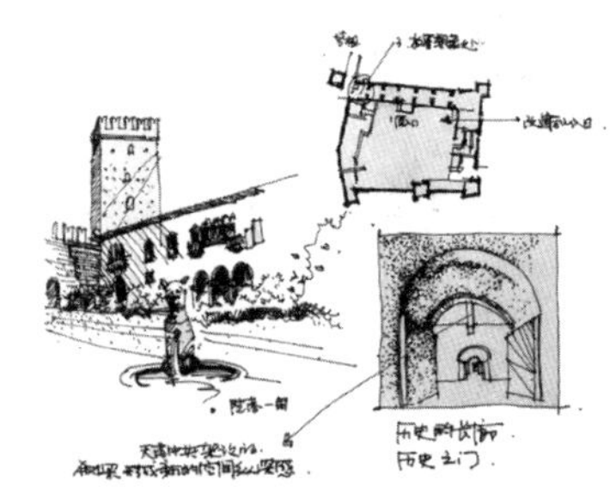
手绘草图

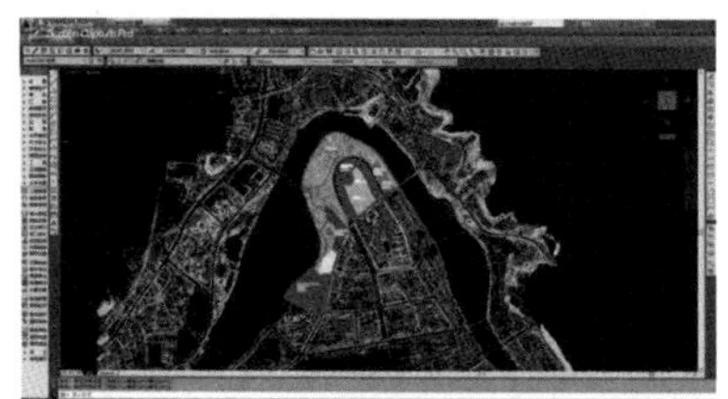
AutoCAD 制图

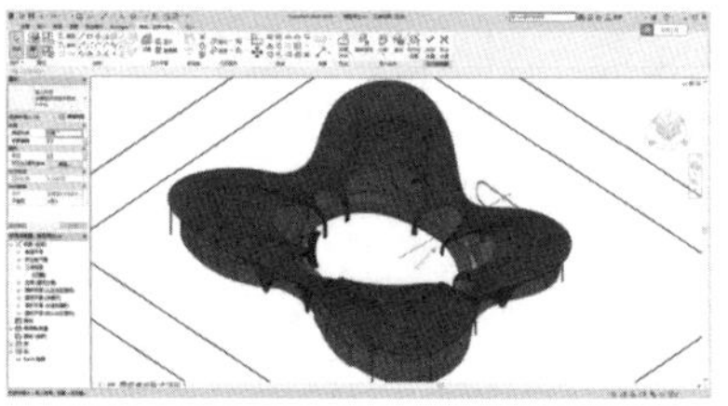
Revit 制图

图 4-29 制图类型

筑设计的初步学习中需要掌握的基本表达手法之一。虽然当今计算机制图非常普及，但是作为建筑师，尺规制图也是必须掌握的技能之一。学习识图与制图基础是尺规制图的前提，也为计算机制图打下良好的基础。

手绘草图：在方案草图阶段，常用手绘草图去勾勒设计的初步构想。手绘草图是一种表达设计最初概念或形态的方式，在构思阶段使用最多。草图能辅助思维实现快速地表达，由于在操作过程中充满不确定性和无限可能性，设计者通常通过草图将概念迅速且简洁地表达出来。草图主要是利用线条表达建筑的形体及空间特征，在描绘最初构思时，线条往往杂乱无章，不过这恰好帮助设计者启发灵感。草图也是记录设计与生活的一种方式，作为设计师，草图是平时积累生活素材的最好途径，可以快速为设计者记录下所见所感，为之后的概念生成做积累。除此之外，草图也是帮助设计师进一步思考的工具，在设计推敲过程中，设计师可以利用草图从整体或局部不断修改自己的方案，由此，设计从模糊的概念逐渐演变成清晰的结构框架。具体做法通常是用拷贝纸覆盖在已有的草图上进行复制，在复制的草图上不断修改、完善最初的设计，或尝试更多新的可能。绘制草图需要大量练习线条，线条表达要准确、确定。对于初学者来讲，可以临摹大量的优秀草图，通过草图的临摹感悟设计，锻炼自己在设计中的概括力，培养空间尺度感。

计算机制图： 在计算机技术发展迅猛的这几年，各种制图软件应运而生。Adobe公司的 AutoCAD（Autodesk Computer Aided Design）以及在此基础上开发的天正等软件就是其中的主流，是绘制技术性图纸的最佳工具。它们不仅可以精准地进行建筑图纸制作，同时也具有强大的三维建模和多视角展示空间的能力，将二维图形与实际空间三维形态结合起来，以此表达设计意图。AutoCAD 不仅可以用来二维制图，更可以利用计算机进行辅助设计。它和一种更直接面向三维设计的软件 SketchUp 以及图像处理软件 Photoshop 并列称为设计专业三大基础软件。计算机制图大体分为两类：一类是通过如 AutoCAD、SketchUp 等软件来对二维图形与三维模型进行表达；另一类是计算机编程的数理建模软件，如 Rhino、Revit 等，数理建模的表达更为多元化。这些软件操作都有相应的教程，具体命令这里不再赘述。工程线条、字体等制图要素，图幅选择与排版、制图顺序等尺规制图的规则，对于 AutoCAD 制图同样适用。除此以外，还要特别注意 AutoCAD 制图是 1∶1 的真实比例，通过打印设置不同比例在不同图幅的图纸上。AutoCAD 制图前一定要进行分层，如轴线、墙、门窗、楼梯、踏步、家具等都需单独设为一层，便于打印设置不同宽度的线型。

4.3 建筑测绘

4.3.1 基本知识

建筑测绘是对已建成的建筑，按照制图的方法和原则，通过对实际建筑的测量、记录和绘制，最终形成图纸的过程。可以说，测绘是一种从实物到图纸表达的过程，与图纸到实物的建设过程正好相反。

通过对已有建筑的测绘，可以更好地了解该建筑当时设计和建造的情况，从而便于更清晰地分析建筑及城市的历史，为研究建筑和城市的历史提供重要依据。测绘图纸也是具有科学性的档案资料。对于学生来讲，通过建筑测绘练习可以进一步掌握建筑工程图纸与建筑实物之间的关系，巩固课堂内所学建筑制图的画法、步骤及规范，加深平面图、立面图、剖面图与建筑空间之间关系的理解。

4.3.2 测绘工具

测绘工具分为测量工具和绘图工具两部分。测量工具一般为卷尺，常用的有钢卷尺（5m）和皮卷尺（30m）；记录与绘图工具有草图纸和坐标纸、速写本、画夹或小画板以及笔（H--HB 铅笔，几种不同颜色的水笔）等。

4.3.3 测绘步骤

建筑测绘可以归纳为六个步骤：观察对象—勾勒草图—实测对象—记录数据—分析整理—绘制成图（图 4-30）。

观察对象：在测绘前先要实际观察被测建筑物及其环境，观察被测建筑物的规模、大小、外形特点、构成、结构、构造等。

勾勒草图：观察完对象后，把观测好的建筑物及其环境概貌，用笔和纸将大致形体勾勒出来，以便记住。草图是测绘数据的原始记录，也是正式制图的重要依据，因此在绘制草图时应该保持严谨、科学的态度。当以小组为单位的测绘时，草图是组内共享的资料，应该具有较强的可读性。需要注意的是，在绘制草图时应考虑大致比例关系，即整体与局部以及各个空间之间的比例。

实测对象：用卷尺把所需要的数据在实测对象上测量出来。测量建筑物应从整体到局部、从大到小。在测量过程中，同一方向的数据应该集中测量并记录，不要分次测量后叠加。

记录数据：被测对象的数据测量出来后，应及时把数据记录下来，以免遗漏或搞错，便于绘图。在记录数据时，图线和标注应用两种不同颜色的笔绘制。文字标在尺寸线上方或左方，不得随意乱标。除标高外，单位均为 mm。

分析整理：把以上所有的观察情况、勾勒草图、实测记录进行整理分析，重要的控制性尺寸和细部尺寸应根据建筑模数[12]进行校对，确认无误后才能运用。

绘制成图：把测量和整理好的数据在草图的基础上进行整理与修改，最后按照要求绘制成图。

12 建筑模数是指建筑物及其构配件（或组合件）选定的标准尺寸为单位，并作为建筑物、建筑构配件、建筑制品以及相关设备尺寸相互协调的基础。我国常采用 1M、3M（M=100mm）为基本模数。

单元任务

（1）轴测图练习——小住宅大模型局部构件绘制

任务内容

对大模型入口台阶进行测绘，并绘制台阶投影图草图。理解大模型入口台阶的投影关系，绘制台阶三面投影图（AutoCAD+SketchUp）。训练学生对投影图的理解和掌握。

任务要求

- 图纸大小：A2 图纸；
- 工具：HB 铅笔、橡皮、直尺等；
- 比例 1 : 20，并标注尺寸。

观察对象

勾勒草图

实测对象

记录数据

钢卷尺（5m）

皮卷尺（30m）

分析整理

绘制成图

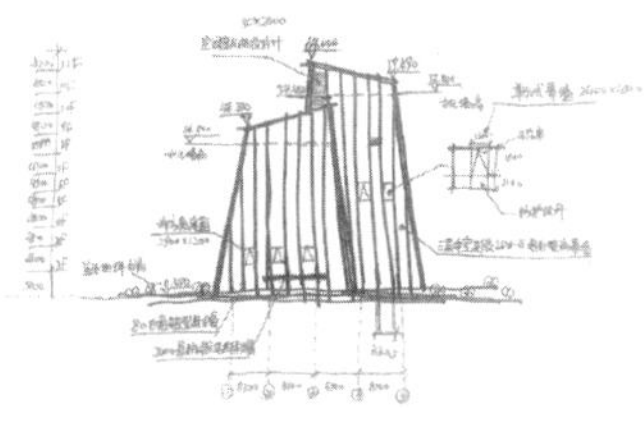

草图

图 4-30 建筑测绘

（2）建筑测绘——小住宅大模型测绘

任务内容

以小组为单位，通过对建筑实地测绘，将测量到的数据与资料绘制成图，进一步掌握建筑工程图纸与建筑实物之间的关系。依据测量步骤分别对建筑大比例模型的各层平面图、立面图、剖面图进行测绘，提交若干张测绘草图。

任务要求

- 图纸大小：A3 图纸或硫酸纸；
- 工具：分别准备 0.2mm、0.5mm、0.8mm 针管笔（可选择两种颜色），H 或 HB 铅笔，以及橡皮、丁字尺、三角板、比例尺；
- 轴测图练习——小住宅大模型局部构件绘制。

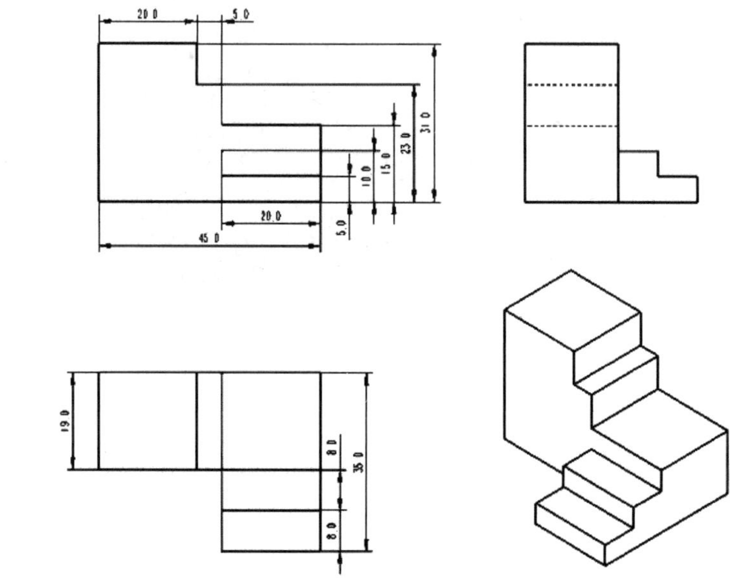

班级：
姓名：
学号：

轴测图练习——小住宅大模型局部构件绘制

（3）建筑制图——小住宅大模型制图

任务内容

以小组为单位，对测绘建筑运用尺规作图，练习绘制建筑各层平面图、立面图、剖面图一套完整图纸，熟练掌握制图方法，培养良好的制图习惯；
以个人为单位运用电脑作图，在建筑平面尺规制图的基础上，练习用 Auto CAD 绘制建筑平面图，初步掌握电脑制图和出图的基本方法。

任务要求

- 图纸大小：A2 图纸。工具：针管笔、HB 铅笔、橡皮、直尺等；
- 总平面图：比例 1 : 300，按照制图步骤逐步绘制，先做铅笔稿，再上墨线。总平面图中应注意线性区分，并添加配景；
- 各层平面图：比例 1 : 100，按照制图步骤逐步绘制，先做铅笔稿，再上墨线，注意线性（粗细线）的区分。二层平面图与三层平面图可在一层平面图基础上用硫酸纸辅助绘制，以帮助理解上下楼层之间的关系；
- 立面图：比例 1 : 100，绘制 1 个立面图（四个立面图中可选择两个立面图绘制立面图，注意线性（粗细线）的区分；
- 剖面图：比例 1 : 100，绘制 1 个剖面图，按照制图步骤逐步绘制，先做铅笔稿，再上墨线，对照平面图绘制剖面图，注意剖切位置和线性（粗细线）的区分；
- Auto CAD 绘制测绘建筑的首层平面图，A3 图纸，比例 1 : 100。

第五单元

构成训练

单元概述

单元目标

（1）了解构成相关基础知识，掌握构形基本原则，学会综合运用基本要素来创造美的形态，通过构成学习中抽象与创新思维的训练，培养创新思维与探索精神；

（2）了解建筑构成基本原理、构型要素和手法，学会把构成训练中的点、线、面、体块等基本要素与建筑平、立、剖面图以及形体设计联系在一起；

（3）掌握建筑空间组合与限定的基本手法，培养对建筑空间美的感受和把握能力，为建筑设计打下造型基础。

单元任务

（1）小住宅作品资料收集与分析——文字综述、照片与图纸对位关系；

（2）小住宅作品资料分析（一）——体块生成；

（3）小住宅作品资料分析（二）——场地分析；

（4）小住宅作品资料分析（三）——首层内部空间模型。

5.1 构成训练基础

5.1.1 有关构成

构成原理：万物的外在表现皆有形有态。形态由形状与情态两部分组成：形状是指几何形状、大小、色彩、肌理等物体可识别的特征；情态则是人对物体的心理感受。构成研究是研究各种形态之间组合或组成的方法。这是一种建立在视觉审美基础上的造型设计与语言与思维的训练过程。通过对构成的学习，可以培养学生对形态的认知能力，增加对造型和构图美的感受力，找出符合审美要求的构成法则，从而创造美的形态。作为造型艺术的基础，构成广泛运用在工业设计、商业设计、建筑设计、包装设计、展示设计、时装设计等多个与造型相关的设计专业领域。

构成要素与类型：作为物体外部形态的可见特征，点、线、面等基本元素构成设计形态的基本单位形象，这里称之为基本形（图 5-1 ）。构成，简单的理解就是研究这些基本形及其构成规律。我们可以用一个简单的公式来表达：基本形 + 构成法则（骨骼关系 / 形式美学法则[1]）= 美的图形。掌握基本形的提炼、相互关系以及构成法则，学会在复杂的图形中提炼出点、线、面等基本元素构成的基本形，通过了解基本形的相互关系掌握关于形式组合的各种构成法则，找出符合审美要求的参考原则，可以更好地创造美的形态。平面构成、立体构成、色彩构成是设计专业相关领域最主要的三大类型。平面构成是在二维平面上进行的造型活动；立体构成研究的是三维空间立体形态；色彩构成则是从人们对色彩的感知和心理效果出发，利用色彩在空间组合构成的规律进行再创造的过程，色彩不能脱离面积、空间、位置、机理等要素独立存在，所以它与平面构成、立体构成有着不可分割的关系。

1 20 世纪初期格式塔心理学与美学的研究直接为现代造型艺术的发展和创造提供了视觉心理的理想基础。形式美学法则（多样统一、对称、均衡、对比、主次等）可以在视知觉理论中找到相应的解释。形式美学法则是现代设计的理论基础知识，是人类在创造美的形式、美的过程中对美的形式规律的经验总结和抽象概括。探讨形式美的法则，是所有设计学科共同的课题。

构成学习：作为人工创造的物质形态，任何复杂的建筑空间与形态几乎都可以分解为简单的基本形体通过不同组合方式形成不同的造型。在建筑设计中，大至平面、空间、体型，小至梁柱门窗、檐板、铺地、花饰、线脚等构件，都可以提炼成高度抽象化的基本要素——点、线、面、体、空间构成，从而成为建筑构成的研究对象。为了便于分析，我们把建筑形态同建筑的功能、技术、经济、环境等因素分开，作为纯造型现象，抽象分解为一些具有一定几何规律的形体与空间，同时排除实际建筑材料在色彩、肌理、质地等方面的特性，突出其视觉特征。在面向建筑设计相关专业的构成训练中，要把这些基本要素的训练与建筑形体与空间的生成、室内外空间界面与空间效果的设计与表达直接联系在一起。

对于建筑内部已建成的空间环境，构成在室内设计中的应用主要体现在空间设

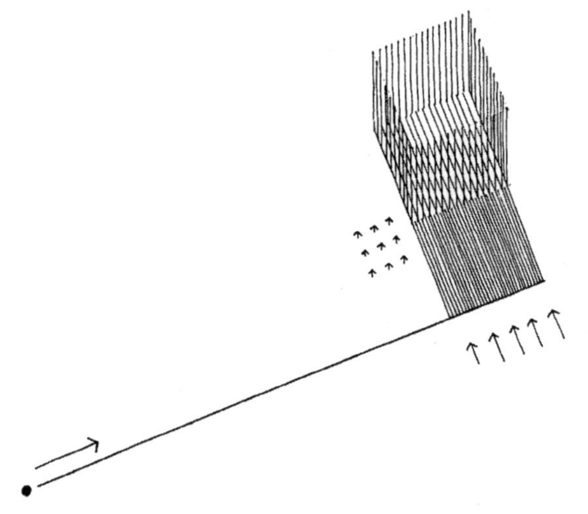

点（point）：空间中一个位置；
线（line）：长度、方向、位置；
面（plane）：长度和宽度、形状、表面、方位、位置；
体—空间（volume-space）：长、宽、高，形式和空间，表面、方位、位置。

图 5-1 构成基本要素

费尔米尼之绿（法国）

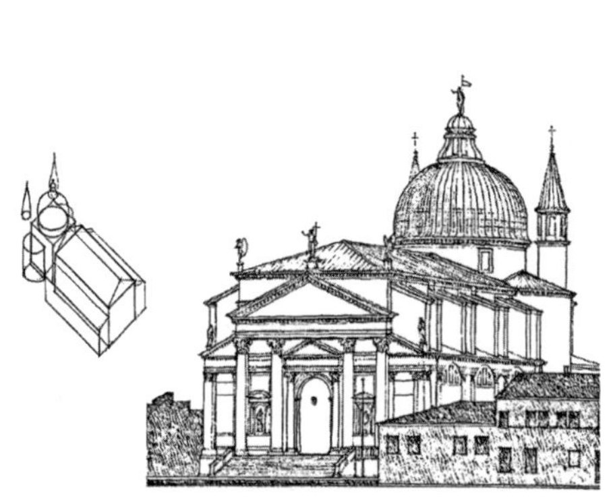

威尼斯救主堂（意大利）

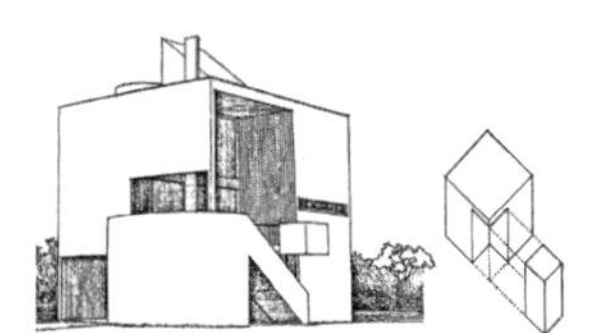

纽约格瓦斯梅住宅（美国）

图 5-2 建筑作品构成分析

计、界面设计、陈设设计三个方面，同时运用色彩对空间进行调配，增加空间层次感，以弥补室内空间、光线等的不足。构成同样也是学习景观设计的基础。在景观设计中，平面形式构成是设计过程的关键一步，直接影响空间美观。景观的空间构成是在二维平面构成中加入三维因素，如由建筑外立面、围墙、栅栏、树木、灌木、坡地地形等元素所组成的垂直面，或由廊架、景观亭、张拉膜、树冠等元素组成的景观顶面，由此结合不同的基面形成或私密、或开敞的多样化空间。与建筑形体、室内空间相比，室外空间的边界没有很严格地限定，但设计元素更加丰富、多样，合理巧妙运用可以设计出功能良好又有意境的室外景观效果（图 5-2 ～图 5-4）。

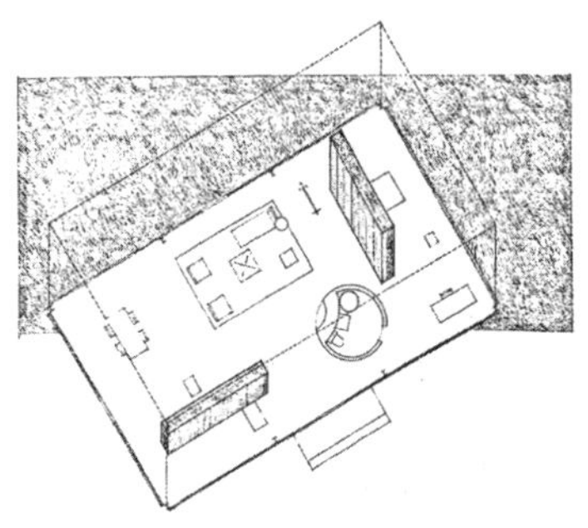

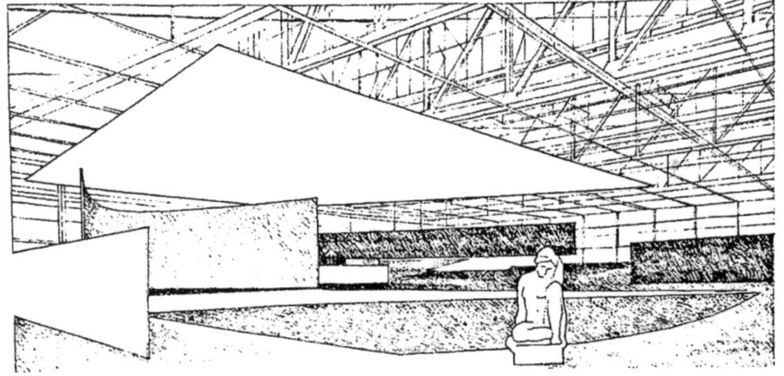

点、线、面等构成要素以及所在的室内墙面、地面、顶面等空间界面，加上家具和墙面装饰等陈设设计的共同参与，遵循一定的美学规律，就可塑造出整体结构清晰、秩序感强的室内空间。

图 5-3 室内设计中的构成

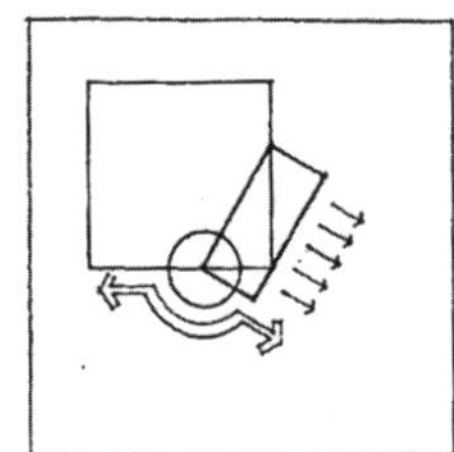

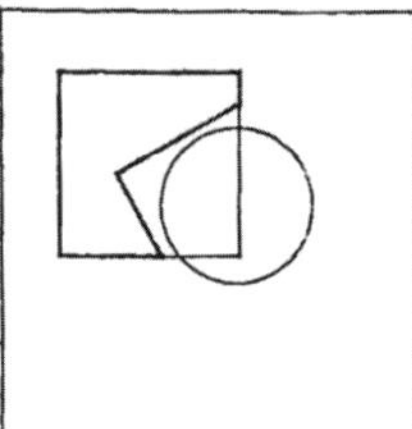

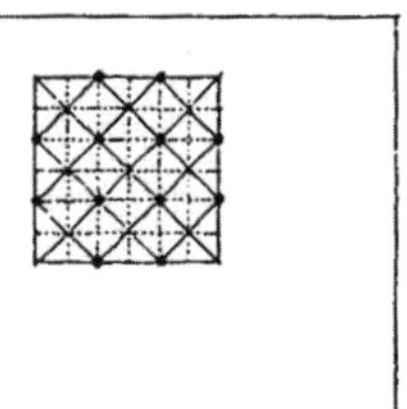

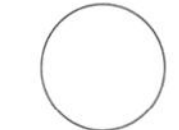

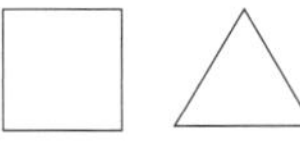

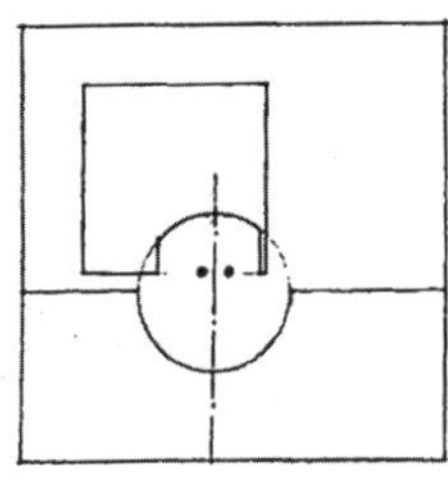

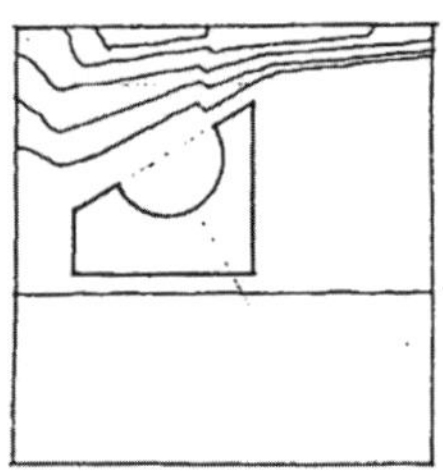

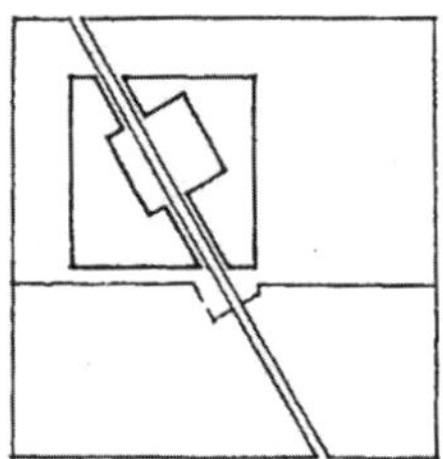

绝大多数景观设计的主题都与圆、方、三角形等基本几何形式及其组合密切相关。

图 5-4 景观设计中的构成

5.1.2 构成基础

平面基础：现代平面基本形可以归纳为抽象和具象两种类型。与建筑相关的平面基本形主要是指抽象的几何形，其具有概念、视觉、正负、转换等属性。概念属性是指基本形可以高度概括或抽象化为点、线、面等基本要素；视觉属性是指基本形的大小、形状、色彩、肌理、位置、方向等；正负属性是指基本形的图底关系，要使基本形被感知存在，必然要有底将其衬托出来；转化属性是指基本形关系紧密，可以相互转化（图 5-5）。

构成研究的是基本形的相互关系。平面基本形关系有分离、第三方连接、相交三大类。分离是指基本形相互之间不接触，有一定距离；第三方连接是基本形相互之间通过第三种形状相连接；相交的情况最为复杂，又可分为七种类型（图 5-6）。

图底关系

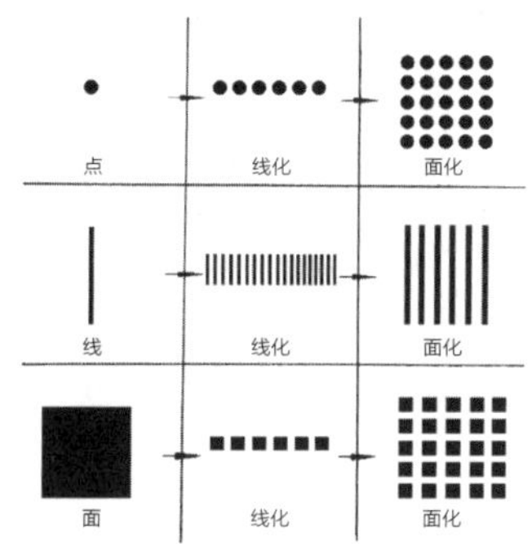

转化关系

图 5-5 平面基本形属性

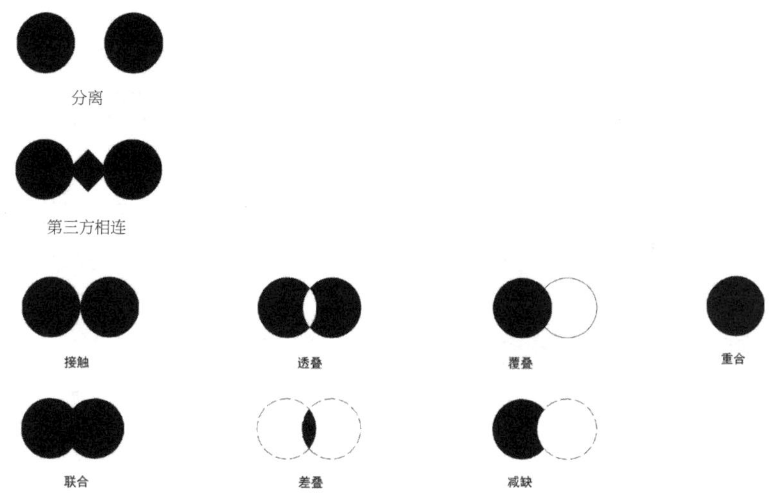

接触：形与形接触，正好相切。
联合：形与形部分重叠，无前后之分，形成新的形。
透叠：形与形中间重叠部分图底反转，没有前后、上下的空间关系。
差叠：形与形重叠部分成为新的形，未重叠部分消失。
覆叠：形与形部分重叠，产生上下、前后的空间关系。
减缺：形与形部分重叠，一个形被减掉，其重叠部分也被减掉。
重合：形与形重叠为一体。

图 5-6 平面基本形关系

基本形相交关系的不同组合可以形成“群化”关系。“群化”是基本形重复构成的一种特殊表现形式。不像一般重复构成在上、下或左、右连续发展，它具有独立存在的特质。“群化”是以一个图形为单位，每个单位按照形与形相互之间的关系原则，构成有两个以上基本形集中排列在一起的情况。基本形的特征必须具有共同元素产生同一性，才能构成群化（图 5-7）。综合运用好基本形点、线、面的相互关系，可以把作品营造得丰富生动（图 5-8）。

基本形：四分之一圆环

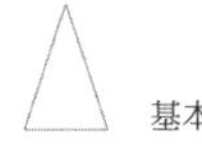

基本形：三角形

图 5-7 基本形群化关系

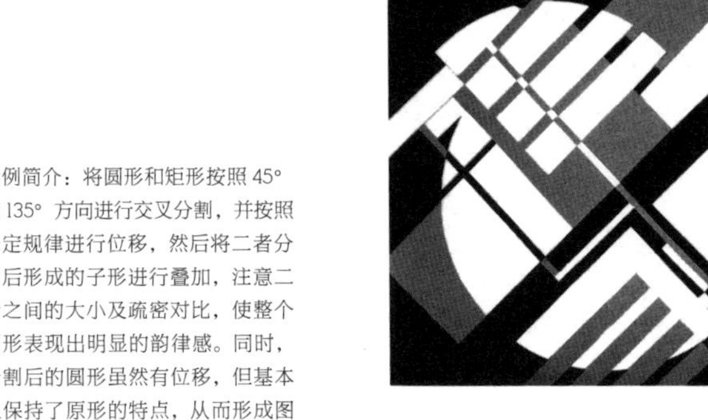

基本类型：线、面构成；
基本单元：圆形、矩形；
基本方法：形的分割与叠加。

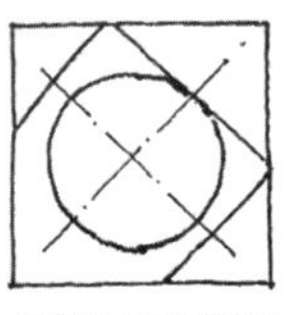

圆形与扭转的矩形骨骼

矩形的分割、移位

圆形的分割、移位

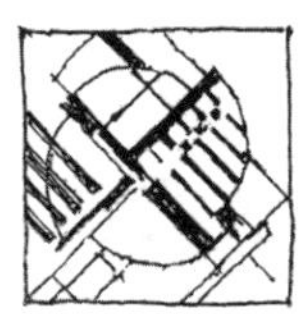

面的线化处理

步骤 1：圆形与扭转的矩形骨架；
步骤 2：圆形的分割、位移；
步骤 3：矩形的分隔、位移；
步骤 4：面的线化处理。

案例简介：将圆形和矩形按照 45° 和 135° 方向进行交叉分割，并按照一定规律进行位移，然后将二者分割后形成的子形进行叠加，注意二者之间的大小及疏密对比，使整个图形表现出明显的韵律感。同时，分割后的圆形虽然有位移，但基本上保持了原形的特点，从而形成图面统一的效果，稍显无序的几块矩形也因此有所归依。

图 5-8 基本形综合运用

平面构成法则：平面基本形的构成法则有两种类型，一种是有规律的基本骨格关系，一种是形式美学法则。基本骨格是指通过骨骼线给基本形以一定的空间和位置，来控制基本形的彼此关系，支配图形构成的秩序以形成美感的方法。基本骨格有重复、渐变、发射、特异、近似、积聚等六种类型。基本骨格的骨骼线在水平与垂直两个方向上可以均匀排列，也可以在宽窄、方向、线型上加以变化。基本形依照基本骨骼线排列变化，产生强烈的秩序感。基本形在骨骼线固定的空间中可以根据整体形象的需要来旋转、调整与变化，但基本形超出骨骼线的部分需要去掉。骨骼线在形象完成后可选择擦去或者保留（图 5-9）。

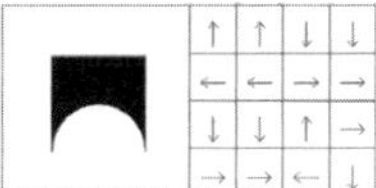

重复：骨骼线在水平和垂直两个方向成等比例重复。基本形可采用抽象形、几何形、组合基本形等。基本形在骨格内重复排列，或在位置、方向、图底关系上进行变化。

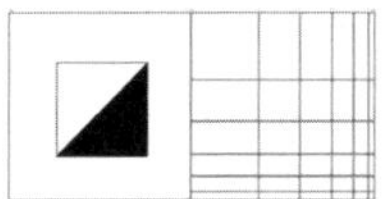

渐变：骨骼线在沿水平线与垂直线的方向上呈现规律性的渐变。基本形根据骨骼线的变化，在形状、位置、方向、色彩上作相应的改变。

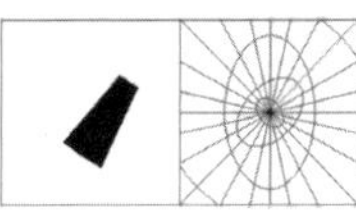

发射：骨骼线环绕中心发射点向四周发射。基本形在形状、位置、方向、色彩上作相应发射渐变。根据骨骼线的形状、方向和放射点的位置，发射可分为向心式、离心式和同心式三种类型。

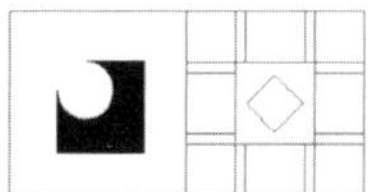

特异：在重复、近似、渐变、发射等形式中突出个别要素。任何元素在大小、方向、形状、色彩、位置、肌理等方面都可做成特异。在大面积规律的元素中可出现少数特异，通常放在画面比较显著的位置，形成视觉焦点，打破单调格局。

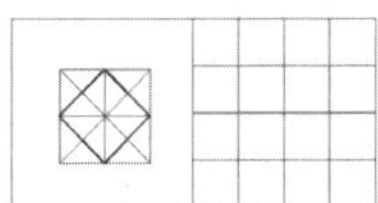

近似：将重复元素按一定规律进行轻度变化。

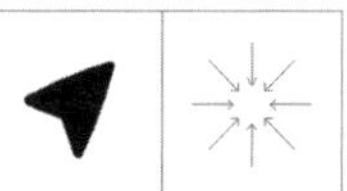

积聚：基本形不受严格的骨骼限制，作比较自由的组合，有时趋向于点，有时趋向于线，构成密集或积聚的形式。

图 5-9 平面基本骨格关系

作为现代设计理论基础知识，形式美有多样统一、平衡、对比、对称、节奏、比例与分割等不同法则。以建筑设计相关专业应用最广的比例与分割为例，它是人们在长期生产实践和生活活动中，以人体自身尺度和活动为参照总结出的尺度标准，通常体现在衣食住行的器皿和工具的制造中。比例是部分与部分、部分与全体之间的数量关系。恰当的比例有一种协调的美感，当其中某种比例关系符合一定规律时，就会给人带来美感以及内在生命力。分割是指原形按照一定法则进行分割产生子形，子形组合后再形成新形。分割包括等形分割、等量分割、黄金分割、自由分割几大类(图5-10)。

平立转化：平面构成是指二维平面的造型，立体构成是指三维空间的造型，介于两者之间还有一种由二维平面向三维立体形态过渡的半立体构成，是通过对平面材料进行加工，形成具有浮雕效果的形态。由于没有额外的要素产生，半立体构成又称之为基于平面形态的空间生成。优秀的半立体构成通常都有两个明显特征：其一基本形特征明显，既有变化又有共性，符合多样统一的原则；其二构成法则特征明显，或符合基本骨骼关系，或符合形式美学原则。相比优秀作品，失败案例的基本形的形态特征不明确，构成法则也缺少规律和联系（图5-11～图5-14）。

任何一个立体形态在某一方向上都可以投影成一个平面图。同一个投影平面图根据不同的生成方法可以生成不同的立体和空间形态。对同样的二维平面构成作品进行平立转化，不同构思形成的立体构型大不相同。简单来说，可以用一个公式（三维 = 二维平面 + 第三维向度）来表达平立转化概念。平立转化的具体操作：首先明确二维平面中需要竖起来的区域，特别需考虑几个基本形相交在一起的复杂情况；然后再考虑生成什么样的三维基本形体，用什么材料成型，以及如何处理第三维向度；立体成型后还要考虑三维基本形体相互之间的构成法则，是否与平面构成相似等问题（图5-15、图5-16）。

立体基础：相比平面基本形点、线、面要素的二维属性，立体构型中的三维基本形体具备几何体属性和材料属性，需要用木材、石材、金属等具体材料进行制作，故称之为块材、线材和面材。不同材料有不同的制作方法：块材类适合切割，面材类适合折叠或粘接，线材类适合弯曲、缠绕等。不同材料也有不同的心理感受，比如钢材给人以冰冷感觉，木材给人以温暖感觉，丝绸给人以光滑的感觉。不同材料、质感和肌理效果给人的心理感受是不同的。在选择材料时要综合考虑材料的制作工艺和制作效果是否能够达到预期目标。

立体构成基本要素（块材、线材、面材）的形状是由其比例关系所决定。比例的不同造成块材、线材、面材定位不同（图5-17）。立体基本形体相互关系紧密，块材、线材、面材通过线化、面化、体化也可以相互转化。立体基本形体的相互转化，也是

多样统一：
多样统一反映了客观事物对立统一的特点。多样体现在事物的千差万别；统一则体现事物的共性和整体联系。

平衡：
分为造型和视觉上的平衡。根据图像的形状、大小、多少、轻重、明暗、色彩及材质分布，通过视觉判断进行平衡。

对比：
由大小、强弱等互为相反的元素并置在一起形成的效果。构成的要素越多，对比的类型也越多。

节奏：
形体按照一定的方式、一定规程的变化重复出现，如重复、渐变、韵律等。

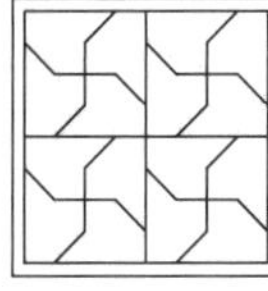

等形分割后的子形相同。

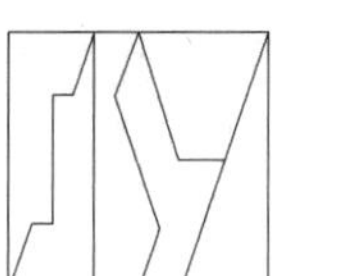

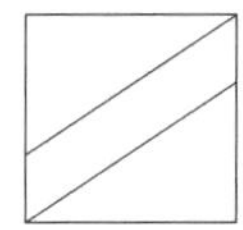

等量分割后的子形体量大致相同，形状不同。

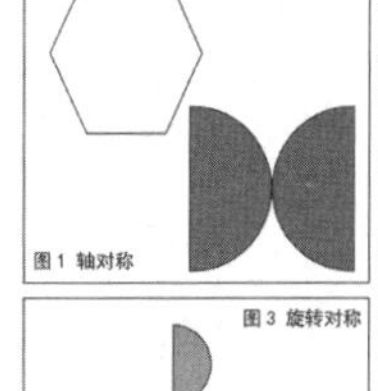

图2 中心对称

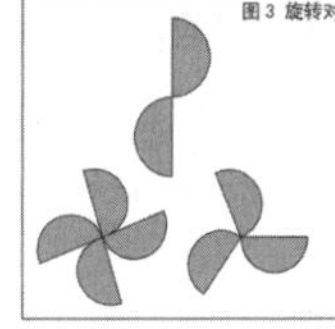

对称：
分为左右轴对称、中心对称、旋转对称、平移对称等。

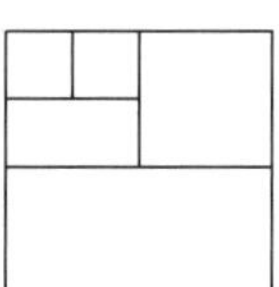

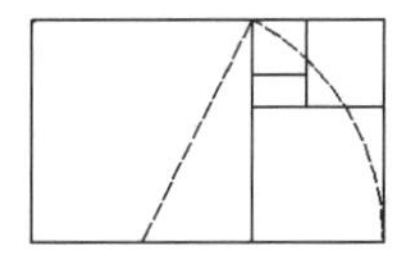

黄金分割比在古希腊就已被发现，至今为止全世界公认的黄金分割比1：1.618，正是人眼的高宽视域之比。

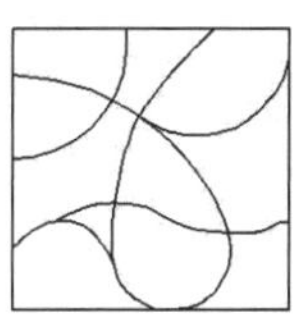

自由分割的子形相对自由，但要注意子形与原形的关系。

比例与分割：比例分割是指形体之间按照不同的比例法则进行的分割。

图 5-10 平面形式美学法则

平面构成

立体构成

图 5-11 平面与立体构成效果不同

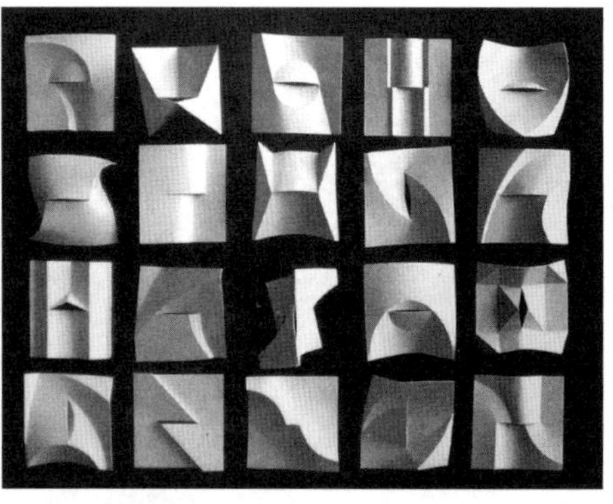

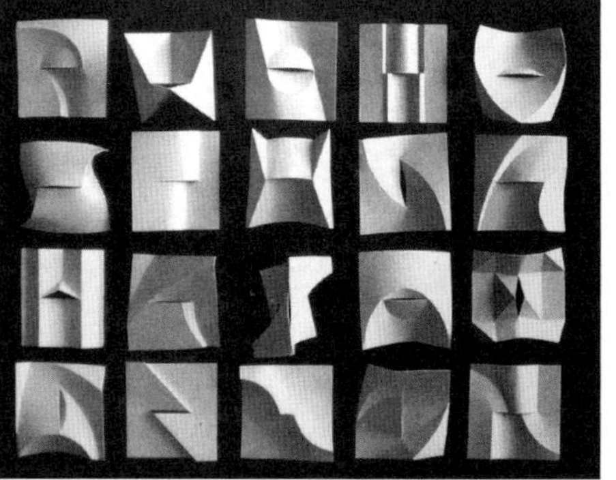

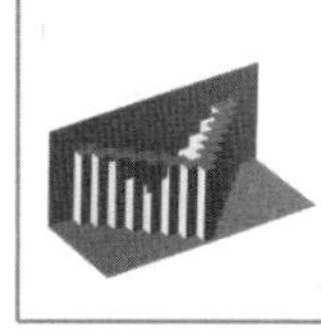

概念：
平面经过造型构思，经过切割、折叠和穿插，使之达到浮雕或立体的形态效果。
特征：
半立体构成具有阴阳两方面的美学特征。阳性是指浮形，向上折起的形；阴性则是指底形，被挖除的形。

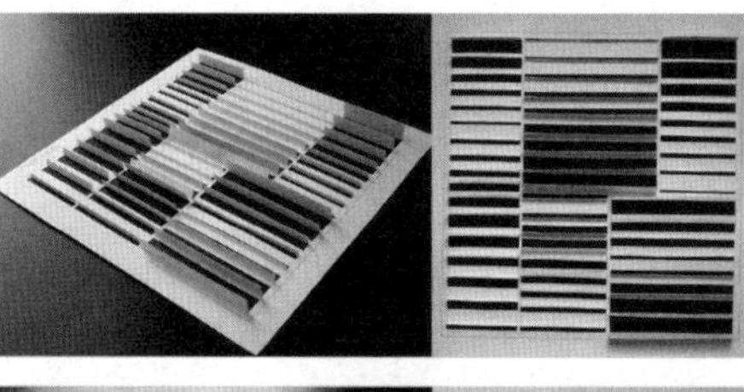

方法：
以平面构成为底进行立体构型之前，将分割不同形状和不同大小的面和线的造型设计出来。
通过弯折、曲压、叠插、交接、加工变形等方法改变平面与立体之间的关系，使其构成一个新的空间。
无论多么复杂的造型，半立体构成最后都可以恢复为一个平面。

图 5-12 半立体构成

无论是三角形还是正方体，基本形既有变化又有共性。这符合多样统一的原则，构成法则特征明显。

图 5-13 半立体构成案例一

基本形关系略显单调

基本形不明确

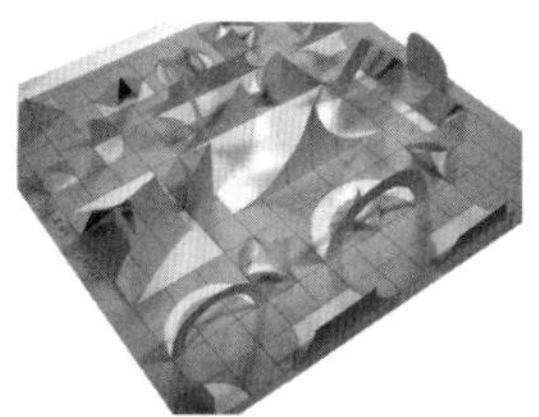

基本形过多

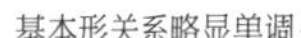

基本形关系略显单调：
一组是半圆形，呈渐变交替变化；
一组是圆环，呈放射状变化。
基本形不明确：
矩形和弧形缺乏主次、对比关系，构成法则也不明确。
基本形过多：
三角形、1/4圆、1/2圆环、半圆、矩形，显得杂乱无章。

图 5-14 半立体构成案例二

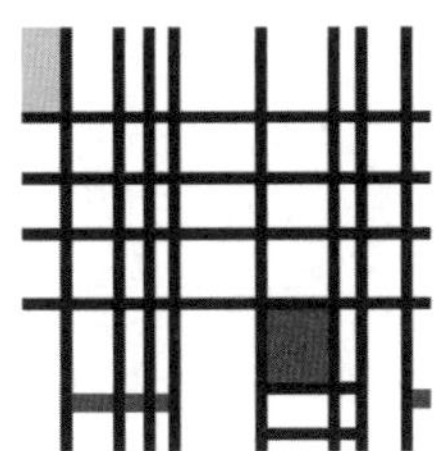

二维平面特点：
水平、垂直方向上不规则排列的线条形成网状，其间不规则地点缀着几个颜色鲜亮的面。

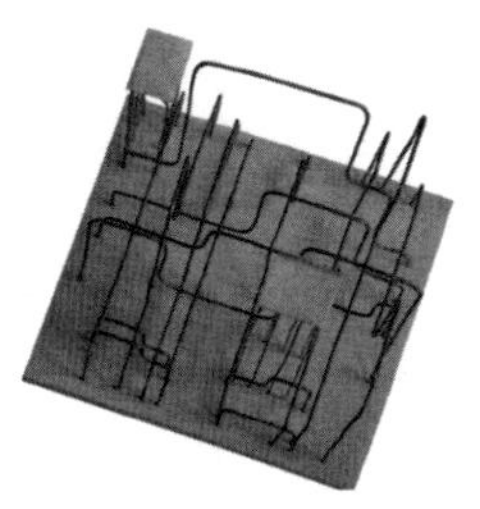

钢丝为线材的三维立体特点：
弯折形成的高低穿插的网状，平面矩形保持二维面的特征，将其第三维向度用钢丝线材支撑起来。

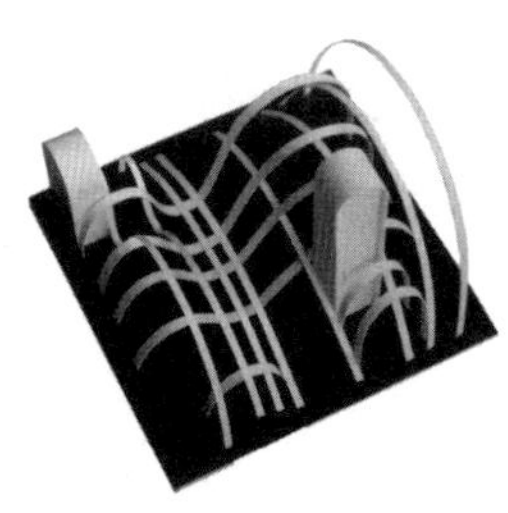

卡纸为线材的三维立体特点：
弯曲形成的弧形网状，平面矩形用卡纸做出顶端略弧的立方体。

以由线、面构成的平面构成作品——蒙特利安图为例进行平立转化，不同的材料和三维造型手法产生不同的效果。

图 5-15 平立转化案例一

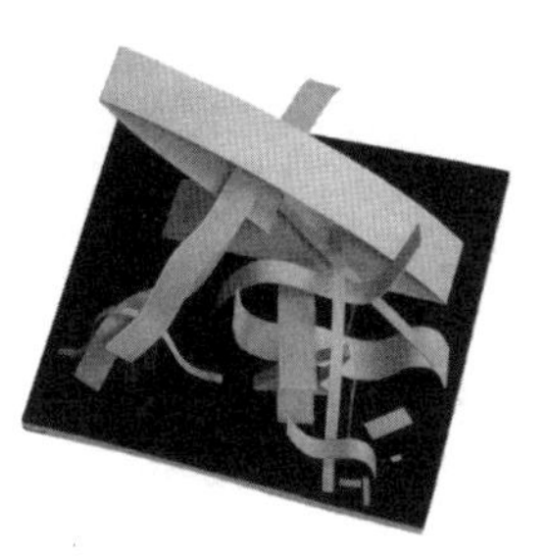

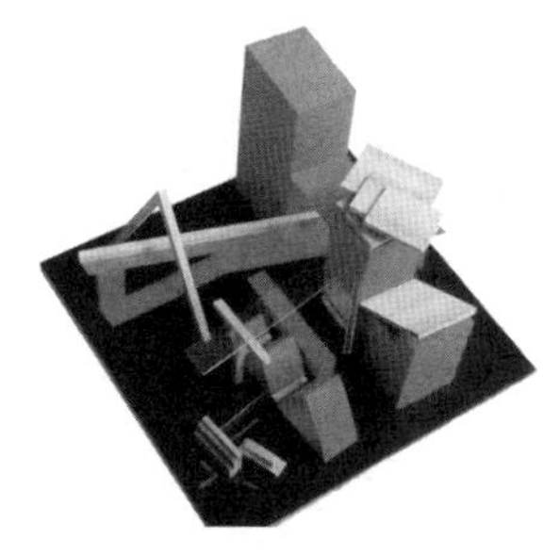

二维平面特点：面的重叠交错，穿插几根颜色鲜亮的线条。

图 5-16 平立转化案例二

二维平面特点：
面的重叠交错，穿插几根颜色鲜亮的线条。

面要素为主的三维立体特点：
木材为主的直面与曲面相结合。

块要素为主的三维立体特点：
不同面分割向上生成高低不同的体块，穿插不同材质的线条。

虚实关系的转化。即便是三个基本形体投影都是正方形，第三维度的不同处理（实体、框架、线条），视觉效果也大不相同。我们在立体构型时，应该充分利用基本形体相互转化关系，把作品营造得更加丰富生动（图 5-18）。

单个基本形体通常有变形法和分割法两种造型方法，我们称为基本造型法。变形法是指单个基本形（线材、面材、块材）通过不同的变形方法形成新形。分割法是指对单个基本形进行分割处理产生子形，子形再通过不同操作重新组合成新形（图 5-19）。按照一定的结构方式重复运用多个基本形体的造型法，我们则称为单元法（图 5-20）。按照结构方式是否有规律的原则，单元法又分为骨架法和聚集法两大类。多个基本形体的形式美学原则同样有多样统一、对称与平衡、主次与对比、节奏与韵律等不同法则（图 5-21）。

5.1.3 空间基础

空间与形体：在宇宙自然界中，空间是无限的，但在日常生活中，人们对空间的感受却是借助实体获得的。人们运用各种各样的围护物来营造空间。“有形”的围护物使“无形”的空间变为有形，“无形”的空间赋予“有形”的围护物以实际意义。实现空间造型的基础在于建立起“形体”与“空间”两个概念。各种各样的围护物组合而成的形体占据了空间，也在形体的内部和周围限定出空间。相对形体，空间就是容积。空间的大小、形状是由围护物和自身应具有的功能形式所决定的，同时，空间也反过来决定着围护物的形式。围护物的大小、长度、形状、色彩、肌理等都对空间

面材（左）：面材好比皮，正面是扩展的充实感，侧面是轻快的运动感。
线材（中）：线材好比骨骼，起到了支撑的作用。
块材（右）：块材好比肉，充满重量感和体量感。

图 5-17 基本形体特征

块材	线化	面化	体化
线材	线化	面化	体化
面材	线化	面化	体化

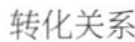

转化关系

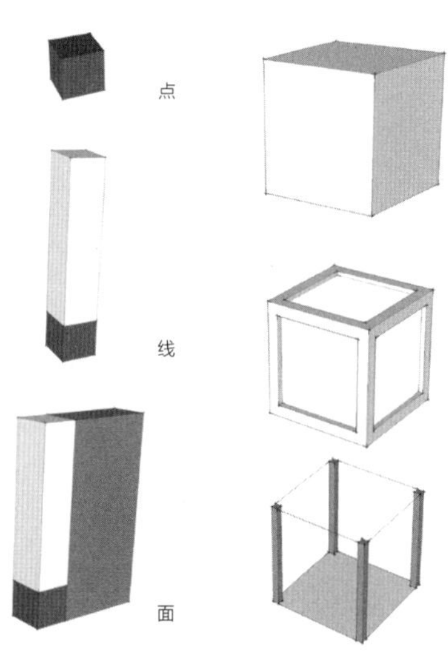

比例关系　　虚实关系

图 5-18 基本形体相互关系

变形法：
线材通过扭曲、拉伸等方法形成新形。
面材通过弯曲、折叠、膨胀等方法形成新形。
块材通过挤压、膨胀等方法形成新形。

分割法：
对单个基本形进行减缺、穿孔、消减形成新形。

对单个基本形进行分割处理，子形再通过移动、滑动、错落等操作重新组合成新形。

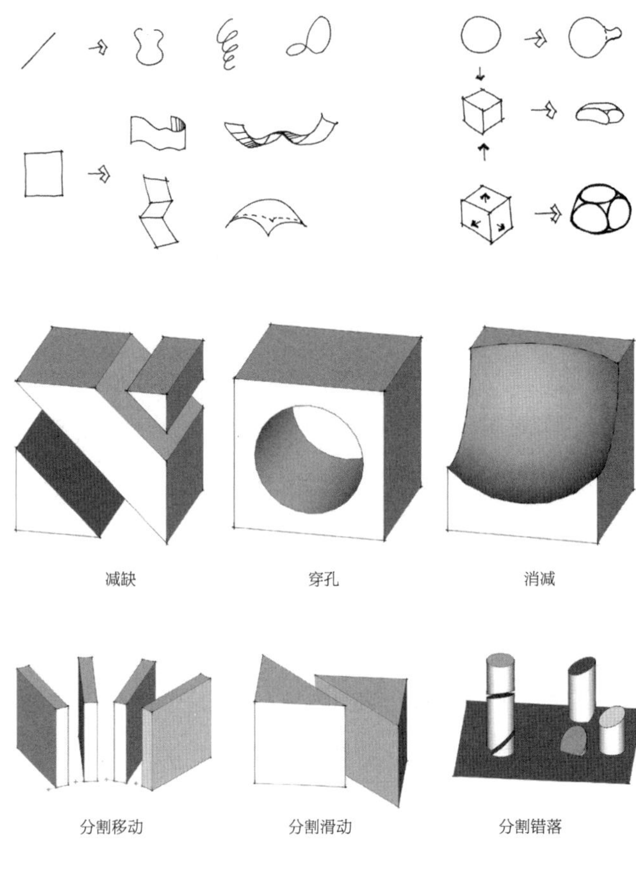

单纯分割又可以分为等形或等量分割、按比例分割以及自由分割。

等量分割　　按比例分割　　自由分割

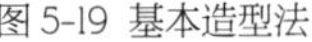
图 5-19 基本造型法

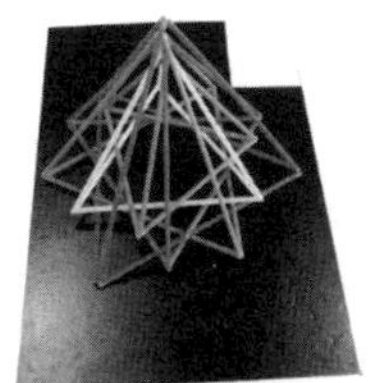
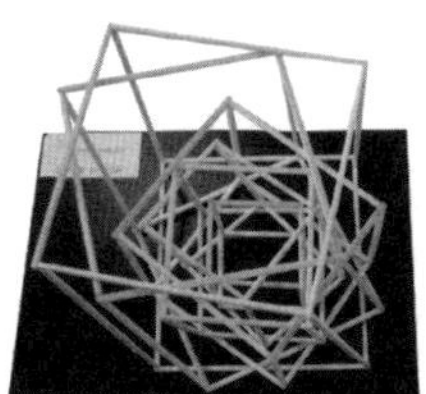
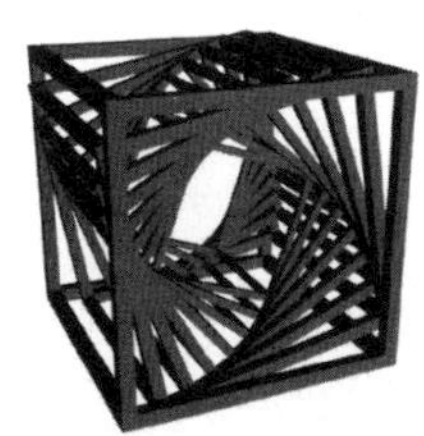

骨架法

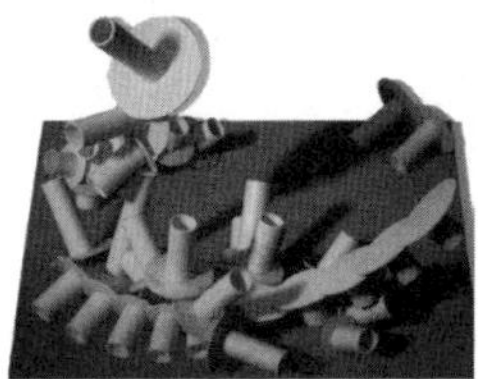
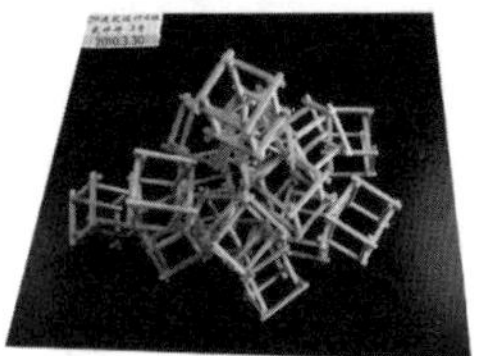

聚集法

骨架法：
形的基本单元按骨骼所限定的方式形成新形的方法。
骨架法有平面网格式和空间网格式两种。
形的基本单元形在骨骼框架中有规律地进行变化。

聚集法：
聚集法无明显的结构方式和规律。
以聚集法进行造型时，形的基本单元按照一定骨骼关系（重复、渐变、近似）或者形式美学原则进行变化。

图 5-20 单元法

相同性质的一组基本形体有规则、有秩序地连续反复出现，加深视觉印象。

一组性质相同、元素不同的基本形状，通过适度变化（颜色、形状、大小）可以缓解视觉疲劳，动静结合。

要素相同的两组：通过弧形面材的大小、数量、摆放位置的不同，形成丰富的视觉效果。

要素不同的两组：弧形面材和线材都采用渐变手法，整体效果丰富又统一。

多样统一

强调的都是视觉中心的稳定，而不是两边力量的绝对等同。

心理上的平衡绝非绝对物理上的平衡。

对称与平衡

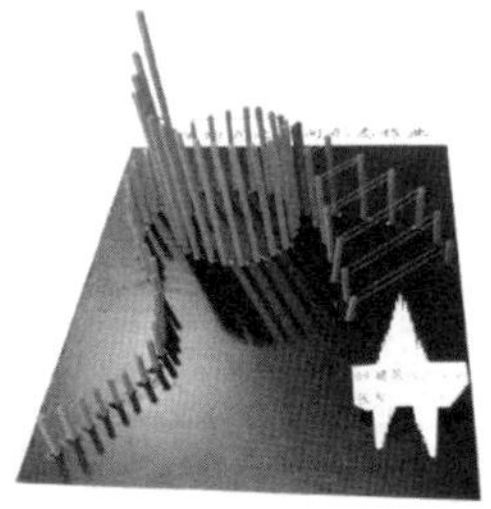

因对比而产生美，有主有次，才能突出重点。

主次与对比

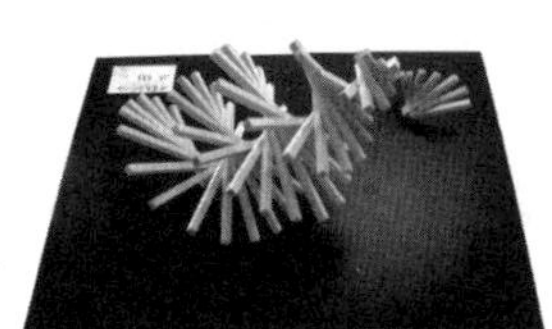

节奏是指造型元素在形态、色彩、肌理等方面连续、有规律地变化，引导人的视觉运动方向，使人产生一定的情感变化。

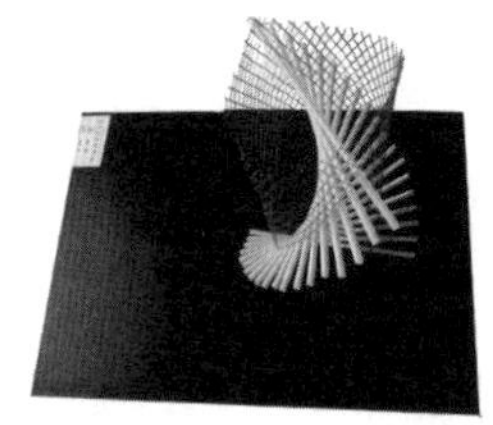

韵律本质是重复，是造型要素的重复出现而表现出的动态。

节奏与韵律

图 5-21 立体形式美学法则

的感受产生直接影响。在基础造型的训练中有偏向形体塑造、追求几何秩序的立体构型，也有偏向空间构型的空间限定（图 5-22、图 5-23）。

空间限定：空间限定就是运用点、线、面等基本构成要素，通过围合、设立、架起、覆盖、凹入、凸起、肌理变化等手段获得的空间。空间限定分垂直与水平方向两种类型。

围合与设立是垂直方向上的两种限定类型。围合是空间限定最典型的形式，主要是通过面材来进行的。面材的空间限定作用最强，线材和块材也常常被组合成虚面来进行限定。围合的形式丰富，有全包围、半包围等不同类型。根据围合的程度和方式不同，形成空间的形态特征与感觉也各不相同。设立是空间限定中最简单的形式，即将物体（垂直线、面材等要素）设于空间内，指明空间中的某一场所，从而限定其周围的局部空间。设立的空间具有一定的向心性，成为吸引视线的焦点。设立中的实体形态应具有较强的积极性，其形状、大小、色彩、肌理等所显示的重量感、充实感及运动感都将影响到设立所限定空间的范围。设立依靠实体形态的力、能、势获得对空间的占有，对周围空间形成一种聚合力。但它仅是视觉心理上的限定，不能明确划分具体空间的形状和尺度，与其他空间限定相比，封闭感弱、领域感不强（图 5-24）。

男女二人在雨中同行时，由于撑开雨伞，在伞下便形成两个人的天地。当收拢雨伞时，只有两个人的空间就消失了。
在田野上铺上毯子野餐，从自然中划分出来的一家团圆的场地。当收掉毯子时，便又恢复成原先的状态。
由于户外演讲人周围集合了群众，就产生了以演讲人为中心的空间，当演讲结束，群众散去时，这个紧凑空间就消失了。

图 5-22 自然中空间的获取

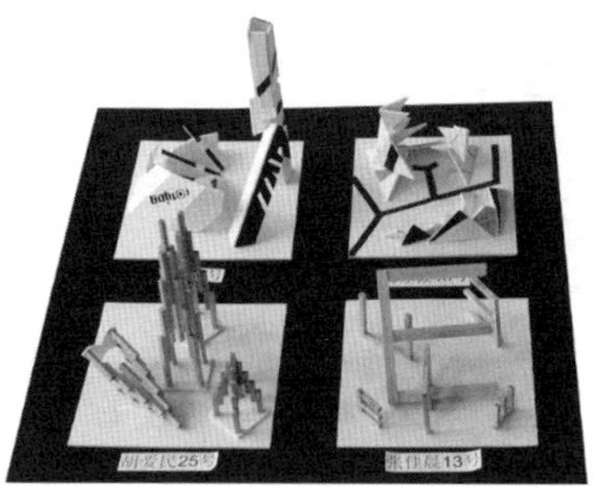

图 5-23 形态与空间

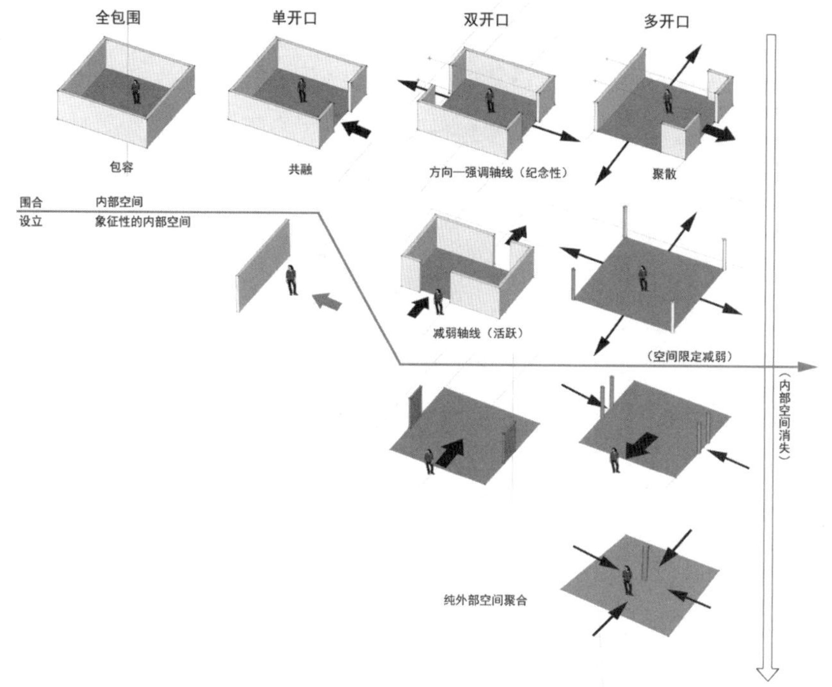

全包围：所限定的空间封闭，空间私密性强。
单开口：单向开口处产生内外空间交流和共融的趋势，造成对内部空间强烈的吸引。
双开口：双向开口空间指引性强，若进一步强调轴线方向，纪念性则会增强。
多开口：空间形态具有强烈的内外空间渗透感，对内部空间的限定度弱。
设立：当内部空间逐渐缩小到极致时，仅具有象征性意义，对空间的限定范围转到实体形态的外部。

图 5-24 垂直限定

覆盖、架起、凸起（抬起）、凹入（下陷）、肌理变化是水平方向上的限定形式。覆盖和架起都是在上方支起一个顶盖，形成的空间都有一定的遮蔽效果，让人有安全感。不同的是覆盖强调的是下部空间，架起强调是的上部空间，下部只是从属的副空间；凸起、凹入同样都是将底面空间与周围空间进行明确的分离，但是限定的空间形态特征不同；肌理变化是指通过材料、色彩、肌理的变化来限定空间（图 5-25）。

空间层次：我们可以综合运用多种手法进行空间限定。采用不同手法限定空间可以创造出不同的空间层次。可以多次限定空间，即每个空间都是从上一个层次的空间中被限定出来，也可以多次反复而形成的一组空间，即空间中的空间。有时候，多种限定手法未必能限定出多层次空间。多次限定要体现出不同层次的功能关系之间的组合要求。不管如何限定，最后一次限定的空间往往是最为主要的空间，其余层次的空间则是从属空间。在进行空间层次限定时，应在确保协调的整体关系基础之上，可通过强化限定空间的不同高度、边界等，把位置居中、高潮所在的空间营造为主空间（图 5-26）。

空间性格：在空间限定中，人的视线与所限定空间的连续程度，决定了限定空间的性格特征。当空间限定的凹凸部分不明显，人与周围空间能保持视觉上的连续性，

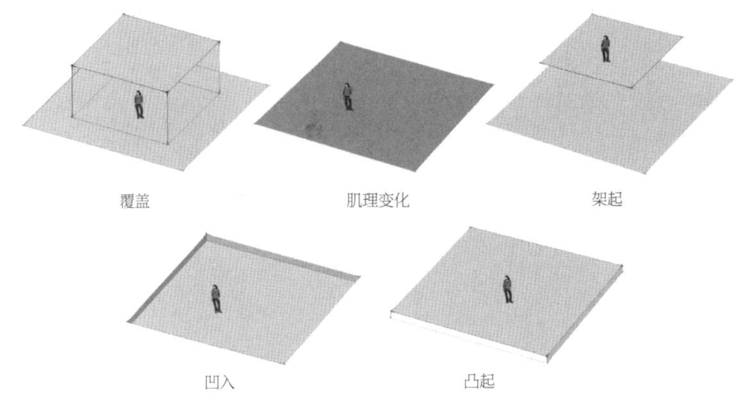

覆盖：下部空间限定明确。
肌理变化：利用肌理变化来进行空间限定，其作用最弱，仅能起到抽象限定的提示作用。
架起：上部空间限定明确。
凸起：凸起空间具有展示、突出、强调等特性。
凹入：凹进空间具有收纳、吸引、汇集等特性，常用于吸引人参与的空间。

图 5-25 水平限定

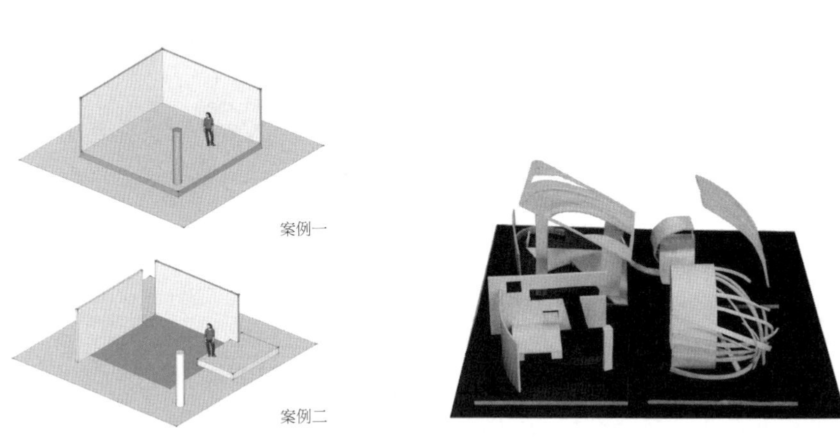

案例一：
综合运用凸起、设立、围合三种限定手法，由于三次限定手法的空间边界基本重合，所以只限定出一个空间层次。
案例二：
同样运用凸起、设立、围合三种限定手法，但由于三次限定手法的空间边界没有重合，所以限定出来空间具有不同的层次感。

图 5-26 空间层次

空间限定部分仍为周围空间的一部分时，所限定的空间几乎没有什么私密性。随着空间限定的凹进与凸起部分逐渐加大，人与周围空间的视觉畅通感削弱，空间连续性中断，空间限定的作用则逐渐增强。当空间限定凹进与凸起的部分加大到人视觉与空间的连续性都被中断，空间限定的部分就区别于周围空间成为独立的不同空间，凹进部分暗示着空间的内向性，凸起部分则表现出外向性（图 5-27）。

空间限定的影响因素：空间构型要素的形式、方位、相互关系是影响空间限定的重要因素。构型要素的形式包含形状、大小、色彩、肌理等不同方面。构型要素的方位包括水平方向的覆盖或承托，以及垂直或倾斜方向的分割或围截。水平要素所形成的空间有一定的遮蔽性，但不影响人的视线和行动。相比较水平要素，垂直要素对空间的限定作用更强。构型要素的相互关系决定所限定空间的性格特征，可分为显露、通透、封闭三种类型（图 5-28 ~ 图 5-33）。

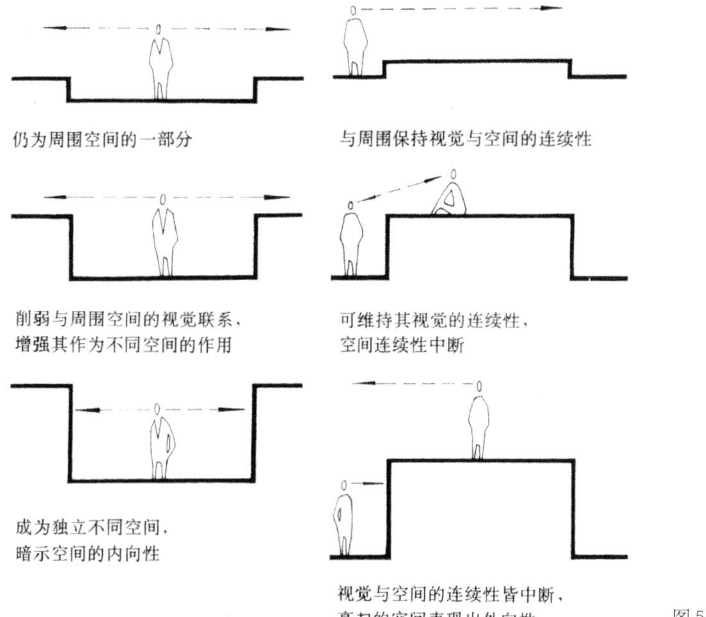

仍为周围空间的一部分
与周围保持视觉与空间的连续性
削弱与周围空间的视觉联系，
增强其作为不同空间的作用
可维持其视觉的连续性，
空间连续性中断
成为独立不同空间，
暗示空间的内向性
视觉与空间的连续性皆中断，
高起的空间表现出外向性

图 5-27 空间视线与性格

5.2 建筑构成训练

5.2.1 基本要素

点要素：点本身没有绝对的大小、形状，也没有长度、深度和方向，在建筑空间与形体方面更多的是一个位置概念。点可以是任何形状，主要通过与周围要素的对比关系来确定。点一般出现在线的两端、线的交点、体块角部、顶部等部位，也可以作为一个空间范围的中心，比如广场中心的柱子、方尖碑或塔，在平面上可被看作一个点要素，并作为力的中心，控制其周围的空间。点最主要的作用在于强调、确定轴线以及中心限定（图 5-34）。

线要素：在建筑的空间构成中，线通常用来表现方向和方位。根据建筑具体位置和方向，有垂直线、水平线、曲弧线等不同类型。柱子是垂直方向最常见的实例，梁

构型要素的形式：
构型要素的大小、高低，对空间限定的影响相对较强。

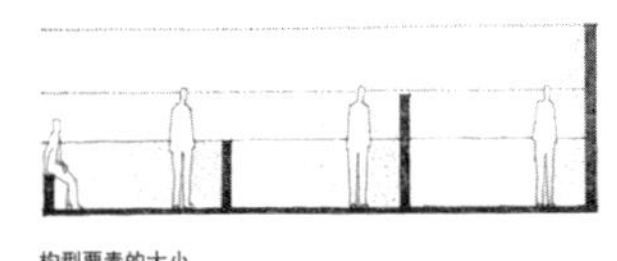

构型要素的肌理：
构型要素的色彩、肌理，对空间限定的影响相对较弱，仅增加空间的可识别性、提示性或装饰性效果。

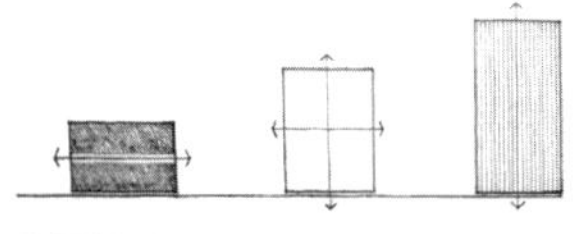

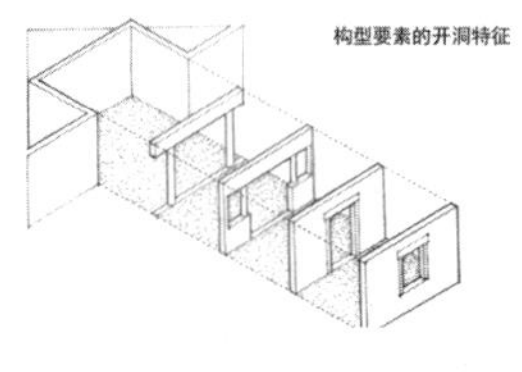

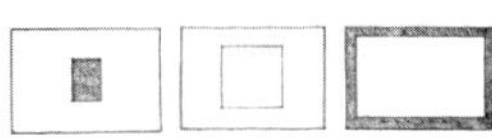

构型要素的开洞特征：
构型要素上的开洞特征，如大小、数量和位置等，影响空间特征的程度最大。它决定了所限定空间的开放与私密程度。

图 5-28 空间限定的影响因素

四角设立的线性垂直要素限定了空间容积的垂直边界，其空间特性是显露的。通过增加垂直要素的密集程度，可以进一步加强空间限定的封闭感。

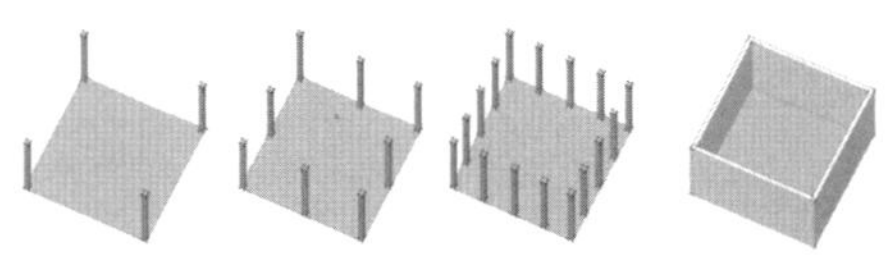

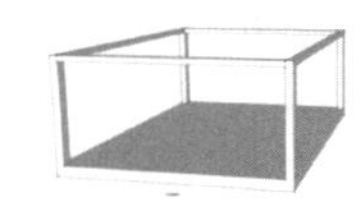

构型要素的开洞特征：
构型要素上的开洞特征，如大小、数量和位置等，影响空间特征的程度最大。它决定了所限定空间的开放与私密程度。

图 5-29 线性垂直要素

L 形面围合的空间区域，内角处呈内向性，外缘模糊而外向。

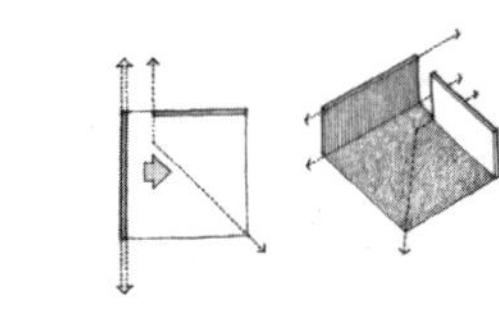

通过 L 形围合面角部的开洞处理，强化不同的路径和视线方向。

通过附加的垂直要素、基面或顶面的处理可进一步明确限定区域。

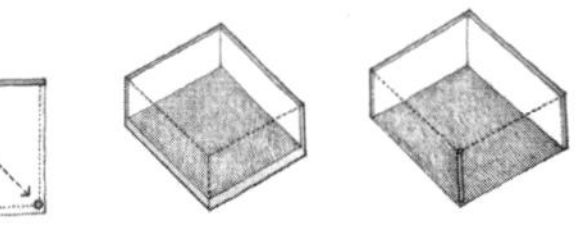

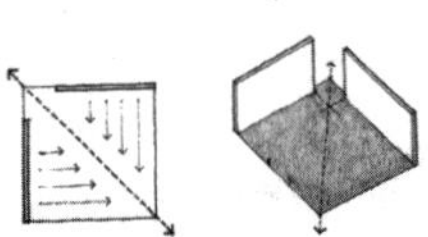

图 5-30 L 形空间

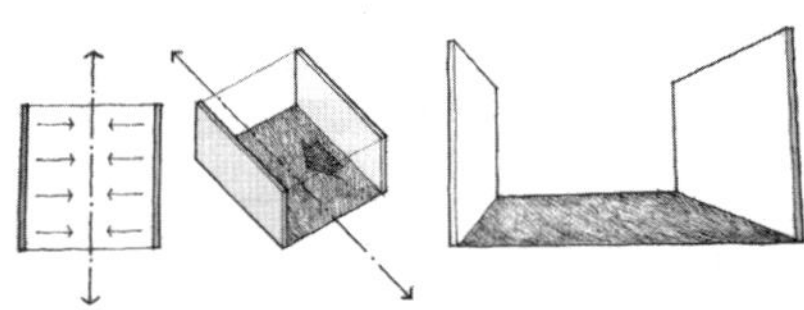

平行面所限定的空间区域相对外向，暗含强烈的方向感。

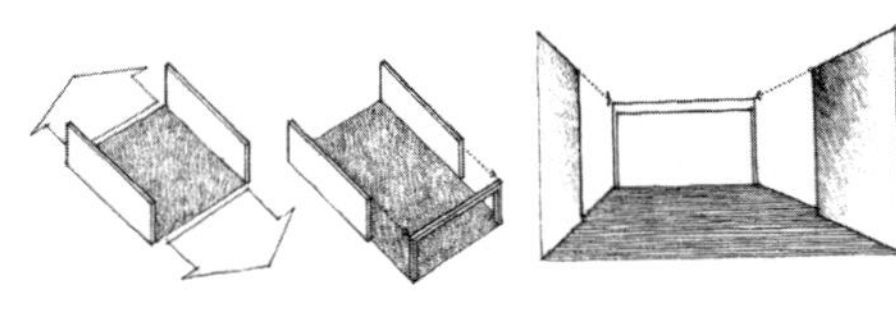

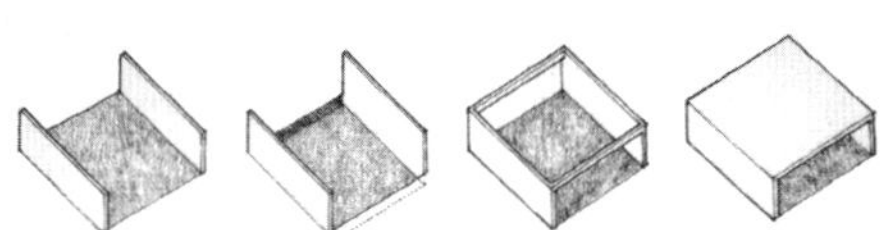

通过处理基面或增加顶面，强化这种空间的路径与视线效果。

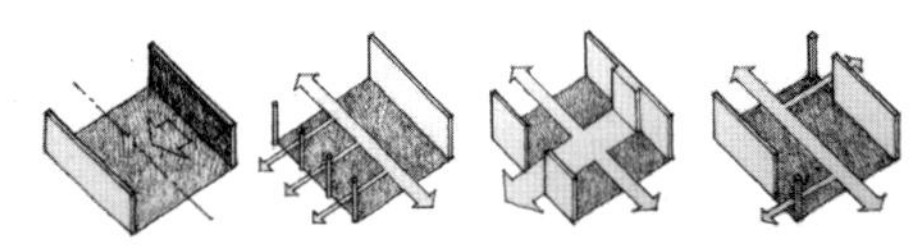

通过平行面的虚化、肌理变化、开洞等处理，去调整空间的路径与视线效果。

图 5-31 平行空间

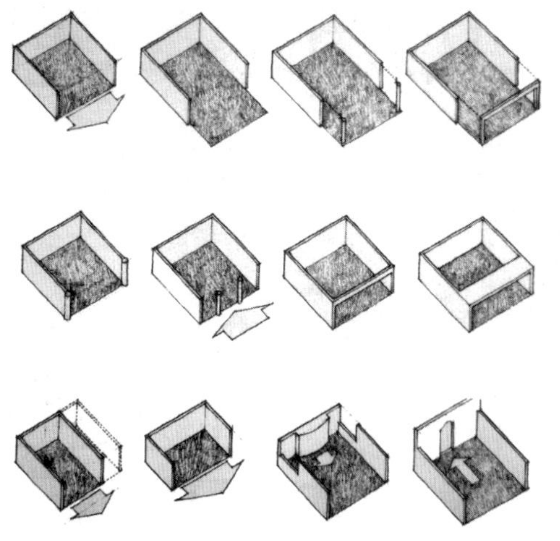

U 形面所限定的空间区域具有独特的开放端。该区域可与相邻空间保持视觉上和空间上的连续性。

开放端的界面造型处理越加强，则该空间的范围越明确。

与开放端相对的那个面往往是整个空间三个面中最重要的部分。

图 5-32 U 形空间

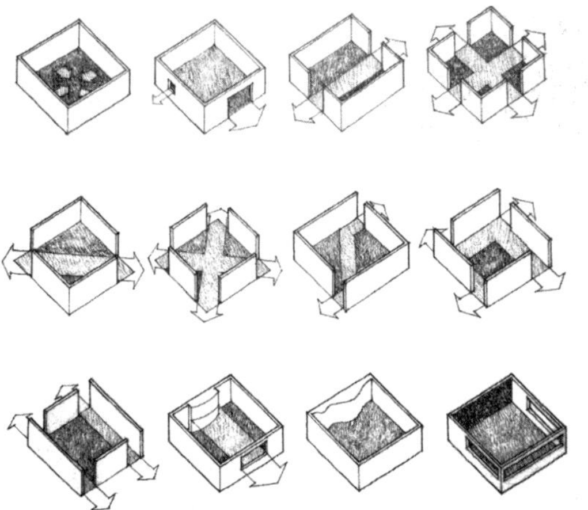

四面围合的封闭空间是最典型，也是限定作用最强的空间，其空间属性是内向的。

通过围合面上的开洞处理，创造不同的空间路径。

通过其中一个围合面在尺寸、形式、表面处理或开洞方式等方面的特殊处理，让这个围合面在该空间获得视觉上的主导和支配地位。

图 5-33 四面围合空间

或栏杆则是水平方向的代表，室内设计经常用到的各种装饰线也属于水平方向的线要素。线有实、虚两种：实线有长度，并有位置、方向和一定的宽度；虚线是指视觉心理上意识到的线。一般实线产生体量感，虚线产生空间感。线主要用作体现在空间限定、空间形态和秩序建立的方面，还可以用来分割或用作装饰构件，特别是尺度较小的线要素在面上的运用，不仅可以改变尺度，还可以影响建筑表面肌理与质感。轴线是线要素秩序建立最基本的方法之一，也是建筑空间和形式组合中最原始的设计手法。

点要素的不同位置

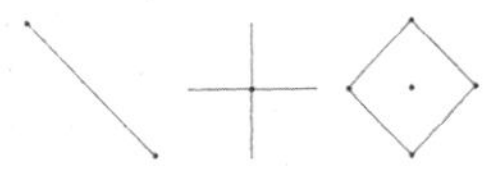

朗香教堂（左）：墙面上形状各异的窗，与楼梯、雨篷等构件相比，可视为点元素。
圣米歇尔山教堂（右）：圣米歇尔教堂哥特式尖顶是整个山顶建筑群的制高点。

圣马可广场：圣马可广场一角的钟楼可以俯瞰全城，是威尼斯的地标之一，也是统帅圣马可广场的中心。

图 5-34 点要素

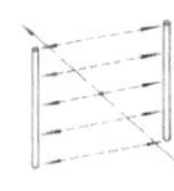

两个线要素：可形成一个虚面，暗示其中穿过的轴线。

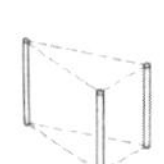

三个线要素：可形成一个通透的虚面，或者建立起一个视觉空间框架。

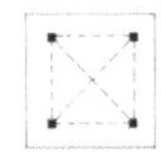

四个线要素：限定出明确的空间形状。

印度泰姬陵：大平台四角的邦克楼在空间上强调主体建筑中轴对称的布局。

苏州沧浪亭：三面临水的方亭是传统建筑中线要素限定空间的经典。

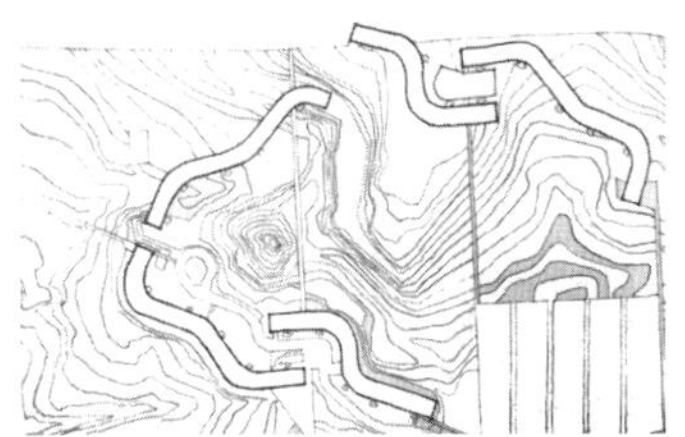

线性平面：线性的建筑空间形态与山地环境完美结合。

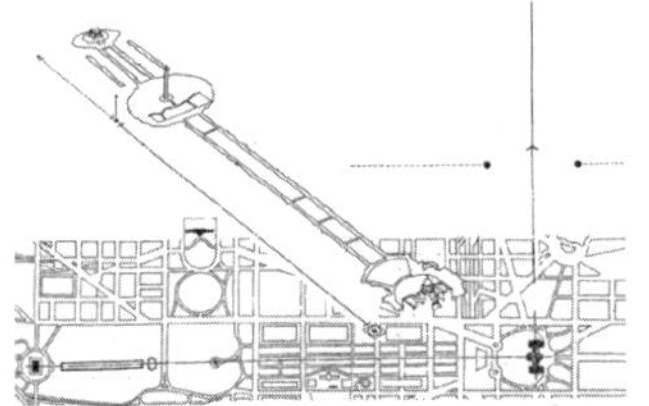

美国华盛顿林荫大道：1.9 nmile（约 30 km）长的林荫大道，一端是林肯纪念堂，另一端是国会山，中间是华盛顿纪念馆，这三者形成了一条轴线关系。

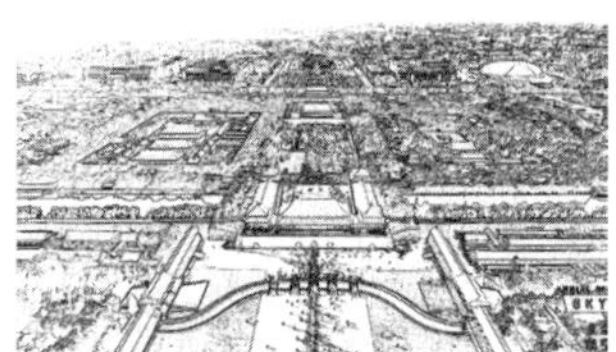

北京故宫中轴线：南起永定门，北至钟楼，全长达 7.8km 的北京故宫中轴线是世界上现存最长、最完整的古代城市轴线，被誉为北京老城的灵魂和脊梁。

图 5-35 线要素

虽然轴线是想象的，并不能真正看见，却强有力地支配着全局，古今中外皆有这样的案例（图 5-35）。

面要素：面常用来围合空间，营造封闭和开放的感觉，是空间限定感最强的要素。面可以有不同种分类方式：根据实虚有实面、虚面，比如在建筑中，大面积的玻璃面就是典型的虚面；根据形状，可分为直面和曲面，直面给以延伸感和力度感，曲面给人以动感；根据位置，还可分为水平面和垂直面（图 5-36）。

体量要素：无论多么复杂的形体，一般都可以通过单一基本形体的组合或者变化而形成。单一基本形体有球体、柱体、锥体、立方体等不同类型，可通过增加、消减、膨胀、收缩等方法进行变化，以增加形体的丰富性（图 5-37 ～ 图 5-39）。

5.2.2 构成关系

建筑基本形体构成关系可分为两个基本形体关系和多元形体关系。两个基本形体根据相互的位置关系可分为分离、接触、相交、连接四种类型。分离是指形体间保持一定距离，并具有一定的共同视觉特性；接触是指两形体之间有一定的接触，但同时

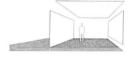

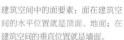

建筑空间中的面要素：面在建筑空间的水平位置就是顶面、地面；在建筑空间的垂直位置就是墙面。

世博小品建筑：
通过水平、垂直方向上两种不同类型材料的线在空间上的组合，形成了围合界面的效果。
虚、实两种不同材料的面形成两种不同的围合界面效果。

施罗德住宅：
作为风格派建筑的代表，施罗德住宅的空间构成和色彩运用等方面都体现出风格派艺术特点。通过面和线这两种元素的均衡和变化营造出灵活、丰富的建筑形态。

图 5-36 面要素

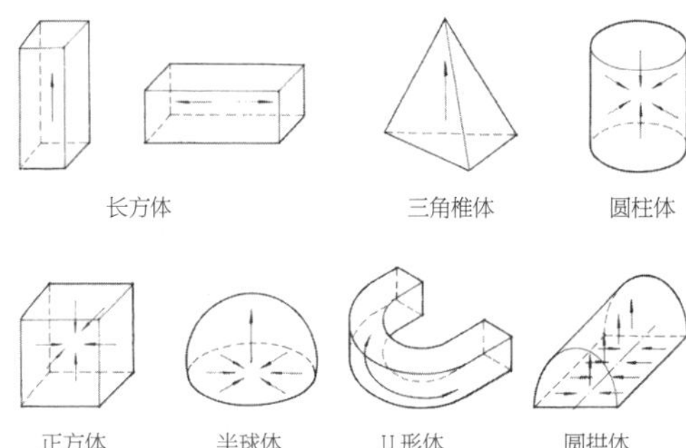

图 5-37 单一基本形体

增加：基本形体上的附加体不应过多、过大，以免影响基本形体的性质与主导。
消减：在基本形体上进行部分切挖、消减的量和位置要适度，不能影响到原来基本形体的特征与视觉的完整性。
拼镶：不同质感、形状的表皮肌理与材料并置或衔接，并具有凹凸变化，以形成对比。
倾斜：基本形体的垂直面与基准面形成一定角度的倾斜，或者部分边棱或侧面倾斜，以形成动态感，但仍保持整体的稳定性。
分裂：将基本形体进行切割，并分离，以形成对比。形体可完全分开也可局部分开，但仍要保持整体的统一性和完整性。

美国拉金大厦——增加 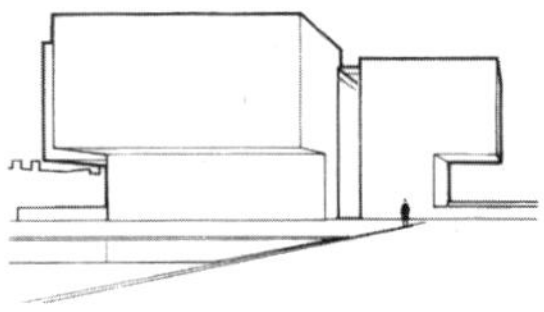　美国埃佛逊美术馆——消减 　南宁金融大厦——拼镶

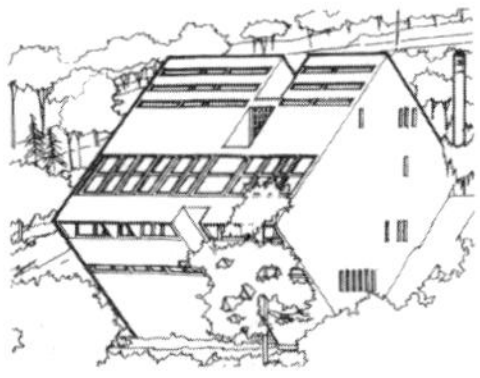

意大利某山丘住宅——倾斜 　美国国家美术馆东馆——分裂

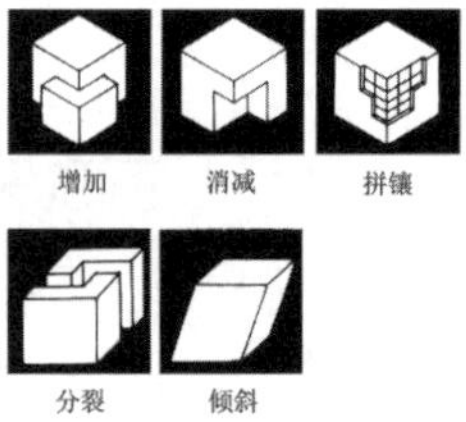

增加　消减　拼镶　分裂　倾斜

图 5-38 基本形体变化

膨胀：将形体向各个方向或某些方向鼓出，使外表面变异成为曲面或曲线，使其更具有弹性和生长感。
收缩：形体垂直面沿着高度渐次后退，体量也逐渐缩小。收缩也可以自上而下，形成上大下小的倒置感。
旋转：形体按一定方向（水平或者垂直）旋转，使之产生强烈的动感和生长感。
扭曲：将形体整体或局部进行扭转或弯曲，包括顶面和侧面的扭曲，使之具有柔和的流动感。

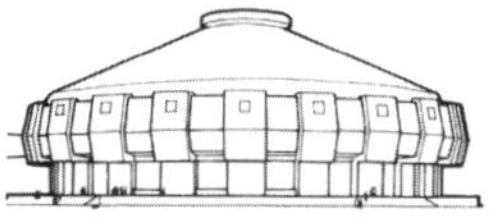

武汉杂技厅——膨胀 　深圳小梅沙宾馆——收缩 　美国古根海姆美术馆——旋转

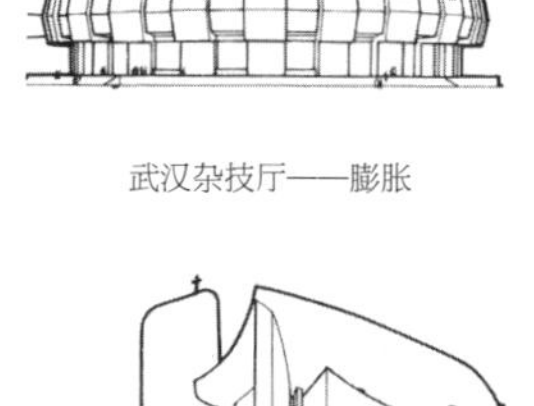

法国郎香教堂——扭曲

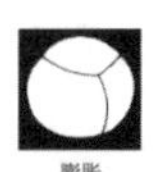

图 5-39 基本形体变异

又保持各自的视觉特性；相交是指两形体通过插入、咬合、贯穿、回转、叠加等方式发生关系；连接是指将两个形体由第三方形体连为整体。

多元形体关系有集中式、串联式、组团式、放射式和其他式：集中式是指不同形体围绕着占主导地位的中央母体而构成的形体，具有强烈的向心性。串联式是指多个形体按照一定放射呈线状重复、延伸而构成的形体。串联的形体可为完全重复的相同单元体，也可为近似形体或不同形体。组团式是依据各形体在尺寸、形状、朝向等方面具有相同视觉特征，或者具有类似的功能以及共同的轴线等因素而紧密构成的群体。放射式是指形体从核心部分向不同方向延伸发展，是集中式与串联式的复合构成。其他式是指散点式的自由布局形态，没有一定的几何规律，常按照功能关系或道路骨架串联的各个形体，组成空间富于变化又不失整体感的有机群体（图 5-40、图 5-41）。

基本形体的构成法则：建筑三维形体同样有基本骨骼关系与形式美学法则两种类型：基本骨骼关系包括重复、特异、渐变、近似等类型（图 5-42）；形式美学法则用于建筑艺术创作又称为建筑构图原理，是指建筑设计中运用一定的手法组织空间布局、处理建筑立面、细部等以取得完美建筑形式的方法（图 5-43）。依照形式美学法则可以决定建筑物或建筑群各个部分的布局和组成形式，以及它们彼此之间以及与整体间的关系。形式美学法则中的多样统一原则是建筑构图原理中最基本的原则，统一中求变化，变化中求统一，其他原则如主从、对比、均衡、稳定等原则都是多样统一在某一方面的体现。

美国芝加哥陆军公寓——分离

浙江省外贸大楼——接触

日本东京最高法院——相交

沙特阿拉伯费萨尔国王基金总部——连接

分离　接触

相交　连接

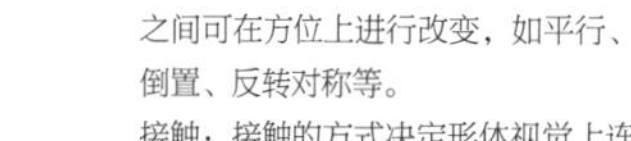

分离：形体之间距离不宜过大，形体之间可在方位上进行改变，如平行、倒置、反转对称等。

接触：接触的方式决定形体视觉上连续性的强弱，面接触的连接性最强，线与点的接触连续性则依次减弱。

相交：形体之间不要求有视觉上的共同性，可为同形、近似形，也可为对比形。

连接：连接体的形体与所连接的两个形体有明显差异，以突出原有两形体的特点。

图 5-40 两个基本形体关系

集中式：中央母体多为规整的几何形，周围次要形体的形状、大小可以相同，也可不同。
串联式：形体构成的轨迹可为直线、折线、曲线等，除水平方向外，也可沿垂直方向发展。
组团式：不强调主次等级、几何规则性，而是呈现灵活多变的群体关系。
放射式：核心部分可实可虚，放射的线性部分可以是规则式，也可是非规则式。
其他式：在功能复杂而密度较低的公共建筑群或地形变化较大的居住建筑群中常被采用。

印度巴赫伊礼拜堂——集中式

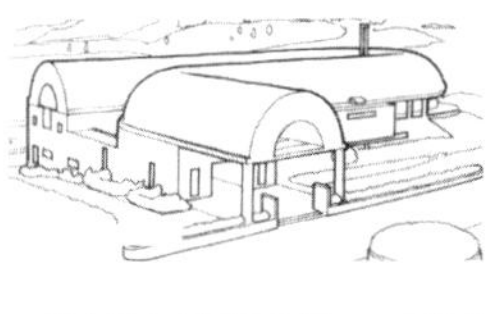
日本富士乡村俱乐部——串联式

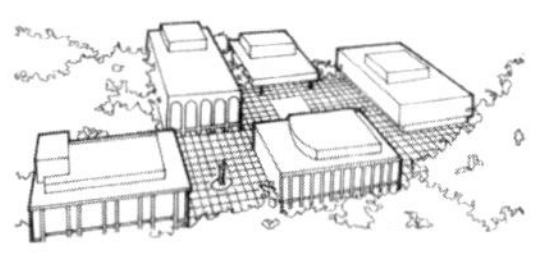
纽约林肯表演艺术中心——组团式

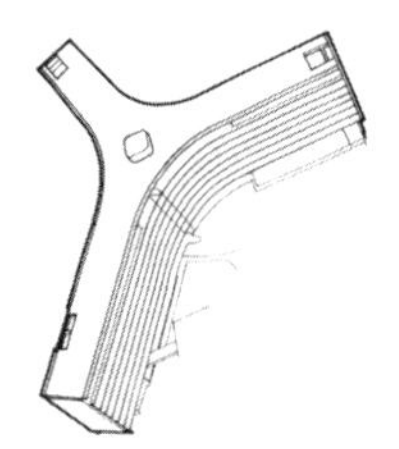
巴黎联合国教科文组织
总部秘书处——放射式

希腊雅典卫城——其他式

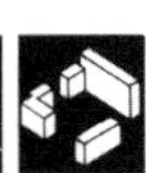

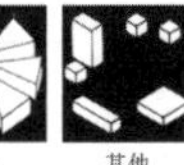

图 5-41 多元形体构成关系

重复：基本形体反复出现，从其规律性、秩序性中产生节奏感。基本形可为一种或两种，但种类不宜过多，避免破坏整体感。
特异：基本形体呈有规律性的重复，个别形体或要素突破规律，通过形体、大小、方位、质感、色彩等方面的明显改变，让人耳目一新。
近似：基本形体彼此相似，又有一定差异。其重复出现既有一定的连续性，又有一定的形态变化。
渐变：基本形体在形状、大小、排列方向上按照一定级别做有规律的变化，由此产生强烈的韵律感。

日本球泉森林馆——重复

美国迈阿密阿特兰提斯公寓——特异

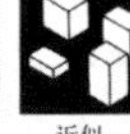

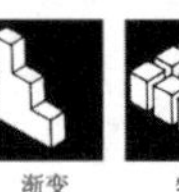

澳大利亚悉尼歌剧院——近似

德国奥尔夫斯贝格文化中心——渐变

图 5-42 基本形体构成法则——基本骨格关系

对比：三角椎体与圆柱体在空间、体量与方向上产生强烈的视觉对比。
均衡：高低组合的不对称形式构图，适应性强，显得生动活泼。
稳定：简练单纯的方形主体和浑圆的穹顶在构图上连系密切，共同稳定在高耸、宽阔的台基上。
主从（等级）：中间部分重檐琉璃瓦屋顶的塔楼，在中轴线上占据绝对优势，可以俯瞰周围景色。

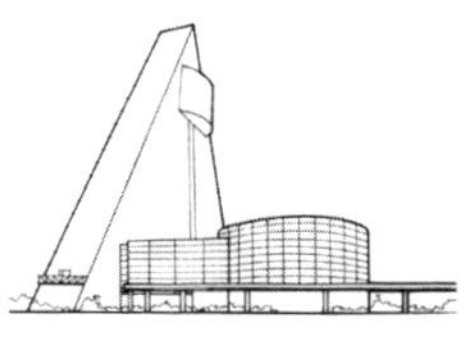
日本青森式农产品会馆——对比

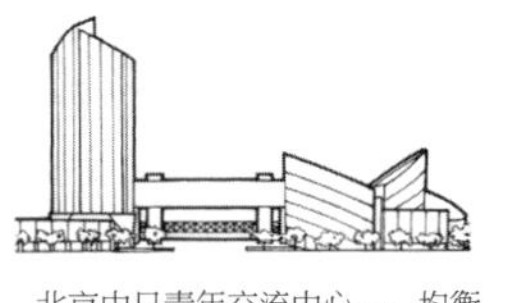
北京中日青年交流中心——均衡

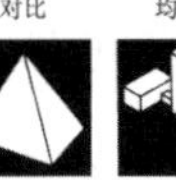
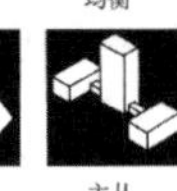

印度泰姬马尔哈陵——稳定

北京民族文化宫——主从

图 5-43 基本形体构成法则——形式美学法

5.3 空间构成训练

5.3.1 基本要素

空间形状：形状是空间第一要素。空间形状是由其周围物体的边界所限定的，包括点、线、面、体等构成要素，同时，形状、色彩、材质等视觉要素以及位置、方向、重心等关系要素也有一定的影响。单一空间在平面上有矩形、圆形、三角形等不同形状。空间形状是直接影响空间造型的重要因素，我们可以通过不同形状的空间组合让空间造型更加丰富。

空间尺寸、比例、尺度：空间尺寸是我们常说的长、宽、高，建筑空间的尺寸通常和它的功能使用有关系。空间比例是空间各个要素之间的数学关系，是整体和局部之间的关系。不同长、宽、高的空间给人不同的空间感受。一般而言，高耸的空间有向上的动势，给人以崇高和雄伟的感觉；纵长而狭窄的空间有向前的动势，给人以深远和前进的感觉；宽敞而低矮的空间有水平延伸的趋势，给人以开阔通畅的感觉。空间尺度是指人与室内空间的比例关系所产生的心理感受。建筑空间尺度是建筑空间的绝对尺寸和人的认知之间的相对关系。不同尺度的划分可以产生不同的视觉效果和心理感受。长、宽、高比例相同的空间，如果以人体作为基本标尺，也会产生不同的心理感受（图 5-44 ~ 图 5-46）。

空间效果：空间的形状、尺寸、比例、尺度会直接影响到人对空间的感受。由于建筑空间是由墙体、楼板等空间构成要素所限定的，所以除了建筑空间的几何特征与

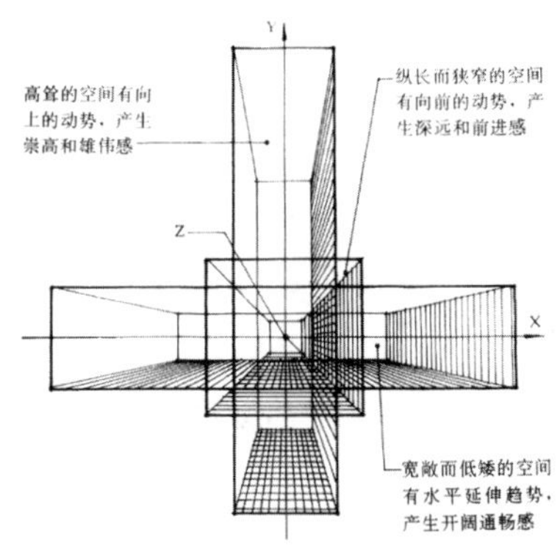

不同长、宽、高的空间会给人不同的空间感受。

图 5-44 空间比例

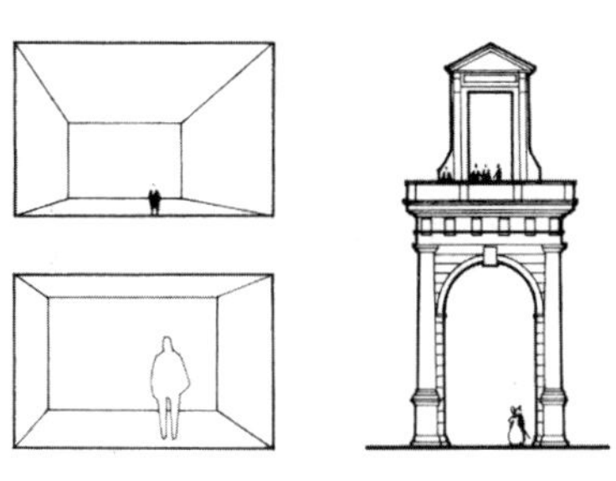

同样比例的空间，如果以人体作为基本标尺，会产生不同的心理感受。

图 5-45 空间尺度

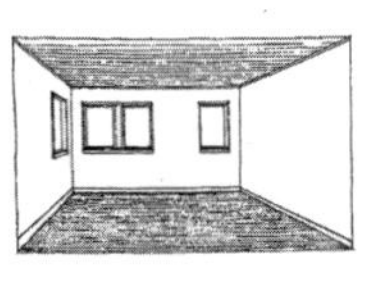

三组同样空间，不同界面组合与开窗方式产生不同的空间效果。

墙面的常规开窗方式

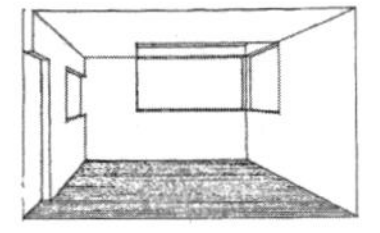

墙面交汇处的开角窗方式

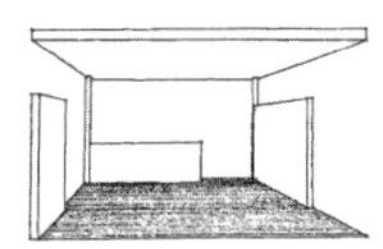

墙面通过不规则开窗方式与顶面形成分离的效果

不同的点、线、面、体块，加上不同建筑材料以及构建方式的组合，会使建筑空间产生或封闭、或开敞、或流动的不同空间效果。

图 5-46 空间效果

视觉特征外，还应该考虑使用者对建筑空间的心理认同。以墙面为例，墙的曲直、高矮、开洞，墙的不同组合方式，墙的不同材料肌理变化和构造连接方式，以及家具、灯光等陈设的布局，都会让人产生不同的空间体验与心灵共鸣。

5.3.2 构成方式

建筑空间的构成方式有二元空间构成和多元空间构成。二元建筑空间构成有包容、相交、连接、接触等类型；多元建筑空间构成有集中式、放射式、串联式和组团式等类型。对于初学者而言，可以与建筑体量构成对应着理解学习(图 5-47 ~ 图 5-49)。

建筑被场地环境中的地形、周边建筑物、树林等环境要素所包围，因此建筑与场地的外部空间构成关系，可以从建筑形体与外部空间的体量构成、外墙构成与围合方

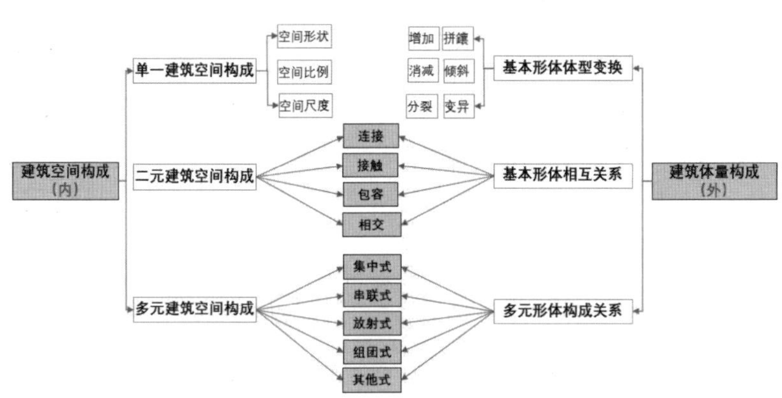

图 5-47 建筑空间与体量构成的对应关系

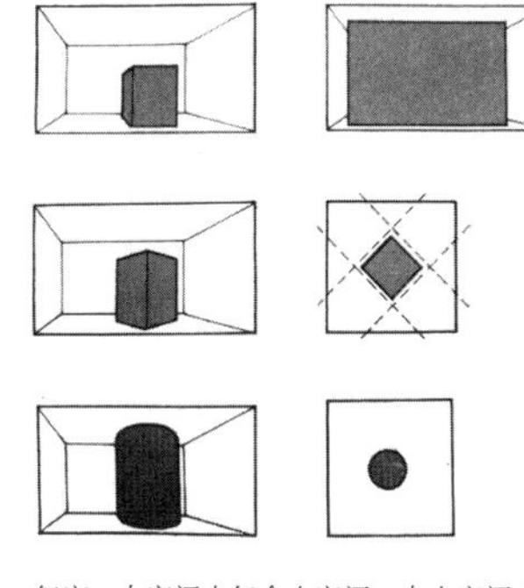

包容：大空间中包含小空间，大小空间产生视觉与空间上的连续性。

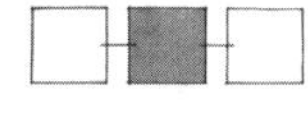

过渡空间与其所连系的空间在形状、尺寸上完全一致，形成重复的空间系列；

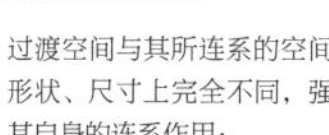

过渡空间与其所连系的空间在形状、尺寸上完全不同，强调其自身的连系作用；

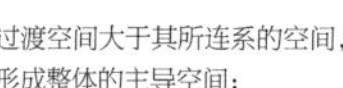

过渡空间大于其所连系的空间，形成整体的主导空间；

过渡空间的形式和特征完全根据其所连系的空间特征而定。

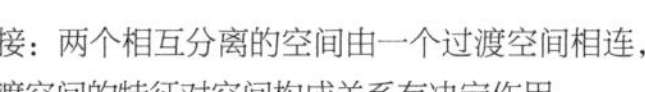

连接：两个相互分离的空间由一个过渡空间相连，过渡空间的特征对空间构成关系有决定作用。

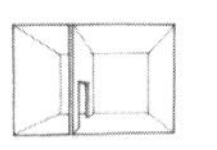

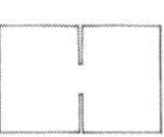

各个空间独立性强，分割面上开洞程度会对空间产生影响；

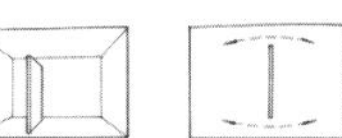

在单一空间里设置独立分割面，两个空间之间隔而不断；

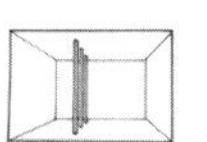

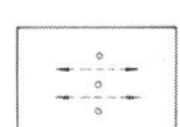

线状柱子排列分割，空间有很强的视觉通透性和空间连续性；

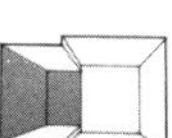

通过地面标高、顶棚高度或墙面的不同处理，构成两个不同而又彼此相连的空间。

接触：两个空间不重叠，但表面或边线相互接触而构成两个建筑空间。两个空间之间的视觉与空间的连系程度取决于其分割界面。

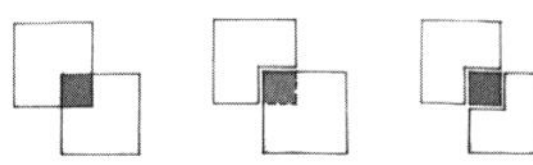

相交：两个空间重叠部分成为公共空间，但保持各自的界限和完整。

图 5-48 二元建筑空间构成

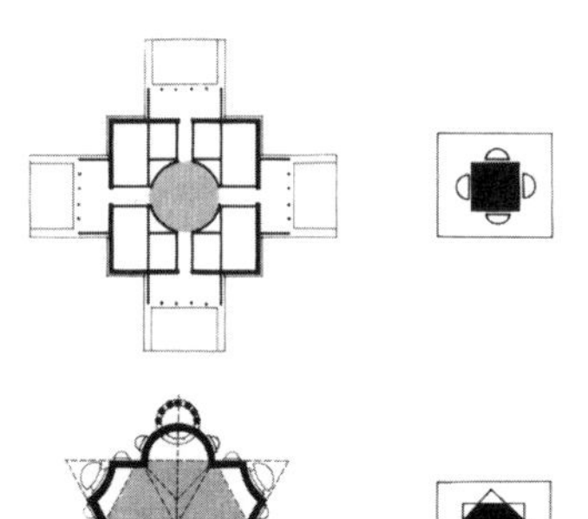

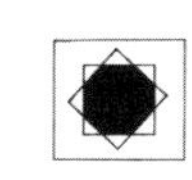

集中式：
以一个主要空间为主导，周围设置一定数量的次要空间围绕该主导空间。主入口可根据环境条件设置在任何一个次要空间处。中央主导空间一般形态较规则，体量较大，可以采用特异的形态来突出其主导地位，统领次要空间。
两大空间相互套叠后构成对称集中空间，不同空间的功能、尺寸可以完全相同，形成双向对称的空间。

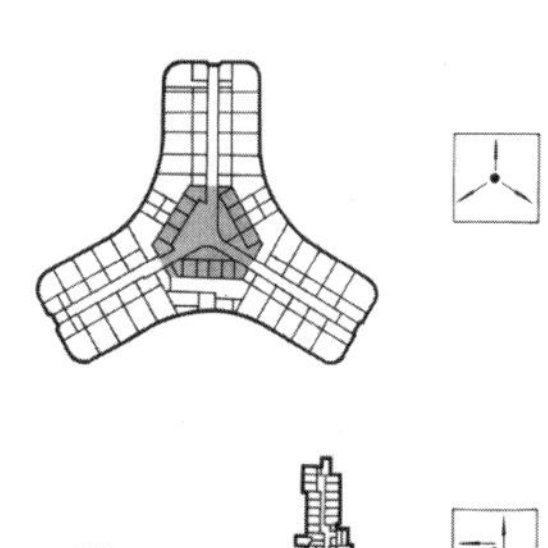

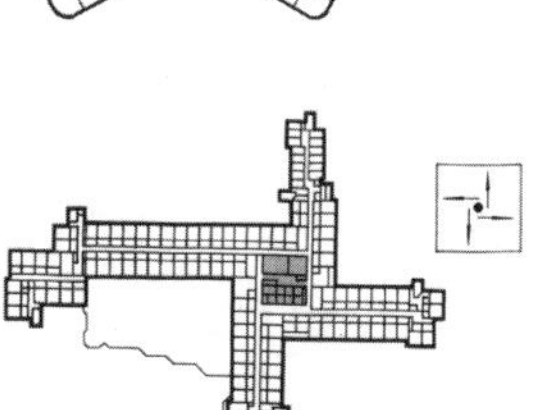

放射式：
由主导的中央空间和向外辐射扩展的线形串联空间所构成。中央空间一般为规则式，而向外延伸空间的形态因功能或场地条件的不同而不同，扩展空间与主导的中央空间结合，产生不同的空间形态。

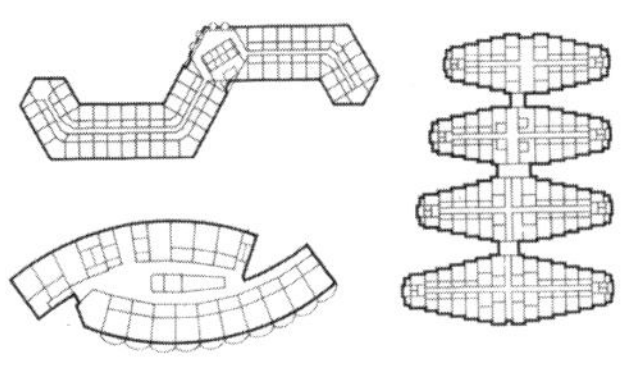

串联式：
由若干单体空间按照一定方向相连接构成的空间系列，具有明显的方向性。由于其轴线的运动性、延展性、灵活性等特点，致使串联式非常有利于改扩建。
按照构成方式的不同形成不同的串联形式。

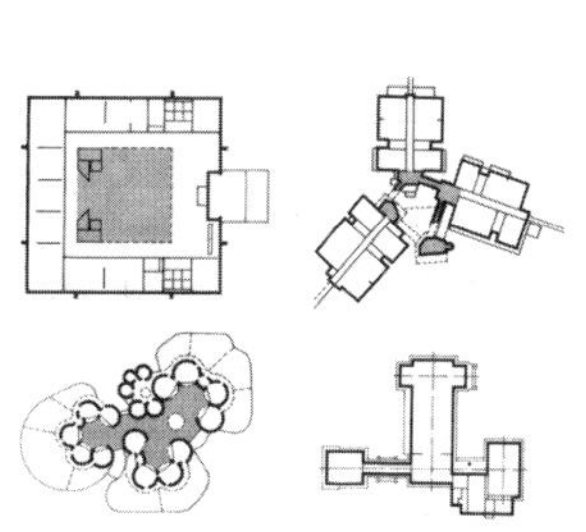

组团式：
将功能类似的空间单元按照形状、大小或相互关系上的共同视觉特征来构成相对集中的建筑空间，也可将形状、功能不同的空间通过紧密连接和诸如轴线等手法构成组团。组团式具有连接紧凑、灵活多变、易于增减和变化等构成特点。

图 5-49 多元建筑空间构成

式、是否有开放空间（广场）与遮挡空间（树木、周围建筑），以及它们的位置关系、地形形成的场地关系等方面来进行解读（图 5-50）。

建筑与外部空间的界面处理，反映出建筑与场地友好关系的程度。可采用局部廊架、挑檐、外走廊、底部架空、增加半地下室或屋顶花园等方式，也可以将建筑形体向 L 形、U 形围合空间转换。

有无遮挡要素：树木、植物等场地要素与建筑保持相当距离，没有对其造成遮挡；周围相邻建筑对建筑产生了遮挡。

出入口设置：让建筑与外部空间的过渡更加有效。

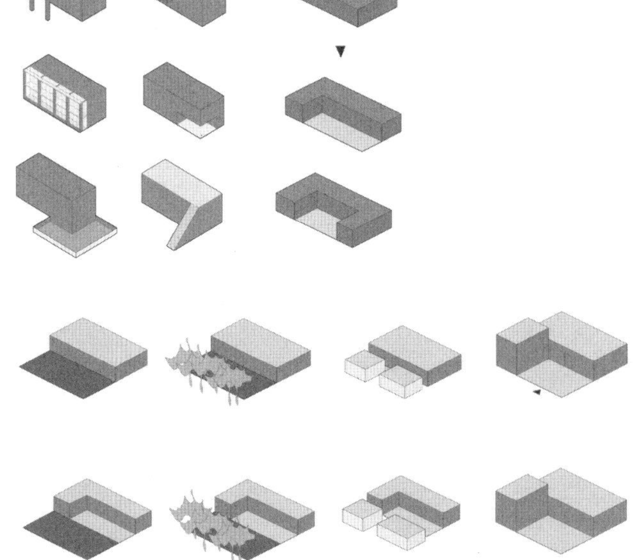

（a）建筑形体与外部空间关系

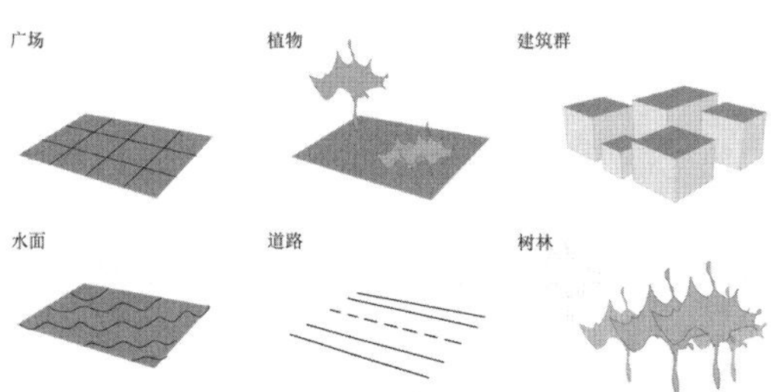

广场、水面、道路、植物、树林、周围建筑等。

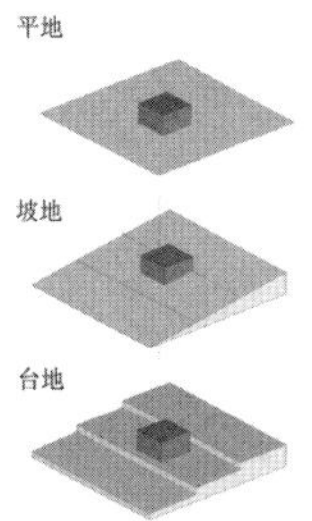

建筑与地形的关系

（b）外部空间中的场地要素

图 5-50 建筑与场地外部空间构成

单元任务

（1）小住宅作品资料收集与分析——文字综述、照片与图纸对位关系

任务内容

以小组为单位对独立式小住宅类建筑作品（现代风格、非传统坡屋顶）进行资料收集与整理分析。

分析参考

- 建筑师 / 建筑事务所的背景——姓名、地域、有无建筑理论与思想；
- 建筑概况——建筑有多大，建在什么地方，基本用途，建造年代，业主的职业。
- 比例 1 : 20，并标注尺寸。

任务要求

- A1 图纸；
- 收集建筑总平面图，平面图、立面图、剖面图等二维技术性图纸，相关文字说明和建筑室内外图片；
- 制作位置关系图。

格式范例

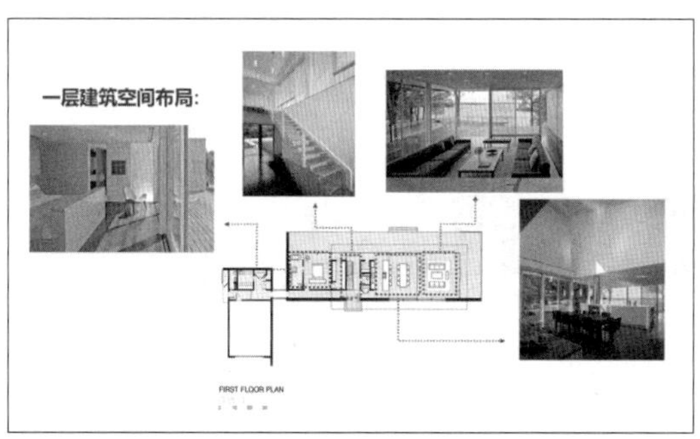

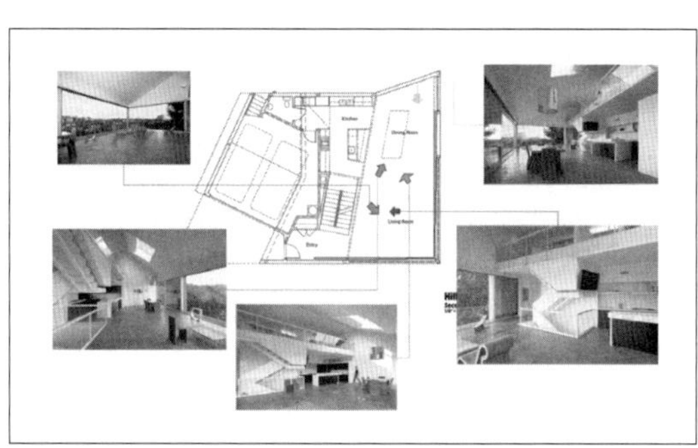

位置关系图

通过识图厘清二维图纸和三维照片的相互关系：制作建筑室外照片与总平面图的位置关系图、建筑室内照片与平面图的位置关系图。

（2）小住宅作品资料分析（一）（体块生成）

任务内容

以小组为单位对独立式小住宅类建筑作品（现代风格、非传统坡屋顶），在资料收集的基础上整理分析。

分析参考

建筑形体特点。

任务要求

- A3 图纸；
- 通过手绘、SketchUp 简易模型的制作来分析建筑形体关系（点、线、面、体块等）；
- 简要文字说明建筑的形体特点。

格式范例

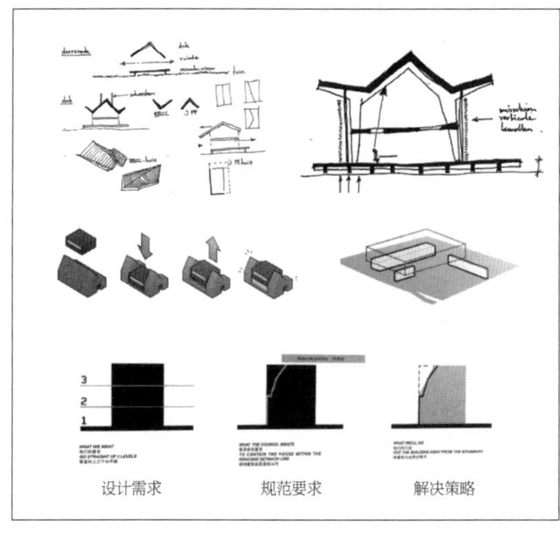

体块生成

手绘形式：表达建筑屋顶特征，最有特点的形体部分。

SU 方式：表达出建筑形体的组合过程

二维方式：表达出建筑形体生成过程

（3）小住宅作品资料分析（二）——场地分析

任务内容

以小组为单位对独立式小住宅类建筑作品（现代风格、非传统坡屋顶），在资料收集的基础上整理分析。

分析参考

建筑与场地——新建筑在建成后会对原有场所产生影响。绘制地形，并了解地形的图底关系，可以使建筑场所的背景空间结构组成清晰化；场所的文脉关系。

任务要求

- A3 图纸；
- 通过手绘、SketchUp 简易模型的制作来分析建筑形体关系（点、线、面、体块等）；
- 简要文字说明建筑的形体特点。

格式范例

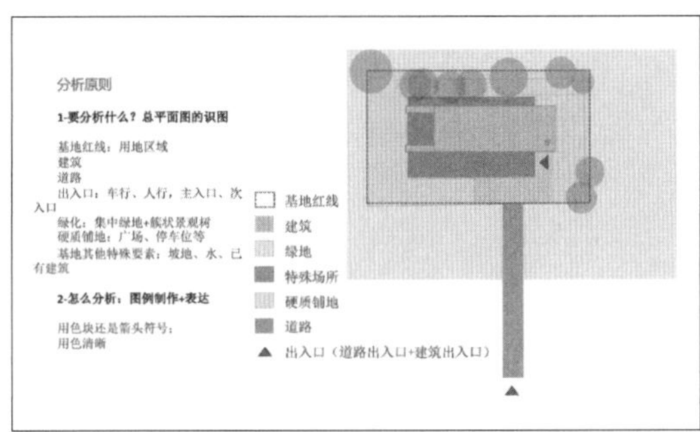

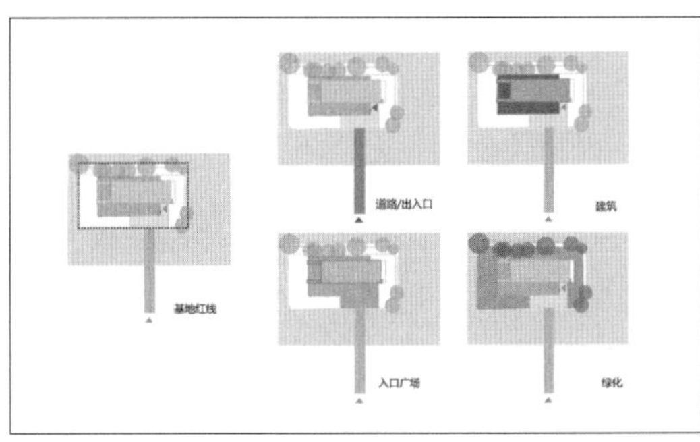

场地分析

（4）小住宅作品资料分析（三）——首层内部空间模型

任务内容

以小组为单位对小别墅或独立式小住宅类建筑作品（现代风格、非传统坡屋顶），在资料收集的基础上整理分析。

任务要求

- 用电脑软件（SketchUp）或用手工制作；
- 在总平面图的基础上，将建筑首层内部空间展现出来，其材质能反映出虚实关系。

第六单元

图解分析

单元概述

单元目标

（1）掌握图解分析的基本原理和常用方法；

（2）通过分析建筑案例的图解关系，进一步从构成的角度理解空间组织的手法；

（3）进一步强化逻辑思维与创新思维的培养。

单元任务

（1）小住宅作品资料分析（四）——平面分析

（2）小住宅作品资料分析（五）——平立转换

6.1 图解分析基础

6.1.1 图解分析原理

在设计过程中，图解分析不仅可以帮助设计师更好地理解他人的设计作品，也能帮助设计师自己更好地构思。用图解方法来分析建筑的形体和空间，不会涉及建筑学中社会、政治、经济或技术等方面的问题，不拘泥于风格、形式和时代等因素的影响，只着眼于明确的建筑形体特征，用构成的方法，将分析简化还原到建筑的本质。

图解分析通常选取建筑的总平面图、平面图、立面图、剖面图作为原型，从结构、自然采光、交通流线、构图法则、美学等不同方面来解读建筑形态与空间的特点、规律与典型模式，挖掘建筑形态与空间构成的各种可能性。比如以马里奥·博塔的圣维塔莱河独立住宅图解分析为例，通过分析空间构成与建筑使用功能布局之间的相关性，研究建筑材料与空间概念之间的相关性，分析建筑的建造方式与空间概念的关系，通过对建筑室、内外照片资料的分析，在平面分析中抽象出建筑核心的空间构成，用一种类似基本形的图解方式表达出来，从而到达理解建筑原本空间概念的训练目标（图6-1）。

6.1.2 图解分析类型

本书的图解分析主要是以建筑的平面和空间为原型，训练学生进行二维、三维基本形的抽象提炼与分析，主要包括平面分析、体块分析与平立转化。

平面分析：选取基本形态突出、秩序感强，具有明显构成特征的建筑实例进行阅读和分析。以其中某一层建筑平面或某一段建筑立面为原型，运用构成训练中的相关知识，找出基本形和构成规律，并进行图解分析。在理解建筑内部功能的基础上，摒弃平面或立面上的色彩和材质，全心关注平面形状之间的关系，重在训练对基本形的提炼能力。在理解建筑平面或立面设计的同时，要求在建筑平、立面的构成过程中体验或掌握点、线、面、体的构成原理，找到内在形的构成规律，掌握点、线、面的作用和美学的基本原则，学会如何利用点、线、面来组织平面和立面，达到训练目的（图6-2）。

体块分析：在平面原型抄绘和基本形提取的基础上，对建筑进行体块分析，并理解二维平面是可以通过增加三维向度来形成立体的空间形态。在对建筑进行体块分析时，同样需要运用点、线、面、体块的基本形体概念（图6-3）。

平立转换：平立转化是以“基本形分析”为平面造型基础，运用构成训练中的相

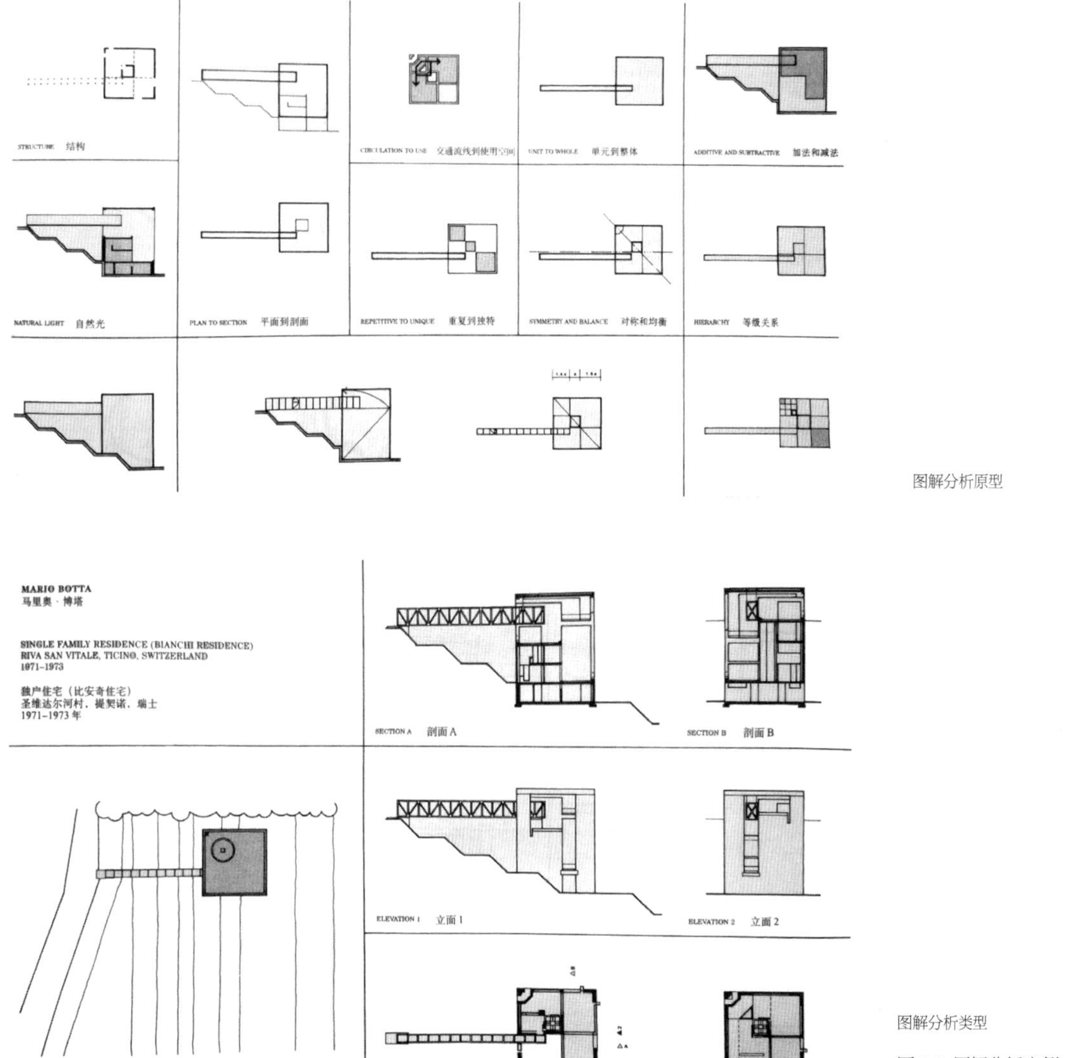

图解分析原型

图解分析类型

图 6-1 图解分析案例

关知识，在“体块分析”模型基础上进行变换，培养对建筑形态和空间多样化的体验。理解平立转化关系的关键在于理解每个立体形态的投影都形成一个平面，但是同一平面可以生成不同的形态。在立体构型过程中，逐步掌握块材、线材、面材和体—空等要素的构成原理和规律，体会立体构成美学的基本原则，学会如何利用各种材料来组织空间和体量（图 6-4）。

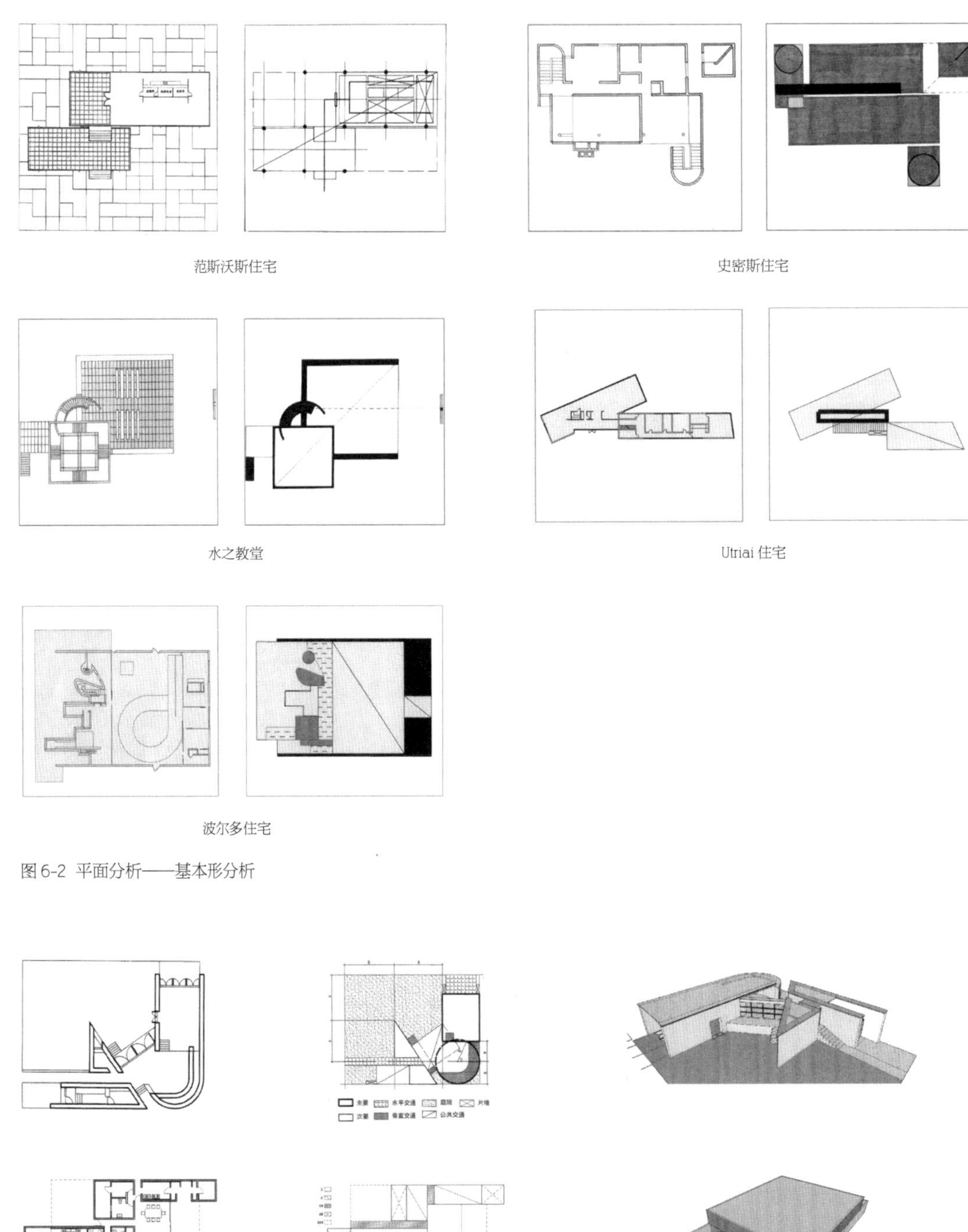

图 6-2 平面分析——基本形分析

原型抄绘　　基本形分析　　体块分析

图 6-3 平面分析——体块分析

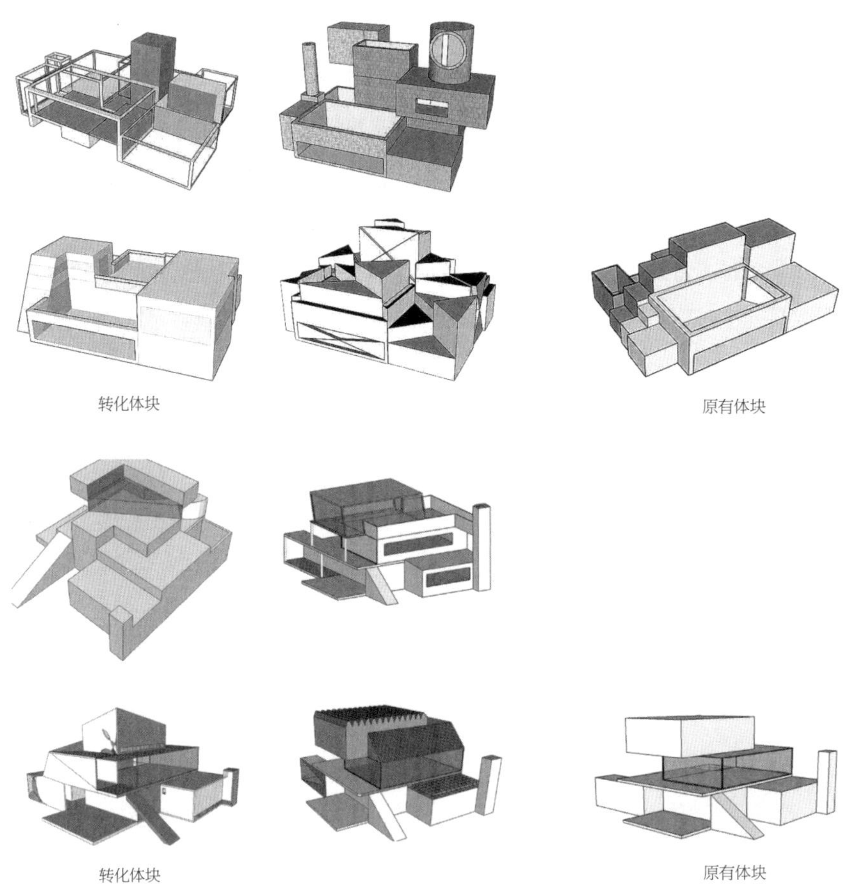

转化要求是基于“基本形分析”平面的立体构型，不能和原有体块相同。

图 6-4 建筑平立转换

6.2 图解分析方法

6.2.1 图解分析识图

识图是图解分析的第一步，通过对原型进行识图，区分室内外空间与建筑内部的主次空间，来理解交通空间或路径与功能空间的关系。室内外空间区分的重点是区别室内外的关键部位，如建筑入口空间、台阶、庭院空间等；其次区分建筑内部的功能空间，也就是区分建筑主要使用空间、次要使用空间与交通空间；最后用图示语言表达交通空间或路径的形状以及其与功能空间的关系。理解建筑功能和流线是识图中非常重要的两大内容。

功能分区：建筑内部的功能空间按照功能使用的频率、重要性分为主要功能空间和辅助功能空间（建筑的主要使用与次要使用空间）。主次空间的处理原则一般是主要使用空间布置在较好的区位，靠近主入口，保证良好的朝向、采光、通风和环境条件；次要或辅助空间放在比较次要的区位，各方面条件相对差一些，常常设有单独的服务入口。建筑功能对单一空间的影响体现在空间的量、形、质三个方面：“量”是空间的大小和容量，不同的使用功能直接决定空间的大小和容量[1]；“形”是空间的形状，矩形空间是常用的空间形状，能够满足大部分功能需求，还有一些特殊的功能空间，比如体育馆、观象台，或者为了追求特殊的空间效果采用圆形、椭圆形、异形等空间形状；建筑功能同时决定空间的“质”，主要体现在满足采光、通风、日照等条件，部分特殊空间还要满足声学、光学、防尘、恒温等需要。建筑功能对复合空间的影响主要体现在功能分区上，将空间按不同的功能属性分类，根据相互之间连系的密切程度加以组合，同时通过流线组织贯穿水平和垂直方向（图 6-5、图 6-6）。

1 一般而言来说，以建筑面积为基本依据，满足其基本使用需要，即满足人体的基本尺度和理想的舒适程度。根据使用功能的不同，建筑空间的建筑面积和容量各不相同，但都规定基本的下限。

流线分析：功能流线简单理解就好比一根线，连接各个不同功能的空间，来满足人们的需要。流线设计是建筑空间设计中的重要环节，它决定了各功能空间的次序和

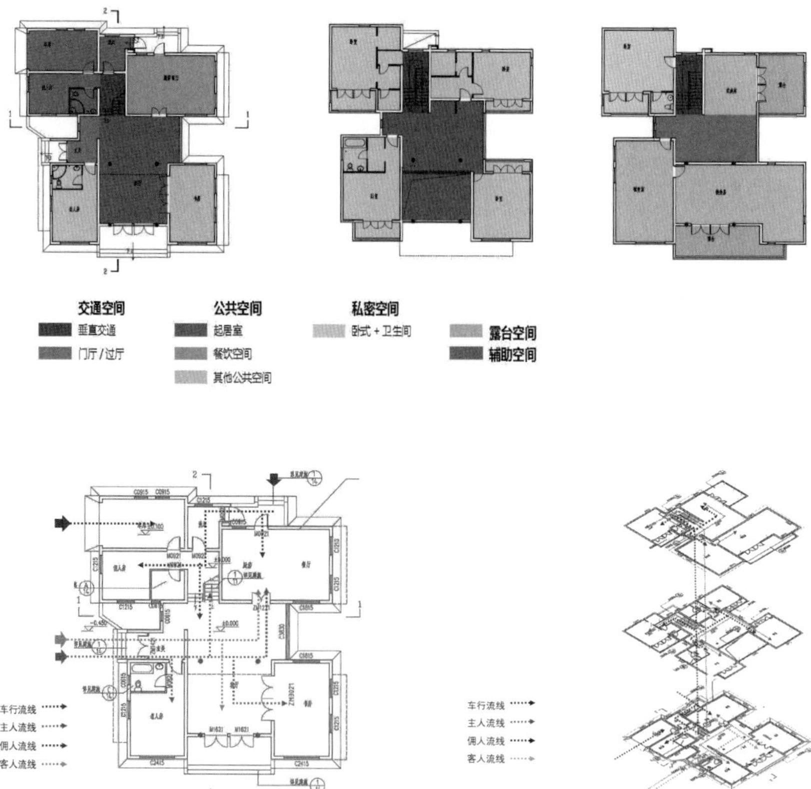

主要使用空间：
公共空间：起居室、餐饮空间、其他公共空间，开放、主人客人都有可能使用、动区；
私密空间：卧室+厕所间+更衣室，私密、主人使用、静区。
服务/辅助空间：
储藏间、洗衣间、佣人房、公共卫生间、车库等，服务功能。
交通空间：
垂直交通（楼梯）：上下连系；
水平交通（走道）：同层连系；
枢纽空间（门厅、过厅）：交通转换。
空间组织与类型：
整个建筑空间围绕中部楼梯间，布局相对集中。

图 6-5 小住宅大模型的空间分析

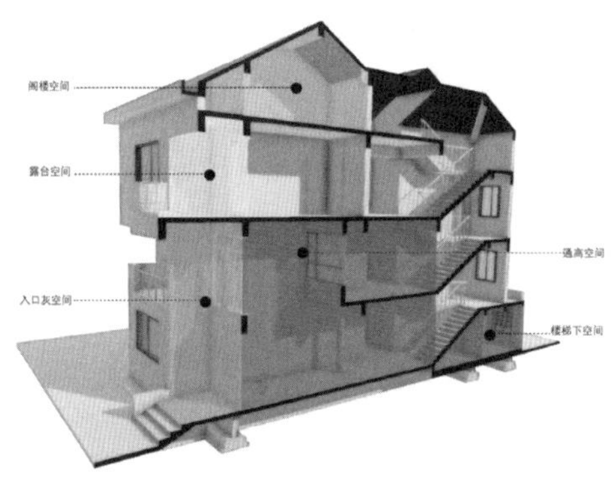

图 6-6 小住宅大模型的空间类型

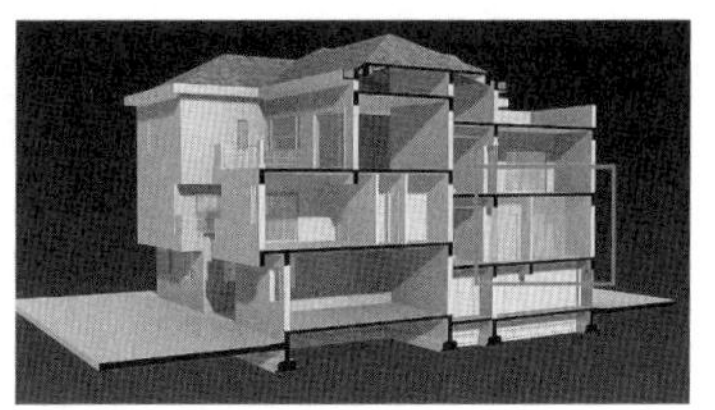
错层空间

除了常规空间类型，还包括通高空间、错层空间、阁楼空间、楼梯下辅助空间等，以及露台、入口等室内外过渡空间类型。

扫码观看：独立式住宅的空间分析

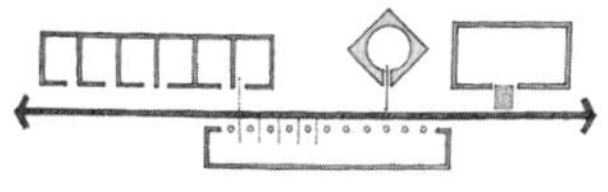

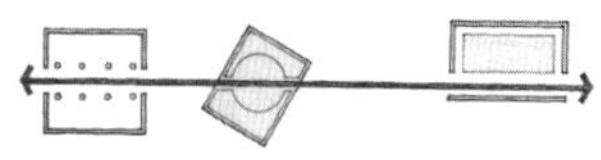

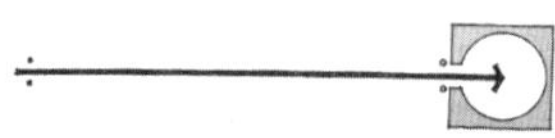

并置：各种形状的功能空间并置在主要交通空间或路径两边，功能空间保持相对完整，通过主要或次一级交通空间进入。
串联：各种形状的功能空间由主要交通空间或路径串联、打破和穿越。
直达：通过主要交通空间或路径引导至功能空间。

图 6-7 交通路径模式

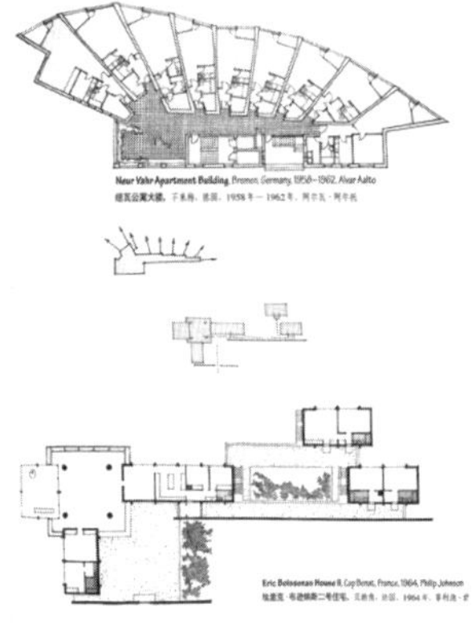

不莱梅公寓大楼：从建筑底层平面图来看，是一个相对集中式的建筑布局，室内外空间的区分也相对简单，建筑内部功能空间是每个发散形的公寓房间，通过异形交通空间串联在一起。

二号住宅：建筑空间布局相对分散，各个功能房间通过几个大小不一的庭院和片墙组织起来的，类似小规模的建筑群落和院落空间。

图 6-8 流线组织案例

形态，其合理性直接影响人们使用。建筑交通空间或路径形状与功能空间的关系一般有并置、串联、直达三种模式，我们可以通过流线组织案例来学习如何抽象提炼（图 6-7、图 6-8）。

6.2.2 图解分析步骤

图例制作：在对原型进行识图后需要制作相应的分析图例，将基本构图关系用图示语言表达出来。图例制作的关键在于运用不同的点、线、面等符号和几何化图例，将不同的功能空间抽象化和图形化。建筑主要使用空间（公共 / 私密）、辅助空间、交通空间（水平交通 / 垂直交通）等不同的空间可以用几何图例清楚、有效地区分开来。确定几何图例后，就可以用图示语言对建筑平面的基本构图关系进行图解分析，运用构成知识确定建筑原型中的基本形，寻找内在形的构成规律。

基本形提炼： 在建筑原型中提炼基本形需要确定基本形的最小单位。基本形的最小单位可以是单个房间或一组功能相近房间的几何形状，根据图例的制作标准，将主要使用空间（公共 / 私密）、辅助空间、交通空间（水平交通 / 垂直交通）等不同功能空间用不同图例区分开来。建筑原型的基本形没有墙厚、门窗洞口等建筑构件的概念，只需提炼点、线、面的几何形状，并且保证基本形位置与原型位置相对应。

图示关系：我们可以从结构、几何关系和基本构图关系这三个常用类型入手，来分析原型提取后各基本形相互之间的关系。图例也可相应地归纳成这三种类型。从结构角度来进行的图解分析，其主要任务是区分墙、柱、柱网之间的关系。在图形语言中，柱列、柱网形成的线或虚空间与其他几何形必须有明显差异，并标识出来；从基本形组合的几何关系来分析，将不同属性的基本形（使用空间、交通空间、主要交通流线等）提炼和完形后，运用平面构成中“两个基本形之间相互关系”的原理，将其两者之间的关系标注出来；从基本构图关系入手就是依据形式美学法则，将设计所用到的构图原则表示出来。建筑设计涉及美学原则并不复杂，常用的有对称、均衡、重复到独特等构图关系（图 6-9）。

6.3 图解分析案例

6.3.1 案例一：六甲山教堂

相关背景：六甲山教堂位于日本神户的六甲山顶，因为参观教堂先要通过一个长长的玻璃走廊才能达到教堂入口[2]，所以它有一个更广为人知的名字——“风之教堂”。教堂是一个单纯的立方体，除了一面开窗外，其余墙面都是素混凝土墙面。整体建筑体量较小，平整、毫无装饰的四壁使其单纯性表露无遗，特别是天花板与墙面采用相似的材料，在一定程度上模糊了建筑的结构逻辑，使其空间更为纯粹。六甲山教堂在有限空间内采用阻隔空间的处理手法，通过目标的模糊化来达到小中见大的效果。运用一些缝隙引入自然因素，比如通过面向庭院的大玻璃窗，引入室外倾斜的草坪来塑造空间的个性，并设一道矮墙阻隔更远的风景，使其成为视觉中心。在整个参观流线中，“海”是主题，然而一直作为悬念而潜伏在整个过程中，最终呈现于垂直钟塔中一个

2 因为长走廊的磨砂玻璃使窗外的风景不可见，由此模糊了真实的尺度感，使这条走廊给人的感觉很长。穿梭在这条走廊常常可以感受到自然界风的吹过，“风之教堂”的名字由此而来。

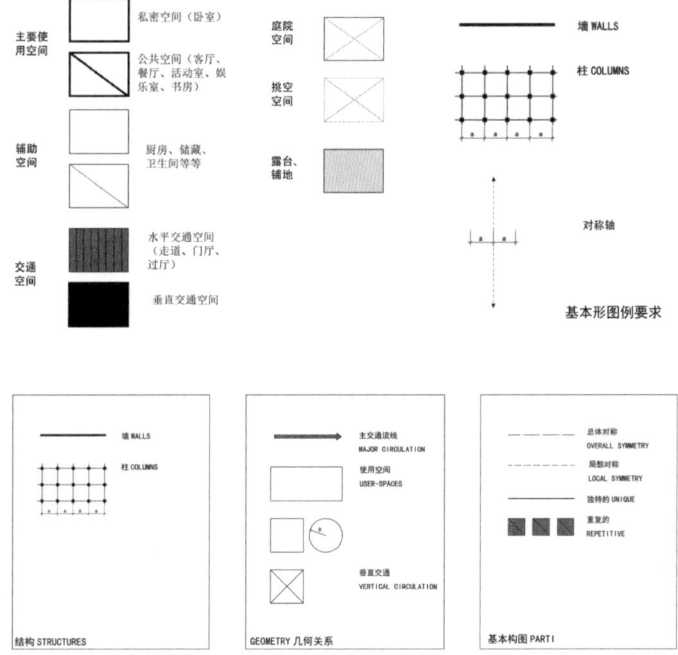

图 6-9 基本形几何图例示意

斗室内。另外，六甲山教堂将空间进行了序列化的处理，使参观者穿过视野阻隔的空间后，最终感受到教堂的豁然开朗，将一种理性、秩序的神圣感融于静谧的空间氛围中（图 6-10）。

图解分析：下面以六甲山教堂平面图为原型，从结构、交通、构图三个方面进行图解分析（图 6-11）。

6.3.2 案例二：巴斯克别墅

相关背景：巴斯克别墅位于挪威巴姆伯峡湾附近一处山梁的岩顶，风景迷人，可以俯瞰到不远的海岸线。基地林木茂盛，地表岩石坚硬，除岩顶部分是狭长形的平地外，其余都是向山谷迅速跌落的坡地。建筑师在空间和结构上充分考虑了基地环境的因素。条形的建筑主体位于岩顶上，上层布置别墅的主要使用空间，下层是酒窖。整个建筑呈十字形布局，十字形交接处是主入口门厅。十字形建筑主体的一翼以嵌入基地的混凝土平台为基础，平台一侧是以木构架和玻璃为主的通透长廊。从门厅开始沿着走廊的一个方向依次是厨房、餐厅、内院、主卧室和主卫生间，另外一个方向是起

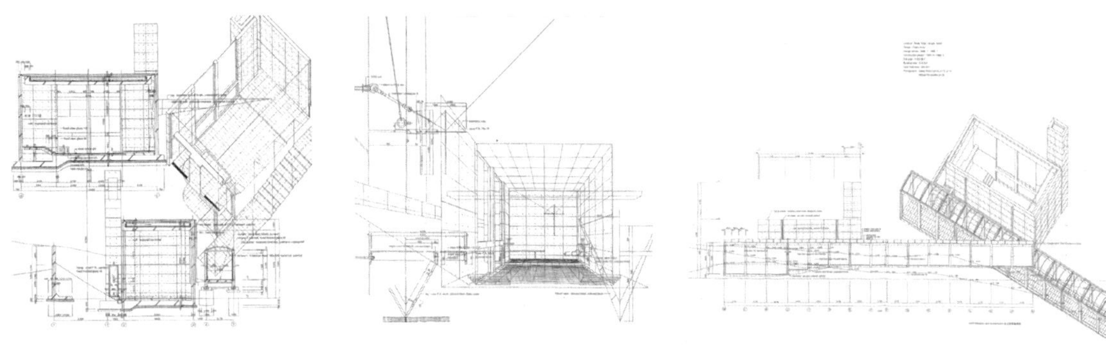

入口走廊

鸟瞰教堂

空间缝隙

图 6-10 六甲山教堂

结构图解：
长长的玻璃走廊是框架结构，立方体的教堂和垂直的钟塔是墙承重结构。
交通流线—使用空间：
玻璃走廊作为主要交通空间引导着人们步入右边的教堂入口，到达教堂和钟塔这两个使用空间。片墙围合出的庭院阻隔更远的风景视线。
基本构图关系：
六甲山教堂建筑平面图原型中存在的几何关系呈现为由交通空间（走廊）、使用空间（教堂和钟塔）提炼出来的不同比例的矩形基本形、由矮墙提炼出来的线性要素，以及这几个组合之间的基本构图关系——不均衡对称与重复。对称是以教堂垂直方向为中轴左右对称，钟塔与矮墙退进的尺寸相等；不均衡对称是以教堂水平方向为中轴上下对称，上部的矮墙与下部的长廊对应。

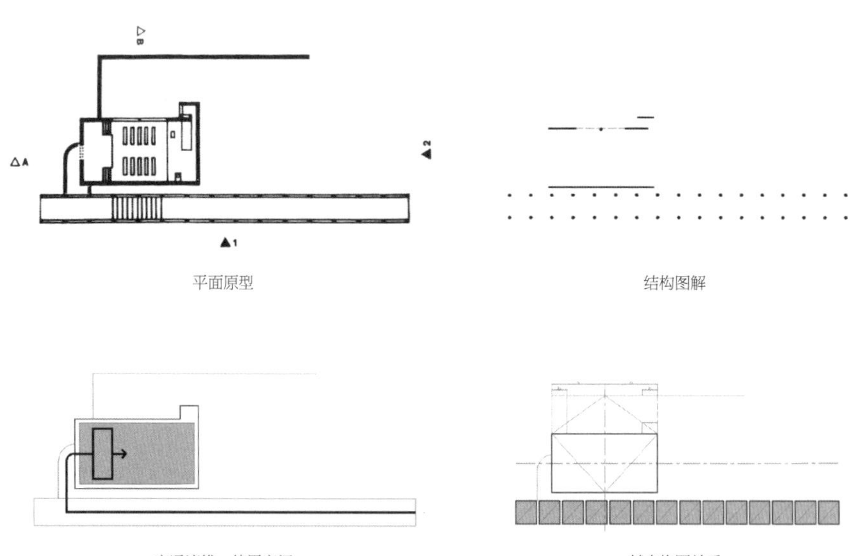

平面原型

结构图解

交通流线—使用空间

基本构图关系

图 6-11 六甲山教堂图解分析

居室，位于突起的岩石上，需要沿着台阶拾级而上。走廊的两端都延伸到室外平台，可以感受到与自然的紧密联系。建筑主体十字相交的另外一翼，一端是建筑门廊和储藏间，另外一端是四层高塔楼。塔楼从基地的最低处升起，用作儿童房，底部还设置了从谷底进入别墅的次入口。塔楼通过水平连接体与主体相连，犹如主体部分的前哨，站在塔楼顶端可领略到不同视野的风景。整个建筑水平与垂直体量的对比和联系充分呼应了基地自然环境，坚固封闭的混凝土与开朗通透的玻璃木构相结合，形成自然和人工构筑物的强烈对抗与反差，同时也巧妙地处理复杂地形中建筑功能分区的问题（图6-12）。

图解分析：以巴斯克别墅平面图为例进行图解分析，同样从结构、交通、构图三个方面入手（图6-13）。

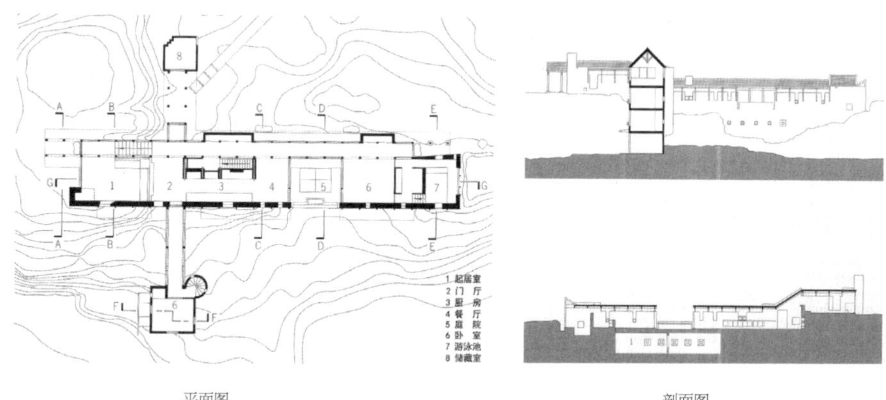

平面图　　剖面图

别墅远观

儿童房

门厅

图6-12 巴斯克别墅

结构图解：
建筑主体的平台一侧是以木构架为主的通透长廊，十字相交处的门厅垂直方向上的两侧也是柱廊，其余是墙承重。
交通流线 - 使用空间：
垂直长廊与门廊的交接处是轻巧、透明的门厅，呈直角插入主体，形成虚实对比。沿水平方向的门厅两边为主要交通路径，通往不同的功能空间。
基本构图关系：
巴斯克别墅建筑平面图原型中存在的几何关系，分别是由水平与垂直两个不同比例的矩形组成，且它们之间存在着对比和联系。垂直方向一端的儿童房是由方形和圆形组合而成的，另一端则是方形房间。水平走廊上有一个虚的方形，即庭院空间，而位于水平走廊一端的岩石处有个室外起居室。如果将这几个空间连成直线，就形成了一个 45° 矩形，非常有意思。

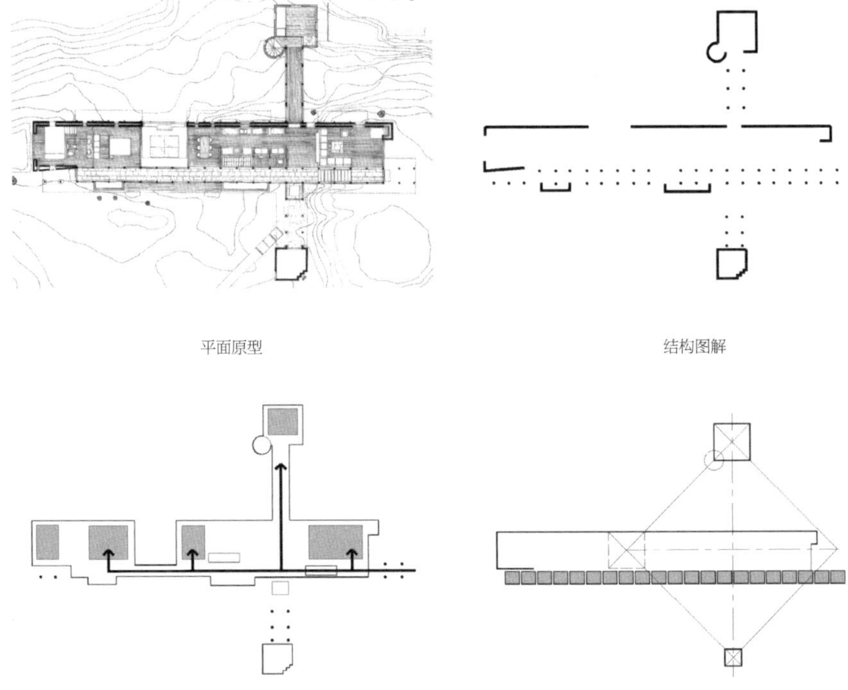

图 6-13 巴斯克别墅图解分析

单元任务

（1）小住宅作品资料分析（四）——平面分析

任务内容

运用建筑构成原理，对经典小住宅作品的平面进行图解分析（原型、基本形分析、体块分析、说明）（图纸）。

任务要求

- 纸张和底板要求：白卡纸（500mm × 360mm）有效范围（420mm × 297mm）；
- 平面分析要求：4 个分析图——每个分析图尺寸（130mm × 130mm），具体位置根据图面排版自定，下面标注具体分析图图名，包括平面原型抄绘、基本形分析、体块分析、文字说明；
- 简单文字说明：包括基本类型、基本单元、基本方法、特点分析，标注作业名称、班级、姓名、学号，字体样式、大小自定。

格式范例

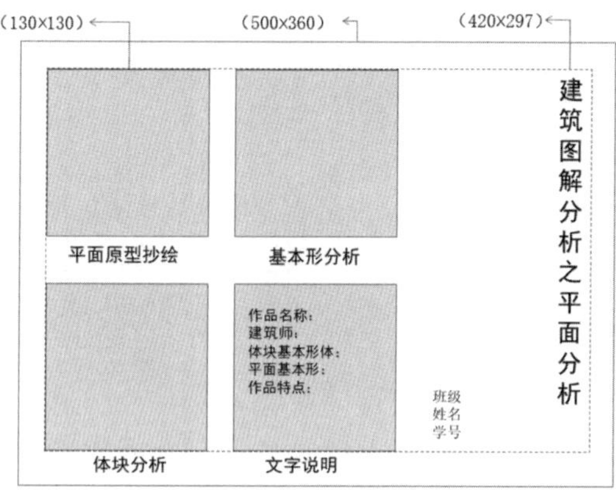

（2）小住宅作品资料分析（五）——平立转换

任务内容

以小组为单位，一组 4 个 SketchUp 模型，一个同学负责 1 个；运用建筑构成原理，对一个平面进行分析（基本形分析），并以此为造型基础，重新进行立体构型。

任务要求

- 纸张和底板要求：白卡纸（270mm×270mm）、3 号黑色 KT 板 （297mm×420mm）、 4 个 SketchUp 模型图（130mm×130mm）；
- 立体构型的要求：4 个立体构型不能相同，也不能和原有作品的体块分析相同；
- 标注作业名称、班级、姓名、学号，字体样式、大小自定。

中期检查

小住宅作品建筑调研报告

任务内容

以个人或小组为单位对独立式小住宅类建筑作品进行资料收集，在前面四个作业的基础之上进行 PPT 制作。

任务要求

（1）建筑师 / 建筑设计公司背景；

（2）建筑概况（规模面积、层数、地理位置、业主状况等）；

（3）场地分析（总平面分析图）；

（4）平面分析与功能组织；

（5）交通流线分析；

（6）空间与体块分析。

格式范例

封面+目录+扉页

独立式小住宅案例分析
XXX住宅
班级+姓名

封面+目录+扉页

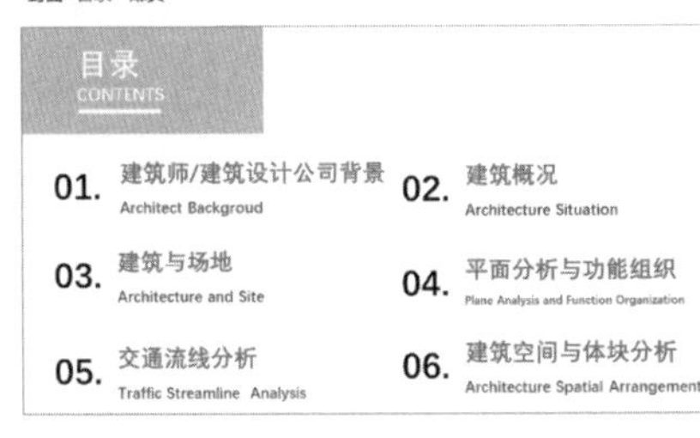

目录
CONTENTS
01. 建筑师/建筑设计公司背景
Architect Backgroud
02. 建筑概况
Architecture Situation
03. 建筑与场地
Architecture and Site
04. 平面分析与功能组织
Plane Analysis and Function Organization
05. 交通流线分析
Traffic Streamline Analysis
06. 建筑空间与体块分析
Architecture Spatial Arrangement

封面+目录+扉页

平面分析与功能组织
Plane Analysis and Function Organization

下篇

建筑表达基础

第七单元

图示表达

单元概述

单元目标

（1）了解图示表达的相关知识，理解建筑空间的功能布局与流线组织；

（2）掌握图示表达的基本原理与手法，学会使用多种手法来对建筑形态与空间进行构思和表达；

（3）掌握建筑空间分析与尺寸表达的基本方法，熟练运用 AutoCAD、SketchUp、Photoshop 等制图软件。

单元任务

（1）小住宅作品表达（一）——尺寸整理；

（2）小住宅作品表达（二）——图示表达。

7.1 图示表达基础

如同文学中的文字、数学里的算式一样，在建筑设计相关专业领域，图示表达也是一种重要的方法与工具。建筑、室内、园林设计的成果必须通过图示表达以获得建设方、城市规划部门甚至普通大众等各方的认可，方能得以实施。图纸、展板和文本是图示表达的常用媒介。无论何种媒介，图示表达的基本要素都包括技术性图纸、建筑表现图、分析图和文字说明（经济技术指标和各类说明）等，涉及图、文、形三个方面。建筑设计相关专业表述具有以下 4 个方面特点。

准确性：工程项目中的建筑设计，在制图过程中必须严格、准确地按照工程制图的要求进行表达，图纸上的一笔一画都将成为建筑建造的一个组成部分。由于建筑体量庞大，在工程制图中需要按照一定的比例绘制，比例的选择可根据具体表达内容而定。

阶段性：建筑设计是一个循序渐进且逐步深化的过程，各个阶段都有着各自侧重表达的内容。每一个阶段都需要反复推敲、由浅至深，表达内容也可根据不同阶段的需求有所不同。

多元性：根据不同的建筑对象，设计表达的内容有所不同。为适应不同建筑的需求，设计表达时可呈现出多元化。

动态性：设计的表达不是一成不变的。根据科学技术的进步、社会意识形态的发展以及审美的不断变化，设计思维在不断变化的同时，表达的内容也在不断变化。

7.1.1 技术性图纸

以建筑设计专业为例，技术性图纸是整个建筑方案设计的重要部分。它是运用专业规范的图示将设计的构思进行完整地表达，通过正投影图的方法将建筑的三维几何信息转换为更易读取的二维信息，真实直接地反映出建筑形体的尺寸和空间位置。

技术性图纸包括总平面图、平面图、立面图、剖面图及节点大样图。平面图和剖面图作为建筑空间分割的正投影，可以清晰地表达建筑空间的布局；立面图主要表达的是建筑形体关系；总平面图表达的是建筑屋顶及其与基地环境的关系。在绘制图纸时，必须通过二维技术性图纸，按照一定的比例，准确且精细地表达出建筑的三维空间和形体（图 7-1）。

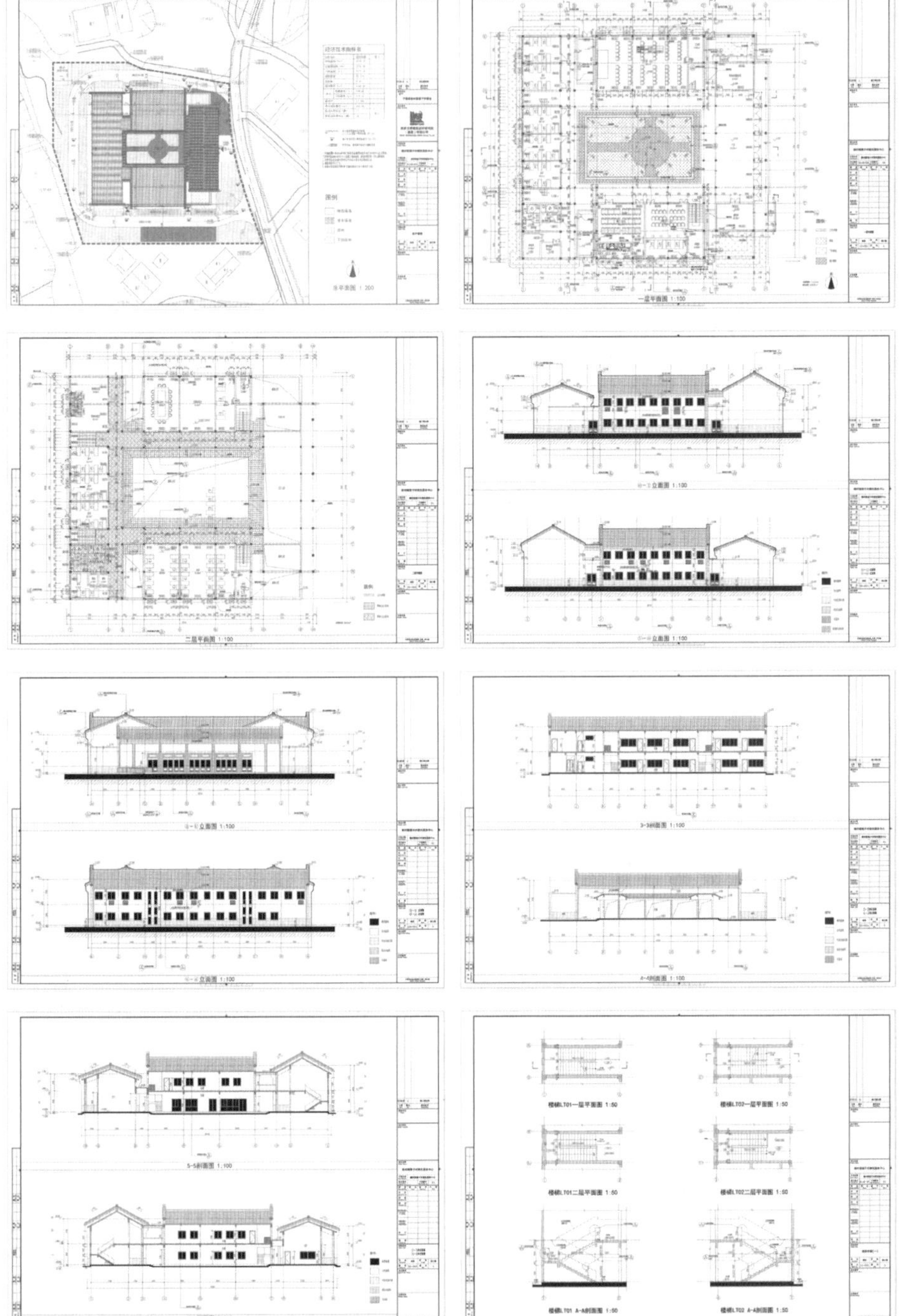

图 7-1 建筑设计技术性图纸

7.1.2 建筑表现图

建筑表现图是将正确的建筑形体关系，加以建筑材质、场景、人物、光影、配景等元素，展现出建筑建成后的效果，能为大多数人所理解。其中，透视图和轴测图是表示建筑三维形体特征与关系的重要方法，也是建筑表现图的基础。建筑表现图是以建筑的平面、立面、剖面设计为依据，表现出建筑体量、形体、风格及其与周围环境的关系。它所表达的内容、深度与普通绘画差别较大，既要求表现的内容准确真实，具有一定的细部深度，又要求具有较强的艺术效果（图 7-2）。

人视图：为了模拟真实的场景感，大多效果图采用人眼高度作为图面的视角，便于大众理解，可以表达出建筑空间及环境的真实效果。

鸟瞰图：用较高的视角表达建筑的整体布局与周边环境的关系，常用来表现体量较大的建筑或建筑群体。

室内透视图：室内效果图通常也使用人视的角度，模拟人在室内空间的真实感受，常用一点透视图表达。

剖透视图：在剖面的基础上采用一点透视的方法生成的透视图，可强烈地表达出建筑竖向空间的丰富感，以及人在建筑内部的尺度感。

7.1.3 分析图和文字说明

建筑方案的完整表达除了二维技术性图纸和建筑表现图外，还有表达建筑构思的分析图、文字说明和经济技术指标。

分析图：作为设计表达必不可少的一部分，分析图是设计理念、设计合理性的可视化表达。分析图大致可以分为三个阶段：前期分析、设计推演、成果检验。这三个阶段分别对应设计的前期、中期和后期。前期主要是针对场地分析，包括区位分析、气候条件分析、文化背景与场地构成分析等[1]（图 7-3）；中期是用建筑语言来回应前期分析内容中的某一个主导因素，由此推进建筑空间与体块的生成，并将这个过程图可视化（图 7-4）；后期是对设计在适用性方面的成果校验以及分析展示。常见的成果校验分析可以分为功能分区、流线设计、结构合理性三方面。功能分区可以用简化模型，将空间概括为抽象的几何形体，增强图纸的易读性，不同的功能配以鲜明且对比较强的色彩，功能分区的内容可以用图标来标注；流线设计时同样可用简化模型或只保留外壳，将流线清晰地展示出来；结构合理性一般是通过剖面图、爆炸图或拆解图来表现。为了增强图纸的可读性及美观性，还可以将剖面图与透视图相结合来表达。爆炸图借助软件分层建造，把建筑抽象分解，从某一特定角度展示建筑方案某个特定

1 区位分析包括区域发展状态、服务范围与交通可达性、服务受众与针对人群、以及对项目产生影响的周边资源等。气候条件分析包括方位、冬夏主导风向、冬至和夏至太阳轨迹及日照情况几个基础项。文化背景主要是指历史文化背景与社会文化背景。历史文化背景又包括具体的历史建筑物和符号性的传统建筑语汇和肌理。社会文化背景主要是人的生活习惯和区域的社会结构。场地构成包括分析建筑用地内的场地构成，以及与之紧邻的周边场地。场地构成可以分为人工要素和自然条件两部分。

鸟瞰图

人视图

室内透视图

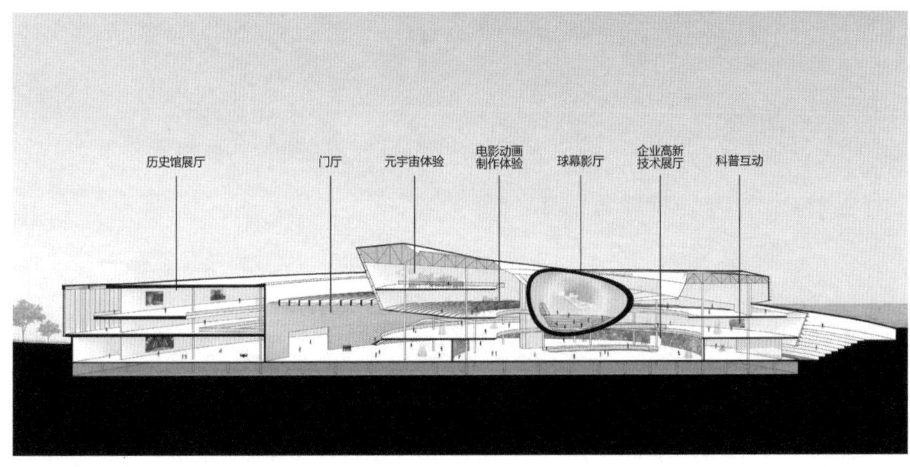

剖透视图

图 7-2 建筑表现图

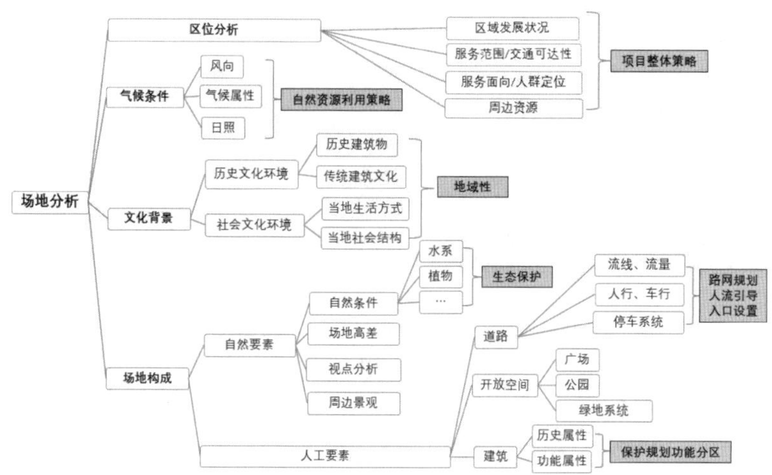

图 7-3 前期场地分析图

东莞石排镇政府办公楼

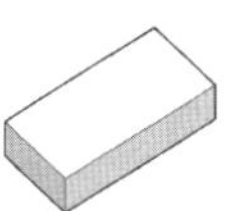
1. 一栋建筑

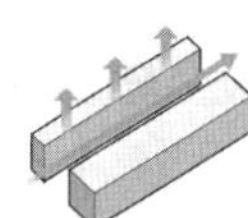
2. 拆分体块，建筑得以自然通风

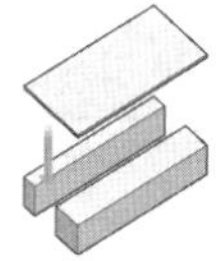
3. 顶层建水平遮阳

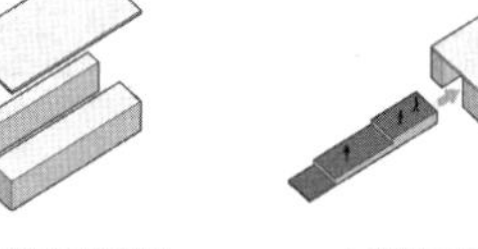
4. 营造了凉爽的休息和活动空间

柿子林会馆

5. 提炼出政府形象符号

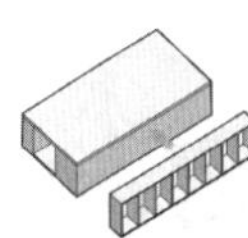
6. 作为竖向遮阳板的同时塑造立面

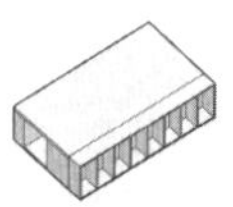
7. 成品

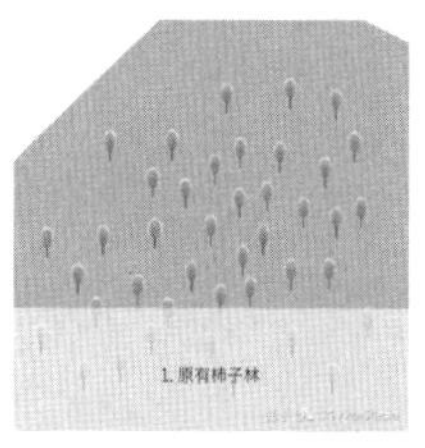

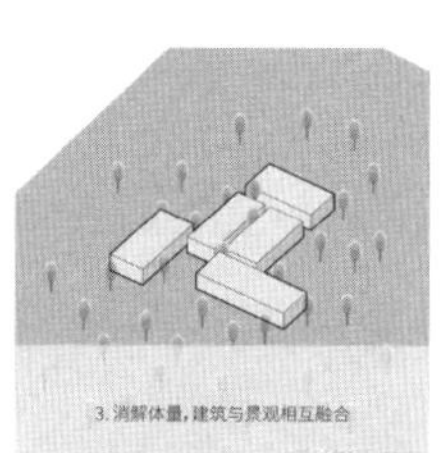

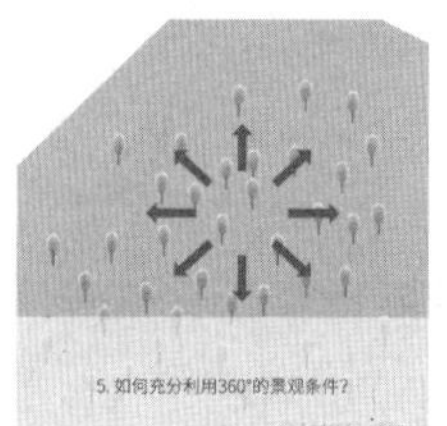

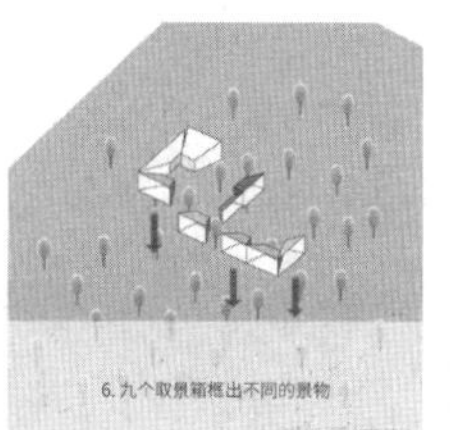

图 7-4 中期体块生成图

方面的三维轴测分析图。爆炸图的表达能力很强，可以用在平面布局、流线、结构分析方面，还可以用来展示内部空间。剖透视是在剖面图的基础上衍生出来的，相比严格的剖面图，剖透视更能全面反映建筑的内部空间效果，并能够将使用状况融入图面表达之中（图 7-5）。

文字说明：建筑设计方案虽然主要以图纸为主，但少不了必要的文字表达。文字表达在设计过程中主要体现在对设计构思意图的阐述、对工程做法的解释以及文本制作等方面。文字表达是对图形表达的深入和补充。对于建筑设计学习初级阶段，还没有能力完成整个建筑文本制作的学生来说，图示表达的练习更多的是指建筑方案的简单排版设计，包括建筑技术图纸、效果图及相关分析图，文字表达的内容也可融入

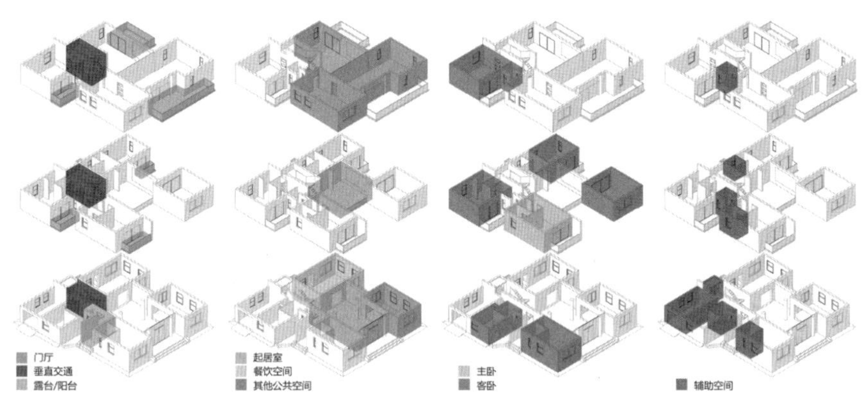

功能分区图

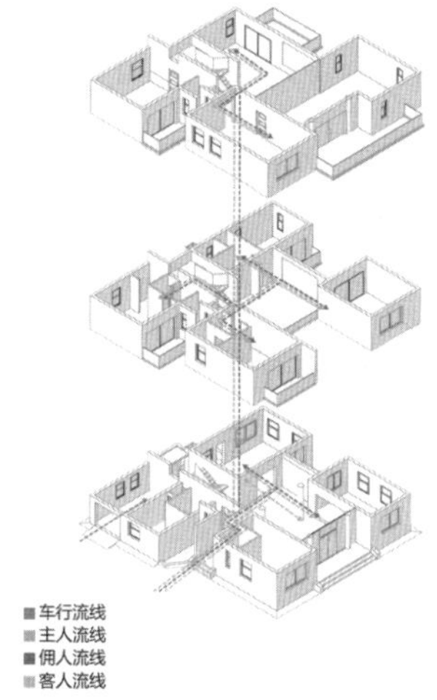

流线分析图

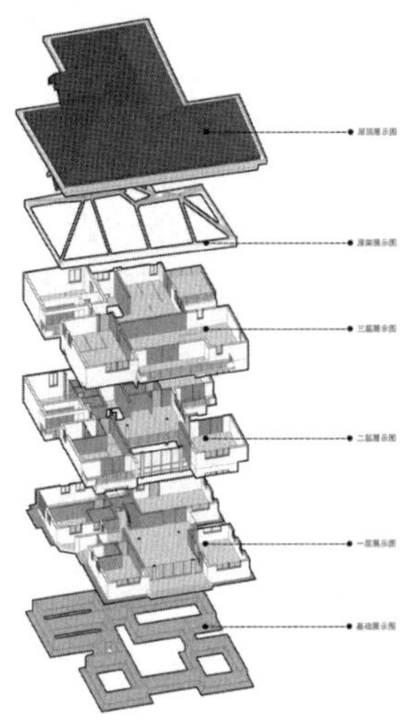

爆炸图

图 7-5 后期分析图

其中，包括设计标题、图纸图名以及设计说明等。需要注意的是文字说明是辅助于图纸表达，表达内容应该简练、准确，避免口语化或繁琐重复。

经济技术指标：常用建筑经济技术指标有建设用地面积、总建筑面积（地上、地下）、容积率、建筑密度、绿化率、建筑高度、建筑层数、停车位等。建设用地面积是指项目用地红线范围内的土地面积，一般包括建筑区内的道路面积、绿地面积、建筑物所占面积、运动场地等；总建筑面积是指在建设用地范围内，单栋或多栋建筑物地面以上及地面以下各层建筑面积之总和；建筑底层占地面积是指建筑物第一层的占地面积，按建筑物外墙外围线计算；建筑密度是建筑物底层占地面积与建筑基地面积的比率（用百分比表示）；建筑容积率指建筑总建筑面积与总用地面积的比值（比值是没有单位的）；绿化率是指项目规划建设用地范围内的绿化面积与规划建设用地面积之比（用百分比表示）。

7.2 图示表达要点

7.2.1 比例与尺寸

建筑设计相关专业内部约定俗成使用的比例，如前面单元所述，是指按比例呈现各个阶段所需解决的问题。对于初学者而言，需要注意的是，由于图纸尺寸远远小于实际建筑的尺寸，在学习用缩小比例尺的图示做建筑设计时，不要将图纸建筑和真实建筑混为一谈。我们在进行正投影作图时，要按照一定的比例缩小建筑的实际尺寸。图纸比例指的就是图中图形与其实物之间的尺寸之比。无论图纸上是否有比例或者尺寸，我们通常都可以通过一个常用构件的真实尺寸和图纸尺寸（比如卫生间的门）的比值，推算整理出整个建筑的真实尺寸和图纸比例。在同样大小的图纸上，比例越大，则反映的细节越多。确定图纸比例也要考虑图纸本身的尺寸大小，也就是图幅大小。建筑专业通常用的技术图纸图幅为 A 系列，有 A0，A1，A2，A3，A4 等几种。方案阶段的平面图、立面图、剖面图等二维性技术图纸可以标注两道尺寸线，也可以不标。卫生间和厨房在平面图上需要进行布置，其他房间可以用文字标注代替家具布置。平面图上需要标出层高，首层平面除了室内外标高，还需要标注剖切符号和指北针。

7.2.2 取景

我们知道建筑表现图的画法有许多，草图、效果图的表达准确与否依赖于对透视原理的把握。但是实际操作中用透视方法来求灭点的画法较为复杂，所以通常是在掌握透视基本原理之后，凭借透视感觉来画透视图，这就需要通过绘制大量透视图来积累经验。

透视图取景： 透视图的基本原理是远近法。远近法是按照近大远小、近高远低、近宽远窄等视觉规律来画透视图的。离视点越近的物体越大，反之越小，渐远渐小至消失成点。透视图有正透视、斜透视、一点透视、两点透视、三点透视等不同类型，其中两个灭点的透视表现形式是展现建筑形体与空间的最佳方法之一。下面以建筑两点透视为例，通过视平线的高度、灭点的位置、灭点的距离以及图景比例来确定透视图的取景（图 7-6）。

轴测图取景： 相比起物体平行线消失在灭点的透视图，轴测图上互相平行的线段仍互相平行。轴测图由于没有透视变形，简单易画，所以被广泛用于建筑表现的各个领域（图 7-7）。轴测图可以用来表现建筑的空间组合和结构关系，也可以用来表现建筑与基地环境关系。下面以长沙烈士公园[2]东北部的浮香艺苑为例。浮香艺苑属于小型展览建筑，主要分为展览空间、储存空间，以及相应的管理、接待、售票等辅助空间。建筑设有主次两个出入口，售票单独设立在外面。参观者沿湖行进的主路线也是各个展厅空间参观的路径，参观者在欣赏室内陈设物品的同时，也能领略到室外风光。建筑借鉴传统园林建筑的空间处理手法。整个建筑采用平、坡屋顶相结合的造型，错落有致；围绕着中心湖面依次布置建筑序厅及展厅等各个主要功能空间；园林风貌的建筑与环境处理得相得益彰（图 7-8）。

2 长沙烈士公园位于长沙市区东北部的浏阳河畔，基地有良好的自然条件，东部浏阳河湾，水域广阔，西部丘陵岗峦起伏。1953 年开始建园，公园现有面积 118 公顷，水面约占一半。除了浮香艺苑，该区内沿着宽阔的水面沿岸还布置有茶室、游船码头、餐厅、儿童游戏场等建筑。

7.3 图示表达排版

建筑方案的图示表达通常有图纸或展板以及文本两大类。无论哪种类别，都要把二维技术性图、建筑表现图、分析图、文字说明（经济技术指标和各类说明）等图示要素表达清楚完整，还要注重图纸的选择和摆放，就如同写作中的文字组织一样，既要讲究段落结构，又要注重语言的优美。图示表达的排版是解读建筑的重要途径，排版本身也常被看作一个设计过程，反映了设计者的审美与处理问题的能力。初学者通常是以图纸或展板来学习建筑图示表达的。

7.3.1 排版原则

版面布局应强调辨识度和美观，让阅读者清楚地读懂图面内容的同时，也要让人感到整个图面效果的赏心悦目。一般应遵循以下原则进行布局：

视平线的确定：通常正常两点透视图的视高选1700mm。

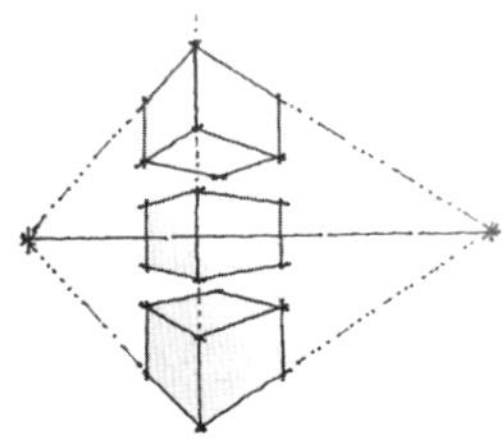

根据不同视高，可形成仰视、正常、鸟瞰三种不同的视觉效果。

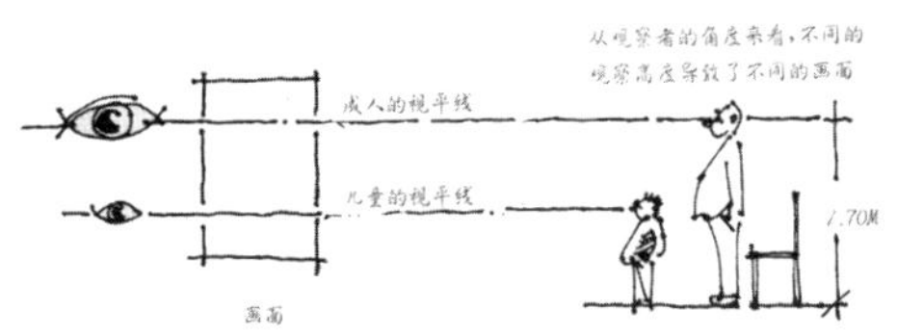

不同的视线高度导致不同的画面效果。

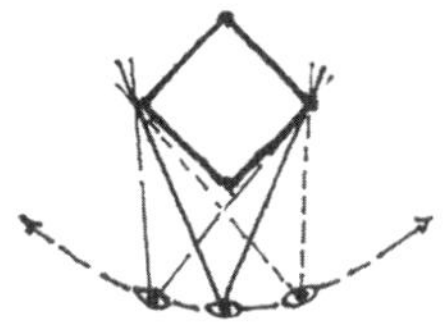

灭点的位置：灭点位置有对称与不对称两种。

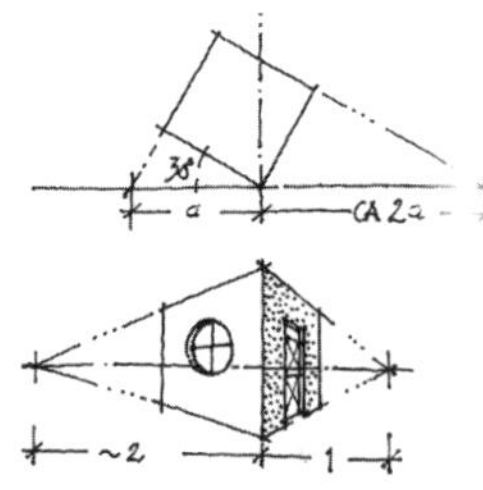

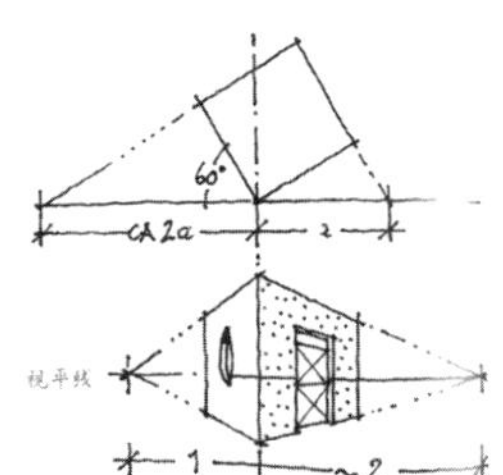

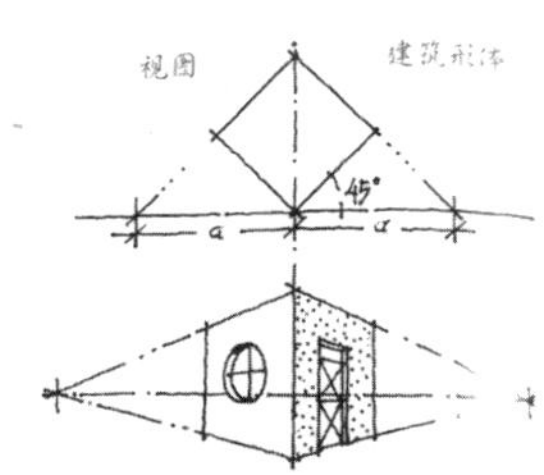

灭点的距离：
观察者与物体的距离决定了灭点到观察者视线轴的距离。
观察者离物体的距离越近，灭点离视线轴就越近。
反之亦然，注意避免灭点与视线轴的距离太近。

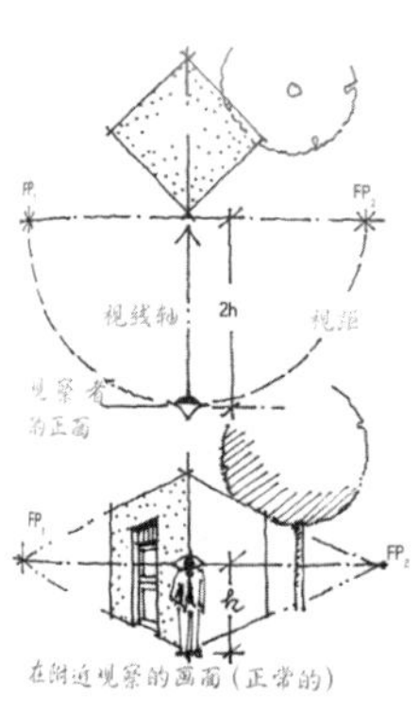

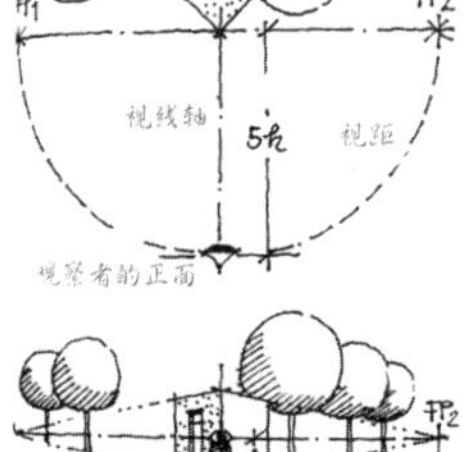

图景的比例：
确定灭点距画面中心的距离应依据画面的比例。
观察者距物体的距离越远，灭点离画面中心的间距就越大。
人是确定图景的基本尺度和比例控制要素。

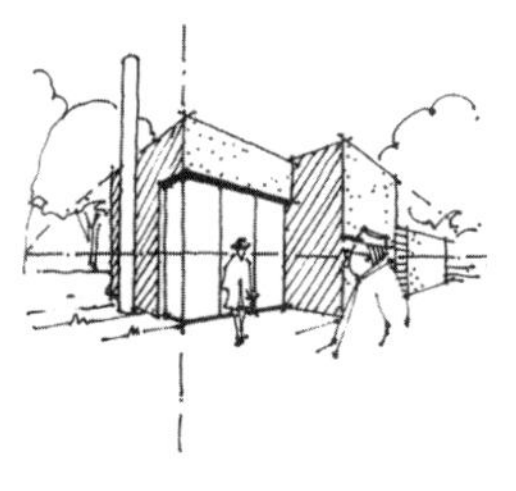

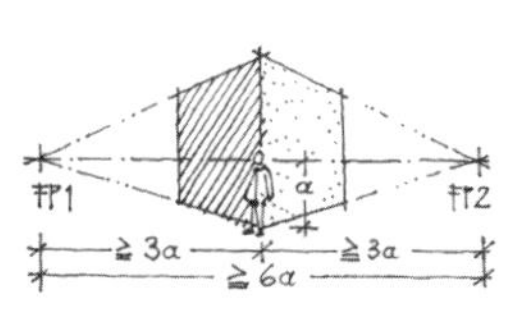

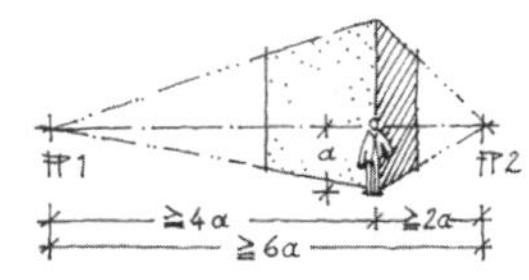

图7-6 透视图取景

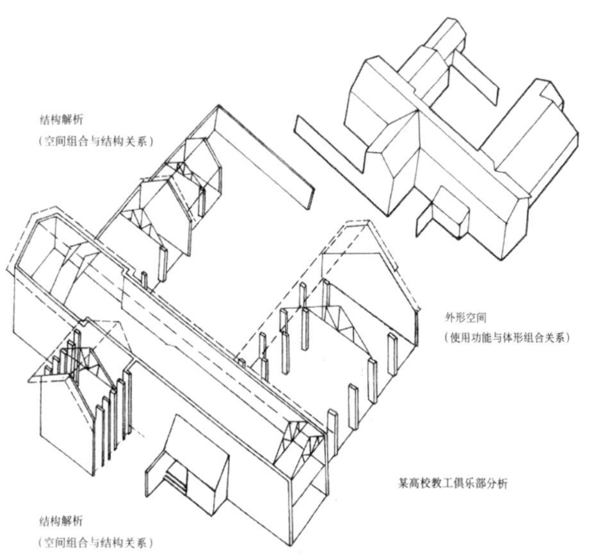

其一，用轴测图来进行建筑结构解析，很好地展示了建筑空间组合与梁柱、屋架、墙体等的结构关系。

其二，用轴测图反映建筑的外形空间——使用功能与体形的组合关系，很好地展示了屋顶的平坡关系。

图 7-7 某高校教工俱乐部

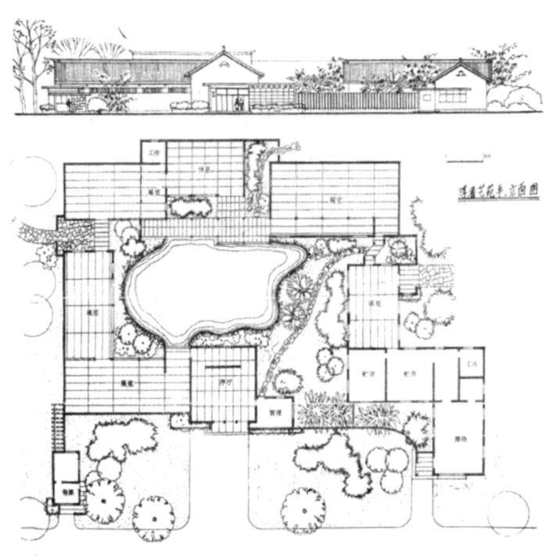

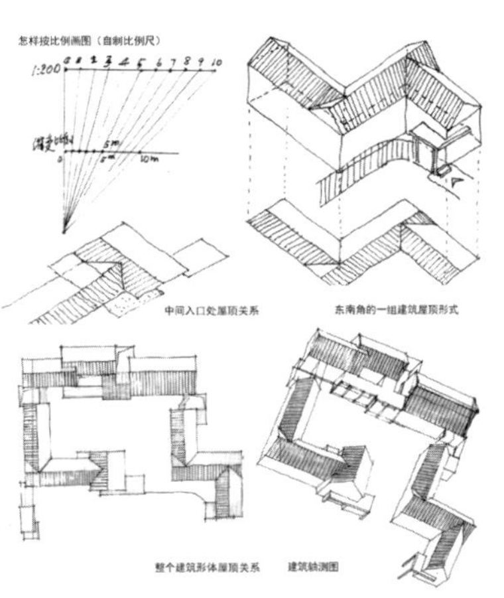

屋顶推敲与展示：
分析形体组成，分析出入口和道路的关系，选择最佳角度进行形体表现；
根据总平面进行屋顶关系推敲，完善整个建筑形体与屋顶之间的关系。

建筑轴测图绘制：
自制比例尺，利用屋顶平面图，对照立面图，进行屋顶乃至整个建筑的轴测图绘制。

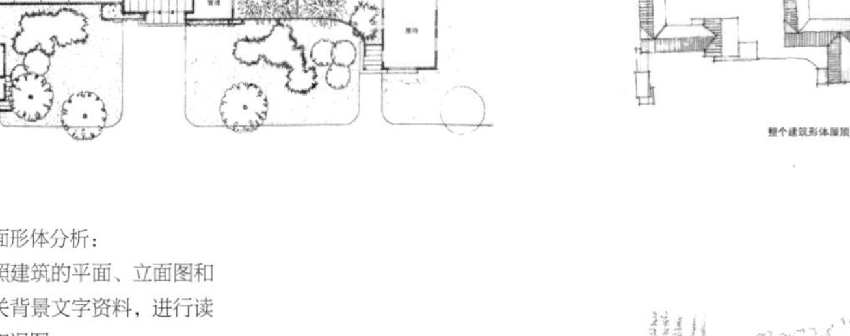

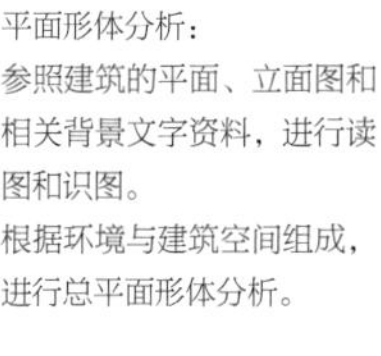

平面形体分析：
参照建筑的平面、立面图和相关背景文字资料，进行读图和识图。
根据环境与建筑空间组成，进行总平面形体分析。

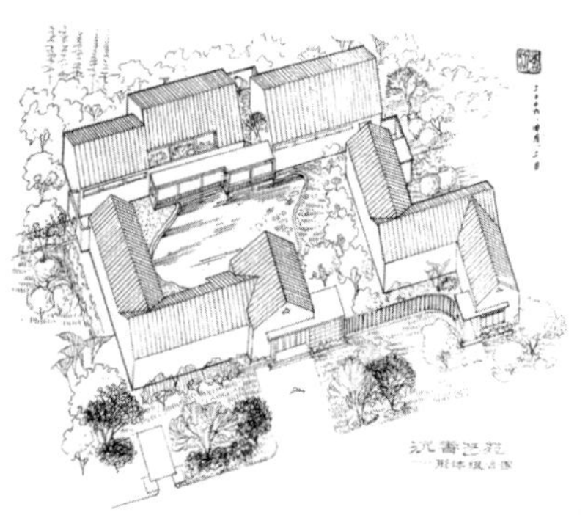

图面效果处理：
根据平面图布置树木、草坪、水面等绿化环境；
补充远景或背景绿化；
补充建筑细部，完成整个图面效果。

图 7-8 浮香艺苑

四边留白：整体版面不要完全布满，一般在图面四周，即上下左右分别留相同的宽度，一般宽度为 3~6cm。

读图顺序：根据读图顺序布置不同的图纸，一般的读图顺序是从上至下、从左至右，在考虑视觉效果的同时，应考虑技术性图纸的有序布局，不应颠倒顺序。

尺寸适当：在一张排版中，各类图的大小各有不同。大尺寸图具有强烈的视觉冲击力，常用于效果图的表达。中型图多以呈现技术性图为主，以清楚完整地表达设计意图。小型图常用于各类分析图的表达，如功能分析、交通分析、空间分析等，一方面可穿插于图面的空隙处，以平衡整个排版的构图，另一方面也进一步丰富设计概念。

讲究美观：版面布局要疏密有致，各类图的位置布置要均衡，标题、图名、说明性文字的大小和位置要保持统一，应结合图面效果进行整体考虑。

色彩均衡：要以重点表达设计意图为核心，不宜用绚丽的色彩喧宾夺主，且用色不宜过多，色彩之间应相互和谐，且符合整体的主题表达。

7.3.2 排版方法

一般而言，单张建筑图纸的图面布局，在图纸位置、方向上要遵循特定规律，以符合阅读者的读图习惯，但这并非硬性要求。相比起单张图纸，一套图纸排版的规律性则更强，往往需要综合考虑图纸的数量、图面布局的美观以及读图顺序。同一套图纸需统一，建筑图画布局应统一，可选择全部横排或全部纵排。同一套图纸的每一张图纸上标题位置、大小、字体应尽量统一。图面布置应该饱满，四角守边，遵守大、中、小图搭配得当、虚实相结合的基本方法（图 7-9 ~ 图 7-11）。

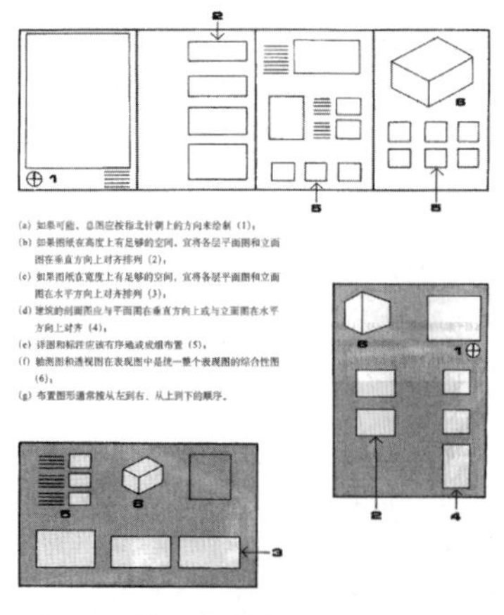

如果可能，总平面图应按照指北针朝上的方向来绘制。
如果图纸在高度上有足够的空间，宜将各层平面图和立面图在垂直方向上对齐排列。
如果图纸在宽度上有足够的空间，宜将各层平面图和立面图在水平方向上对齐排列。
建筑的剖面图应与平面图在垂直方向上对齐，或与立面图在水平方向上对齐。
详图和标注应该有序布置或成组布置。
轴测图和透视图是统一整个图面的综合性图。
布置图形通常按照从左到右、从下到上的顺序。

图 7-9 单张图纸的图面布局

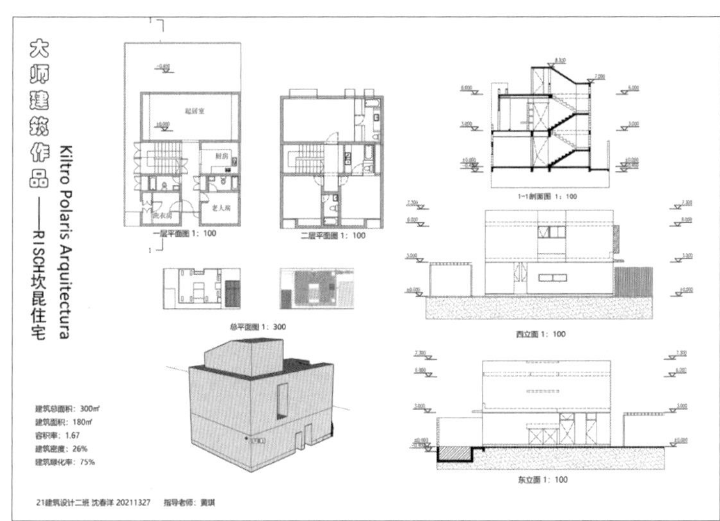

RISCH 住宅的横排案例

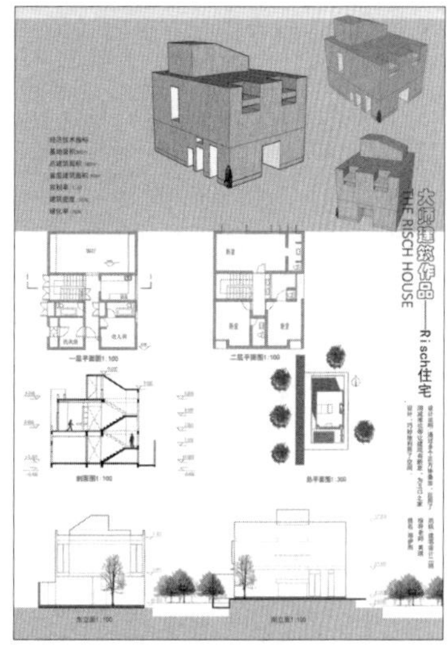

RISCH 住宅的纵排案例

图 7-10 单张图纸排版案例

建筑表现图：建筑表现图在图面布局排版中属于大图。作为整套图纸最重要的综合性图，建筑表现图（轴测图和透视图）无论是位置和图幅大小都十分重要，应放在整个版面最醒目的位置，一般占整张图纸的 1/3 ～ 1/2。

二维技术性图纸：总平面图、平面图、立面图、剖面图和详图等技术图，在图面布局排版中属于中图，必须严格按照比例要求（一般是 1:100/200）绘制。

分析图、文字说明：分析图、文字说明等属于小图。大图和中图是决定一套图纸数量的关键，而小图则可以根据图面排版需要灵活穿插其中。

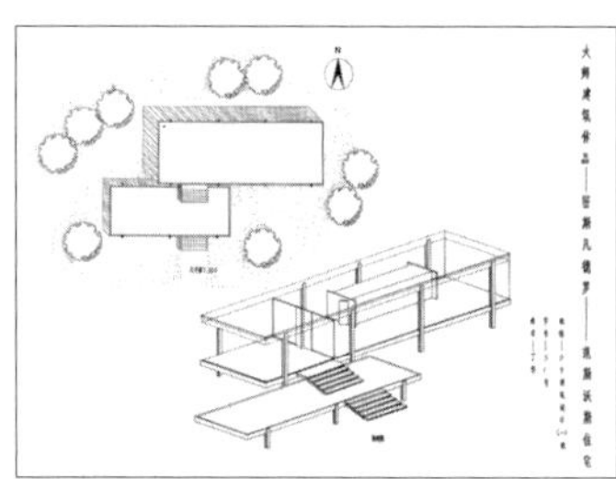
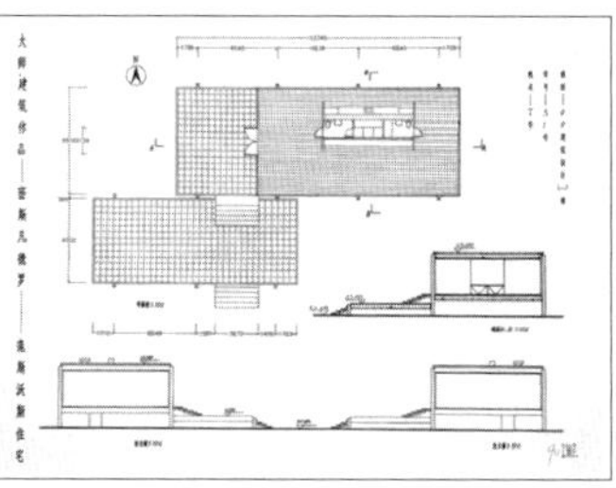
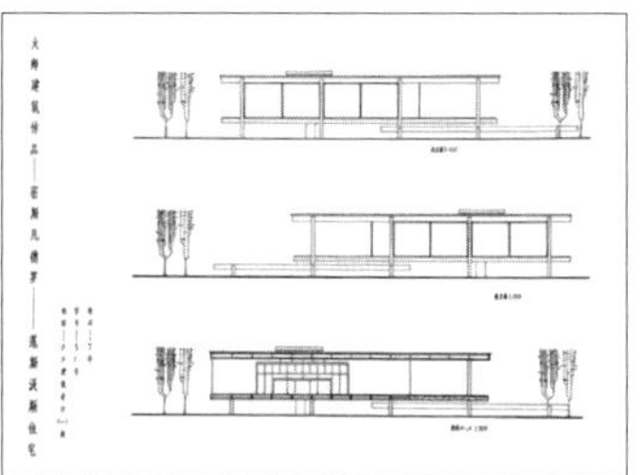

范斯沃斯住宅横排案例：

大、中、小图在排版中可以灵活布置，但需要有一条贯穿整套图纸的连续、完整的主线和表达的重点。

无论是横向、还是纵向排版，建筑表现图（轴测图和透视图）往往和总平面图、分析图、设计理念示意图等放在第一张，将建筑的总体印象呈现出来。

第二张或者第三张依次摆放各层平面图、立面图、剖面图、详图等。这样可以从远至近、从外至内、从宏观到微观逐步解读建筑。

当然在这些图纸上也可以根据排版需要，设置若干轴测图和透视小图，补充建筑表现图以外的其他角度，以便让人更好地了解整个建筑。

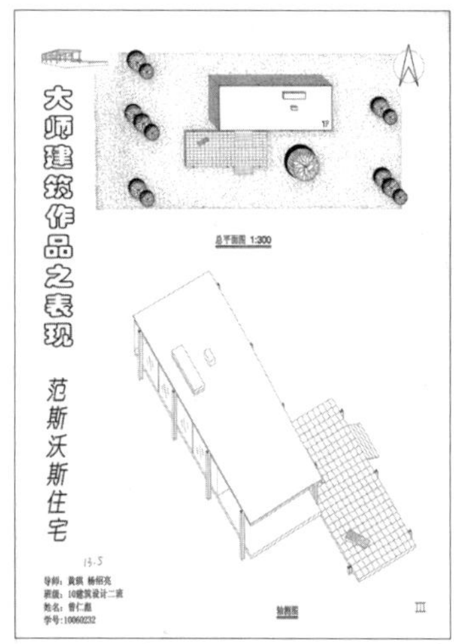

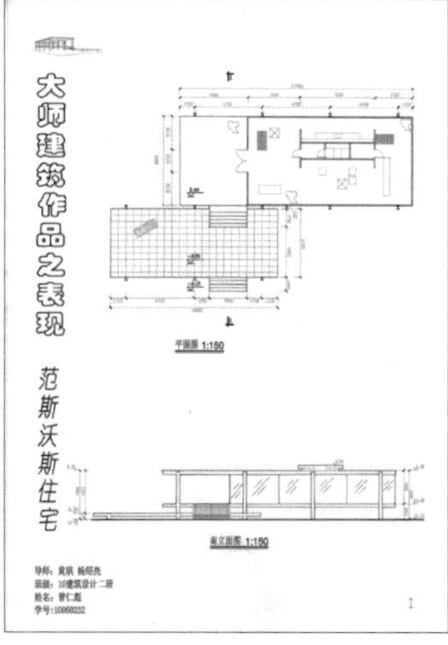

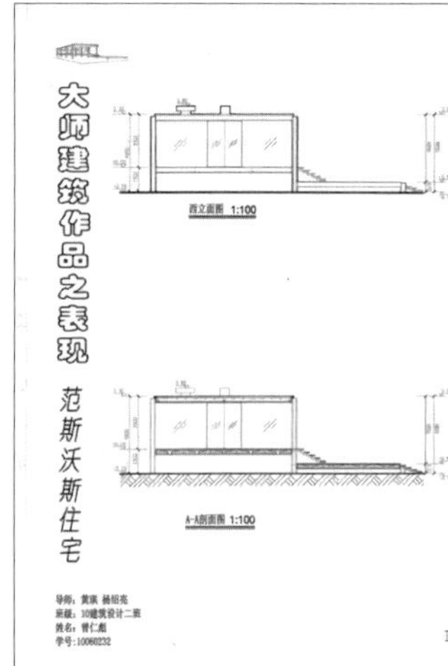

范斯沃斯住宅竖排案例

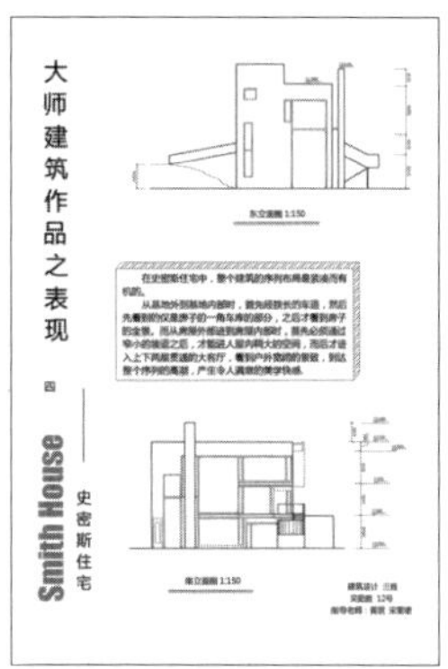

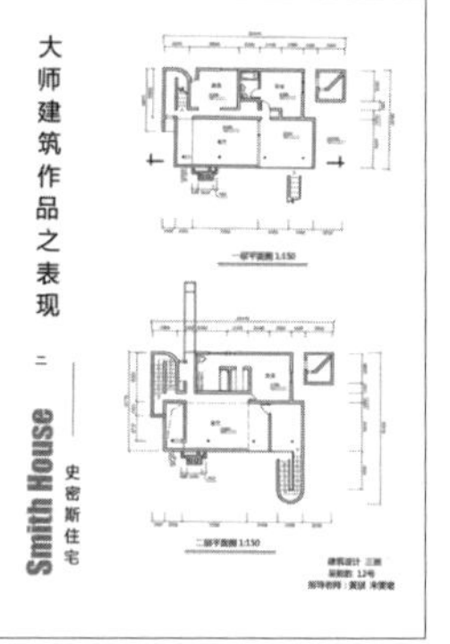

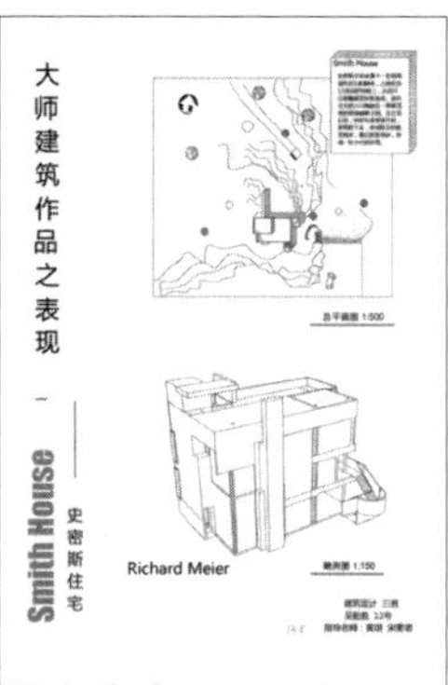

史密斯住宅纵排案例

图 7-11 一套图纸的图面布局

单元任务

（1）小住宅作品表达（一）——尺寸整理

任务内容

对已收集的经典建筑作品（住宅类）的图纸资料进行尺寸整理与分析。

任务要求

- 纸张和底板要求：A3 纸若干张；
- 尺寸整理要求：平面图尺寸要求三道尺寸线（轴线尺寸、外包尺寸、门窗洞口定位尺寸），立面图或立面图尺寸要求三道尺寸线（层高尺寸、总高尺寸、门窗洞口定位尺寸）。

（2）小住宅作品表达（二）——图示表达

任务内容

用 AutoCAD 绘制经典建筑作品（住宅类）的平面图、立面图、剖面图、总平面图，用 SketchUp 绘制建筑轴测图（图纸）。

任务要求

- 纸张要求：A2 白卡纸（594mm×420mm）若干张；
- 各层平面图、2 个立面图、1 个剖面图比例（1:100）、总平面图（1:300～1:500），具体位置根据图面排版自定；
- 建筑轴测图比例、图面排版自定；
- 平面功能流线分析、体块分析图、文字说明等排版自定；
- 标注作业名称、班级、姓名、学号；字体样式、大小自定。

第八单元

模型表达

单元概述

单元目标

（1）了解建筑模型表达的相关知识，通过模型进一步体验建筑空间，提高对建筑空间的理解力和创造力；

（2）掌握建筑模型制作的基本手法，能够利用模型作为空间构思和表达的辅助工具；

（3）通过小组完成模型制作，培养吃苦耐劳、耐心细致、团结协作的精神。

单元任务

小住宅作品表达（三）——模型制作。

8.1 模型表达基础

8.1.1 模型类型

任何建筑设计方案的构思和表现都离不开模型直观表现力的辅助。从纯手工时代到信息技术辅助设计的时代，建筑模型的呈现方式发生了很大的变化。信息时代建筑设计表现技法空前多样，在开拓设计师思路的同时，也为建筑模型的制作提供了极大的便利。

从模型制作工具与方法来看，模型通常有两种类型：其一是实体模型，可分为纯手工模型和机器辅助制作模型两类；其二是软件建模，是指在电脑中运用 AutoCAD，SketchUp，Revit 等三维软件建模。从模型对设计的作用来看，建筑模型可以分为概念模型、工作模型和成果模型。概念模型主要运用简单工具和材料塑造建筑的整体形态，以此来表达建筑师的设计构思。工作模型的主要作用在于整理建筑设计中不断变化的思路，以及研究建筑形体与建筑空间之间的关系等问题；成果模型则注重建筑设计的成果表达，通过模拟建筑与环境的关系，呈现设计创作的最终艺术效果（图 8-1）。

建筑实体模型：实体模型是将模型材料按一定的比例制作而成的三维建筑空间形态，呈现建筑构件、建筑体量、建筑空间、建筑环境等，以表达设计者的创作成果。在实体模型制作过程中，最重要的是模型的尺度与材料。模型材料不需要用实际建造时的材料，但需要通过材料的选择强化设计理念。建筑模型与建筑图纸一样需要通过一定的比例进行表达，不同比例的模型表达的重点也有所不同。作为建筑学教学和实践中的重要工具，实体模型借助不同的材料、多种形式以不同的比例表达，为设计提供支持（图 8-2）。

建筑软件建模：电脑建模不仅可以表现出建筑形体、结构、材料、色彩、质感，还可以任意分层断面，直观方便且易保存，还能进行动画展示。软件模型可以将二维图纸和实际立体形态结合起来，表现出物质实体和空间关系的实际状态，使平面图纸无法直观反映的情况得以真实显现，让使用者在真实空间条件下观测、分析、研究空间和形体的组合和变化，了解设计者的意图（图 8-3）。

无论是传统的建筑学方向，还是探索未知领域的建筑设计，建筑的主体始终离不开人，它需要和人建立各式各样的联系，所以探讨建筑的社会意义和存在的价值显得非常重要。对于看得见、摸得着、实实在在的形体关系，包括尺度、比例、体量等基础的学习、认知与理解，需要的不单是用大脑去思考和想象，而是更多的用身体去体会，用四肢去丈量，用感官去捕捉，所以，对于建筑的认识和体悟来自于切身的感受。

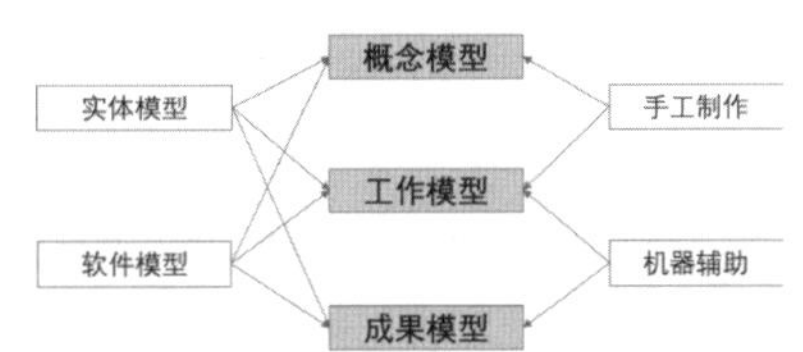

图 8-1 模型类型

图 8-2 实体模型

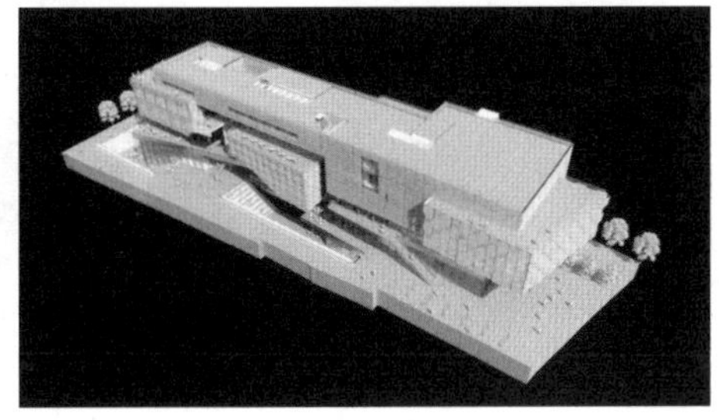

图 8-3 软件建模

作为建筑基础要素的模拟，模型也是同理。实体模型和手绘制图不可替代的一点就是互动性。即使在数字技术发达的现代，实体模型对建筑的设计、展示和表达都非常重要。我们仍然需要通过手工实体模型和手绘制图，与想象中的建筑和空间形态建立切身感受。

8.1.2 模型作用

模型制作是扎扎实实学习建筑的一种方法。

在建筑认知阶段，离不开对空间构成的理解和立体思维的锻炼。除了在设计图中运用二维图像抽象地反映立体构成的关系和效果之外，模型的运用可以更加直观、全面且自由地表现立体构成的特点。建筑模型具有三维空间的表现力。对于空间体量复杂的建筑而言，仅仅用平面图、立面图、剖面图等二维技术性图是很难充分表达的，但借助模型，可以让人从各个不同的角度看到建筑物的体形、空间及其周围环境，在一定程度上弥补了图纸的局限（图 8-4）。

在设计思维发散阶段，模型的制作自由且随意，能够快速记录、测试，并将设计

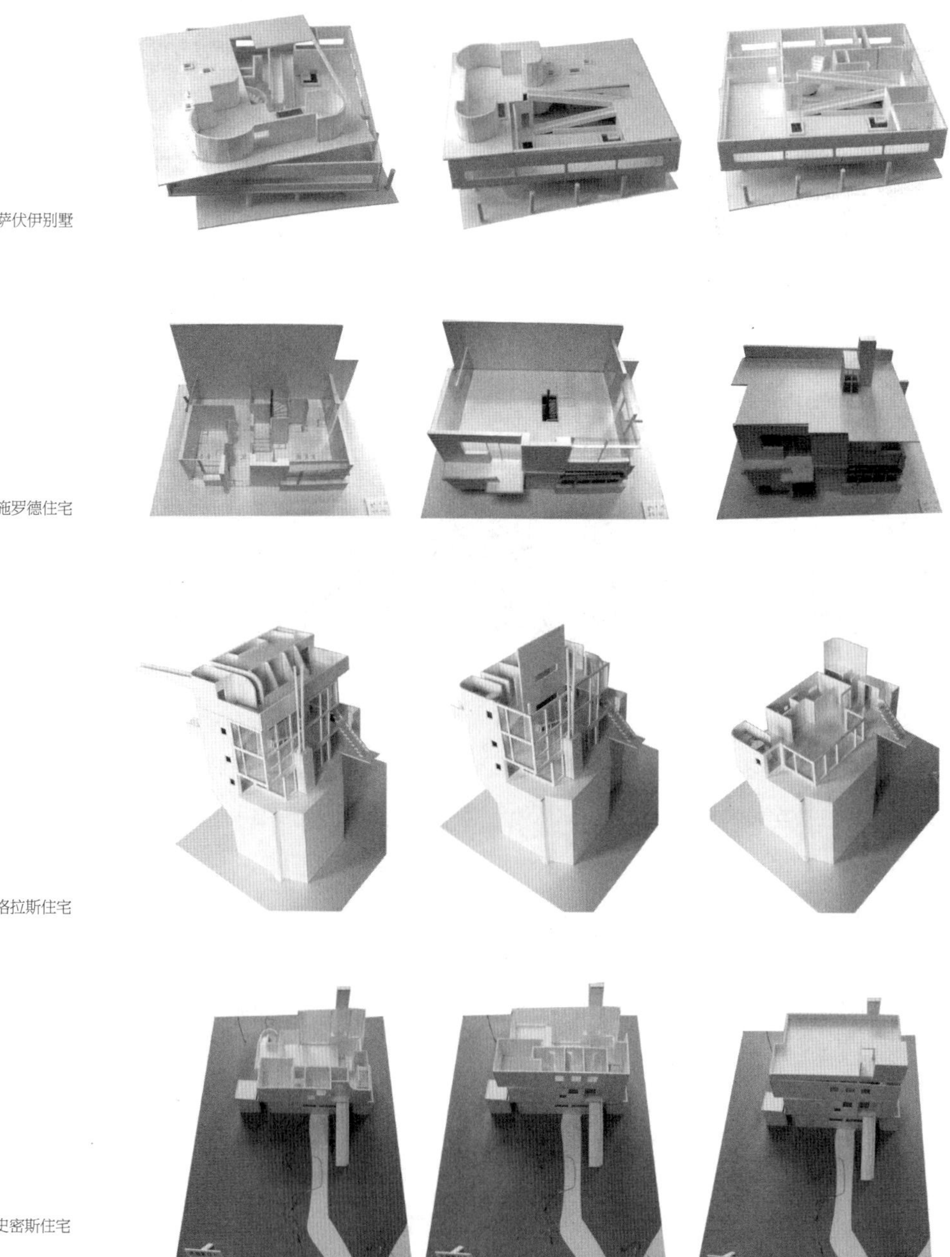

萨伏伊别墅

施罗德住宅

道格拉斯住宅

史密斯住宅

图 8-4 分层模型

建筑总体模型：
展示建筑整体造型，加深对建筑形态与空间从图纸到实体，再到建成环境的理解。

建筑平剖模型：
通过建筑平剖模型的展示，可以较为直观地帮助理解建筑平面图、立面图、剖面图生成的概念。

德国中心大门模型

建筑构造模型：
不同部位的建筑实体构造模型可以有助于更好地理解建筑细部构造详图。

台阶、幕墙、墙身与屋顶构造模型

图 8-5 模型作用

想法视觉化，表现出形体塑造、材料质感、尺度关系、概念逻辑等方面的想法和效果。通过这个阶段的模型，可以厘清设计想法并体会其中各式各样的问题和潜力。

在辅助概念构思阶段，模型将设计策略视觉化，在数量和深度方面都比思维发散阶段有所提升。模型有利于加深对建筑尺度感和形体的认识，并对深化推敲中期设计方案有着重要意义，为解决实际设计问题提供了参考标准。所以，除了图纸之外，不论是软件模型，还是实体模型都是相当有必要的。

在设计方案深化和推敲阶段，实体模型能够有效塑造一些不易把控的设计变量因素，例如光、材料质感和自然肌理，有利于更好地推敲细节，把控整体，深化设计方案，同时也能够作为“证据”示人，佐证设计构思和方案效果。

在成果展示阶段，模型用以展示设计方案，能够为观者提供一个全新的阅读体验，为更全面细致地了解方案的整体和细节特点提供了有力依据（图 8-5）。

8.2 模型表达方法

8.2.1 材料选择

实体模型特别是工作模型，不必刻意追求逼真的写实效果，在材料的选择上相对比较宽泛。按照材料制作的属性可以分为条块类、特殊类、板材类三大类。相应的模型制作工具有剪刀、胶带、激光切割机、勾刀、铅笔、电钻、钻花、锯齿、锯床、锉刀等。

条块类材料：橡皮泥、石膏、塑料泡沫等属于条块类材料。条块类材料因为手工切割断面较为粗糙，仅适合建筑形态与空间体块的粗略推敲。

特殊类材料：有机玻璃、金属薄板属于特殊类材料。由于切割需要一定工具和技术，具体操作有一定难度，所以特殊类材料适用于一些需要特殊表现的建筑部位，例如大面积的玻璃幕墙或者玻璃隔墙、大跨空间的金属屋顶或天窗等，都可获得较好的效果。

板材类材料：木板、三夹板、塑料板、硬纸板、吹塑纸板等属于板材类材料。板材类材料便于手工切割和粘接，是工作模型最常用材料之一。厚薄不一样的各种板材类材料，可以用于制作建筑墙体结构，不同透明度的板材还可以用来表现成为各类玻璃，例如醋酸纤维板（图 8-6）。

作为在校学习阶段运用最广泛的模型类型，纸质模型的制作材料有普通绘图纸、卡纸、纸板等多种类型。普通绘图纸轻薄，灵活性强，可以折叠、弯曲和倾斜，非常适合空间折叠研究；卡纸有多种颜色，更加厚实、硬挺，常用于无较大三维曲线的建筑空间制作。中性色的卡纸（尤其是白色）还可以用作单独的实体模型设计，只需要借助手电筒之类的光源来模拟阴影效果。与纸质模型不同，木制模型更加结实，也更能体现细节。人们在木制模型上可以体验到美学所带来的愉悦，感受到建筑的结构技术和空间属性，但木制模型通常更为昂贵（图 8-7、图 8-8）。

8.2.2 制作方法

模型制作要点：不同类型的模型面向人群的定位不同，制作的理念和效果也不尽相同。作为设计最终阶段的成果模型，为了易于大众理解，模型材料的选择和细部的

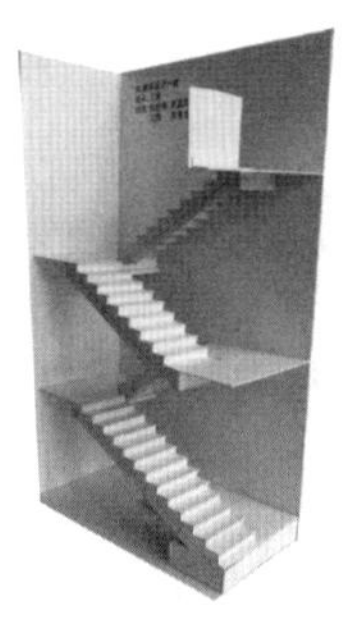
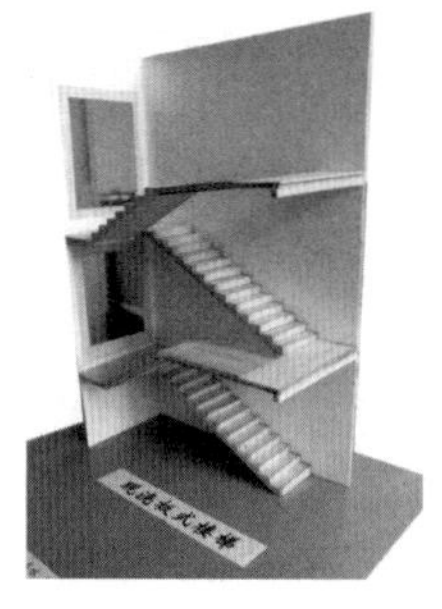
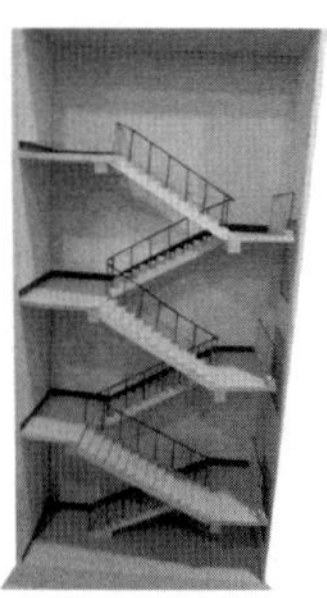

图 8-6 板材模型

图 8-7 木质模型

图 8-8 纸质模型

制作都讲究逼真，往往采用机器制造模型（含 3D 打印和激光切割等技术）。相比成果模型力求最大程度地接近实物，概念 / 工作模型则更加概念化和抽象化。作为设计过程的阶段性成果，概念 / 工作模型往往采用手工制作，它更能捕捉建筑师的设计思路，更适合业内人士的讨论、交流。工作模型材质的选择也相对更加宽泛，只要能突出想法即可。对于建筑本体而言，工作模型主要突出的是体块特点与形体粗略的实虚关系，而对于建筑场地与环境绿化的表现，则不追求整体效果的逼真写实，只是着重反映建筑与场地的关系，如对不同场地高差可简化提炼，对场地绿化等配景可进行相对概念化处理，让场地整体呈现素模的效果（图 8-9、图 8-10）。

模型的制作步骤：实体模型制作分为建筑单体制作、底盘制作、配景制作、布盘四大部分。首先，对建筑具体的数据采集需要有一套完整的图纸以及具体尺寸。根据模型的大小定好比例，按比例将尺寸缩小，得出模型制作的设计图；然后确定建筑模型材料，选用相应的制作工具。根据图纸制作底盘，然后做出主体，根据各层平面图，按尺寸切出外墙及屋面，粘合墙体等部件；再按图纸做出细部构件，把这些细部构件固定在主体上；最后制作配景与布盘。在制作模型的过程中，比例尺对于建模、绘图以及营造空间尺度至关重要。模型材料的选用在一定程度上反映了我们对于实际建筑材料的认识，组件的加工和构成方式也加深了我们对于建筑的实际建造和施工的理解。

8.3 模型表达案例

8.3.1 相关背景

巴塞罗那博览会德国馆是密斯·范·德·罗的代表作品，它建成于 1929 年，存在时间不长，但却对 20 世纪建筑艺术风格产生了深远的影响，这也使密斯成为当时

制作精致，屋顶挑檐、拱窗等细部构造处理写实；
建筑场地与环境绿化的表现相对逼真，道路、广场、河流、草坪等选材接近真实；
植物、汽车等配景非常具象。

图 8-9 成果模型

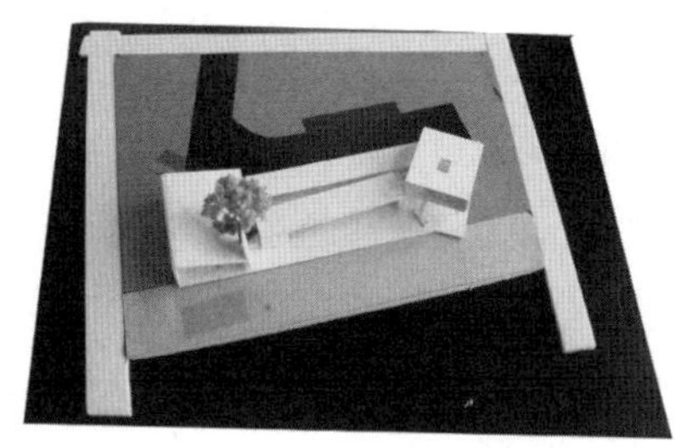

重点反映建筑、基地与水体之间的关系；
建筑体量的概念化处理反映出墙体与大面积玻璃的实虚关系。
左图重点表达岸边线的自由曲线、岩石材质以及与水体相呼应的建筑体块的造型。
右图对环境进行抽象化处理，只用不同颜色来区分草坪、道路和水体关系。

图 8-10 概念 / 工作模型

世界上最受瞩目的现代建筑师之一，其影响力一直持续至今。德国馆建在一个基座之上，主厅有八根金属柱子，上面是一片薄薄的屋顶。大理石和玻璃构成的墙板简洁光滑，彼此间纵横交错、布置灵活，室内室外也互相穿插贯通，没有明显的分界线，形成奇妙的流动空间。虽然整个建筑没有附加的雕刻装饰，但密斯却对建筑材料的颜色、纹理、质地的选择十分苛刻，比例推敲相当精确细致，展示了高超的技艺和艺术水准。

8.3.2 识图环节

识图环节是建筑模型表达的关键。通过识图的不断深入，可有助于理解建筑从二维到三维的转变。根据作品资料收集的相关文字、图片资料与背景知识进行识图，将图片所展示的场景与技术性图一一对应起来，逐步建立起从二维技术图到三维建筑空间形态的空间想象能力。以德国馆为例，根据第一张图纸所提供的总平面图和主要透视图，并对照相应主入口处的几张照片，可以建立起对该建筑主入口的整体印象。根据第二张图纸的一层平面图和去掉屋顶的室内轴测图，对照相应的室内不同角度的照片，以及第三张图纸的局部细部照片作为补充，可逐步建立起该建筑由内至外的空间印象，以及由整体到局部的造型特征（图 8-11）。

8.3.3 模型制作

对大师作品进行整体空间认知后，就到了模型制作环节。工作模型制作最重要的一个特点就是概念化，体现在材料的选择、细部构造的简化、空间与形态的表达等方面。其中，材料的选择最为关键。材料的选择决定了模型制作的整体基调。模型制作材料选定后就可以进行材料放样、材料拼接组合与底盘制作，直至完成模型整体制作与布盘。不同的德国馆建筑模型，体现出不同的工作模型制作上的特点。因为工作模型以手工模型为主，制作重点在于表现建筑的空间与形态，而非具体细节构造或材质的真实程度，所以模型材料选取的重点在于以区分建筑的主要虚实关系，模型材料与真实材料不一定要完全相似。建筑与场地的关系要处理得相对简洁干净，模型整体应呈现为素模效果，并抓住建筑与环境中重点，使之成为点睛之笔。这两个模型的共性是通过建筑屋顶材质的透明化来达到展示建筑内部空间的要求。差异性在于，虽然对建筑的室外环境、水面与流动空间都做了重点处理，但具体处理手法略有不同（图 8-12）。

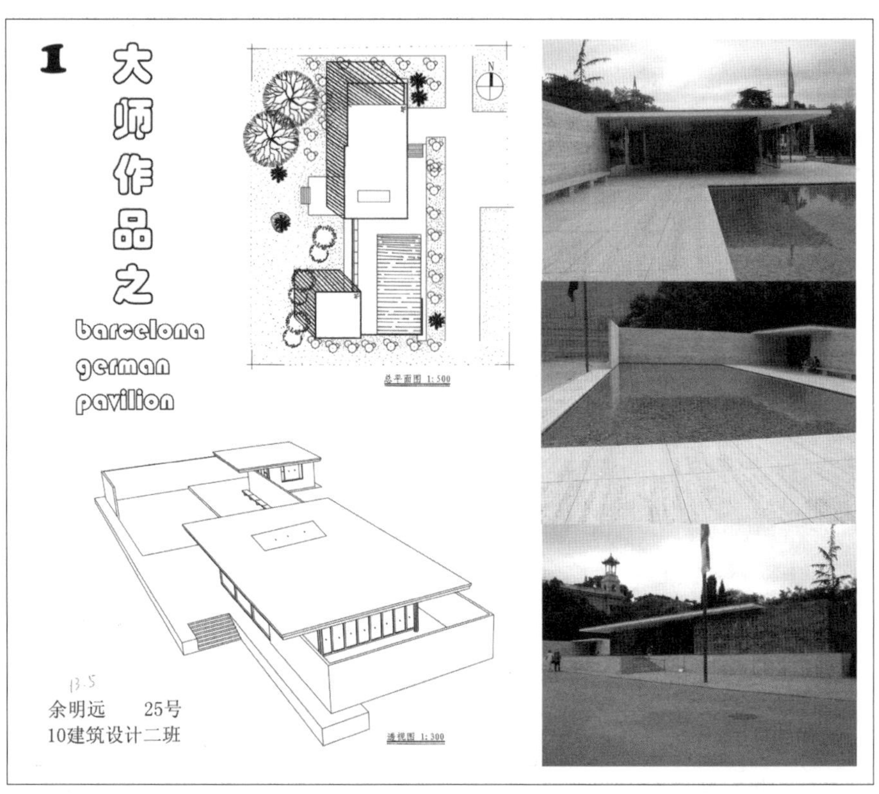
1
大师作品之
barcelona
german
pavilion
N
总平面图 1:500
透视图 1:300
13.5
余明远 25号
10建筑设计二班

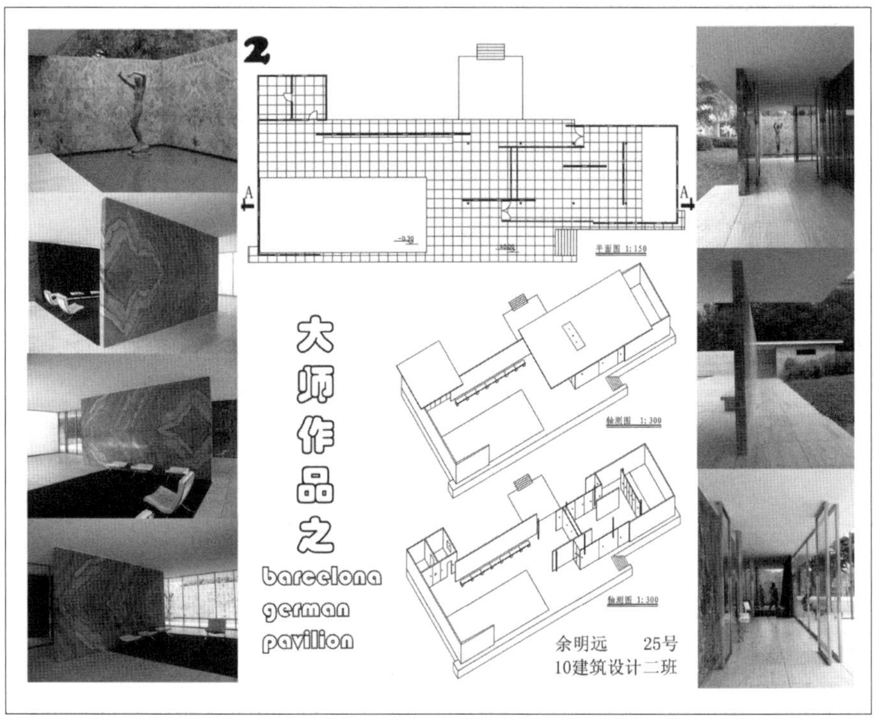
2
A
A
平面图 1:150
大师作品之
barcelona
german
pavilion
轴测图 1:300
轴测图 1:300
余明远 25号
10建筑设计二班

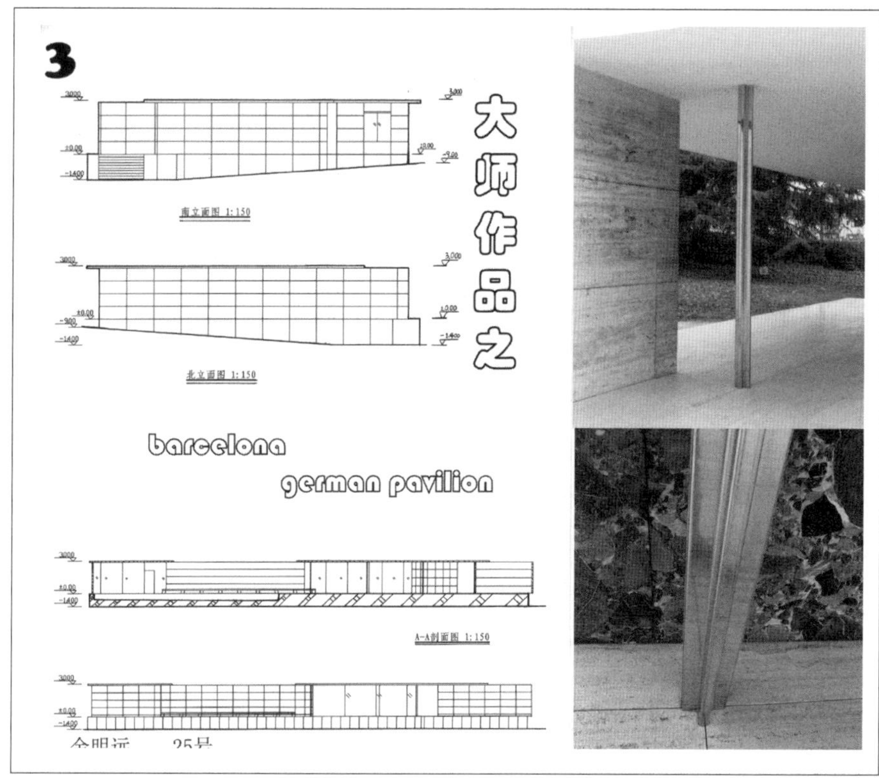

图 8-11 德国馆识图

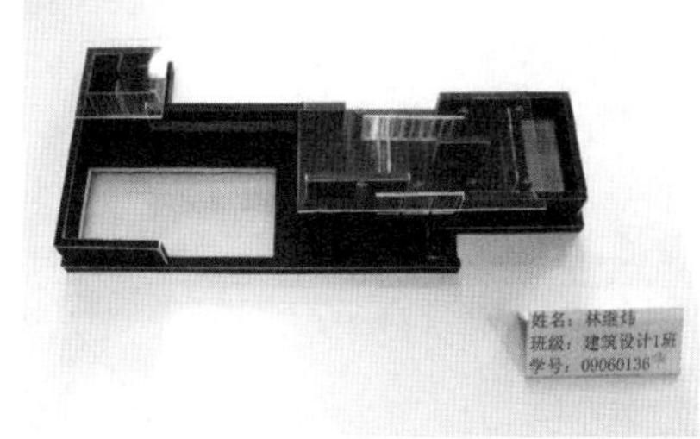

水：运用蓝色材质来表达水池的颜色。
空间特性：在整体黑色素模型中用红色材质表现柱子，以突出框架承重结构是建筑流动空间形成的重要保障。

水：在水池底放置象征着碎石的木屑，上衬透明的塑料板来反映水面的清澈感。
空间特性：在整体白色素模中重点表现纵横交错、布置灵活的隔墙，以突出隔墙是形成流通空间既分割又连通的重要因素。

图 8-12 德国馆模型表达

单元任务

小住宅作品表达（三）——模型制作

任务内容

根据经典建筑作品（住宅类）的平面图、立面图、剖面图、总平面图、轴测图等相关资料，制作模型。

任务要求

- 材料要求：材料自定；
- 底板要求：KT 板（360mm × 500mm），建筑模型比例自定，标注作业名称、班级、姓名、学号，字体样式、大小自定。。

第九单元

学生作业选集

9.1 建筑文献调研

VMS 住宅

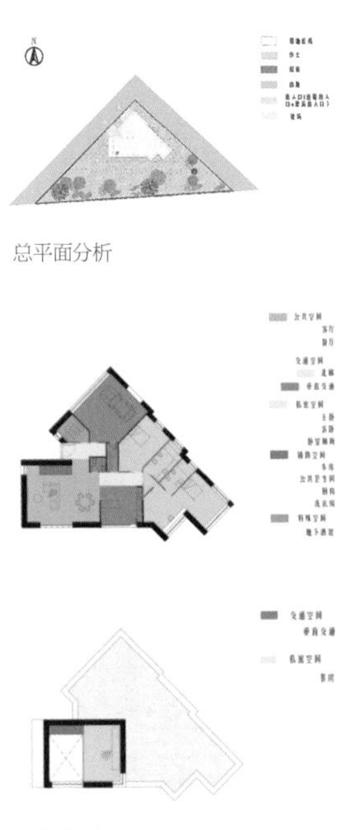

总平面分析

功能分区

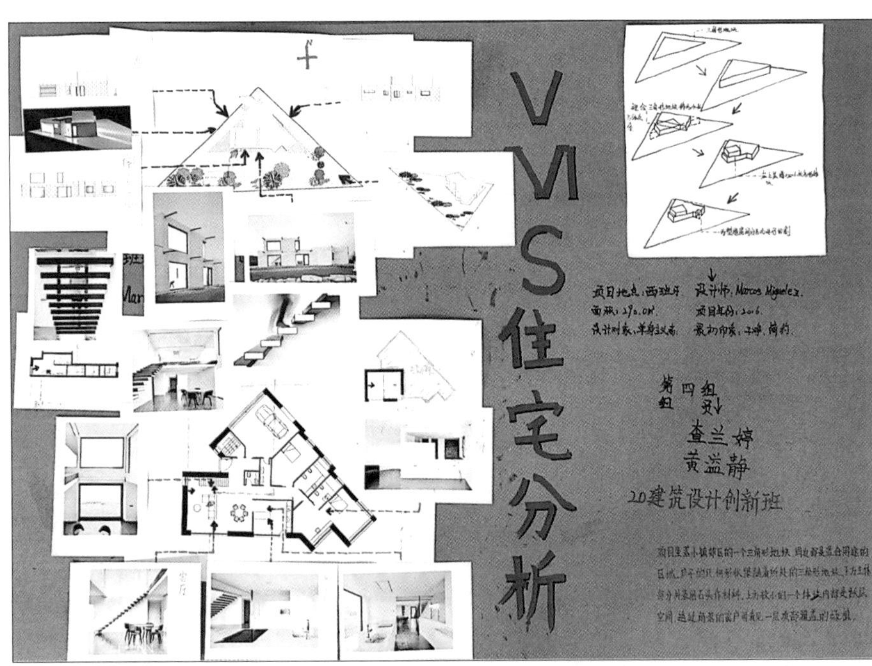

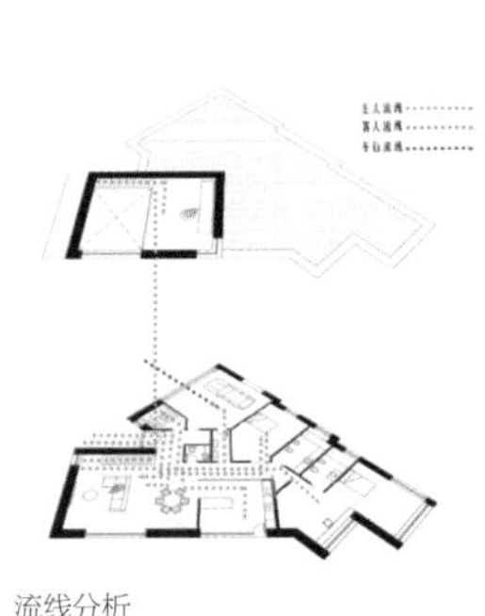

流线分析

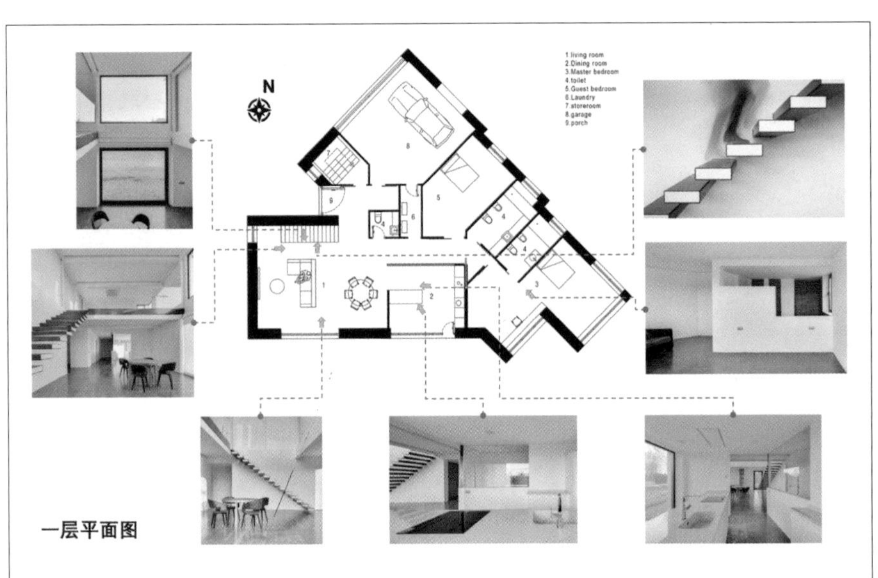

位置关系

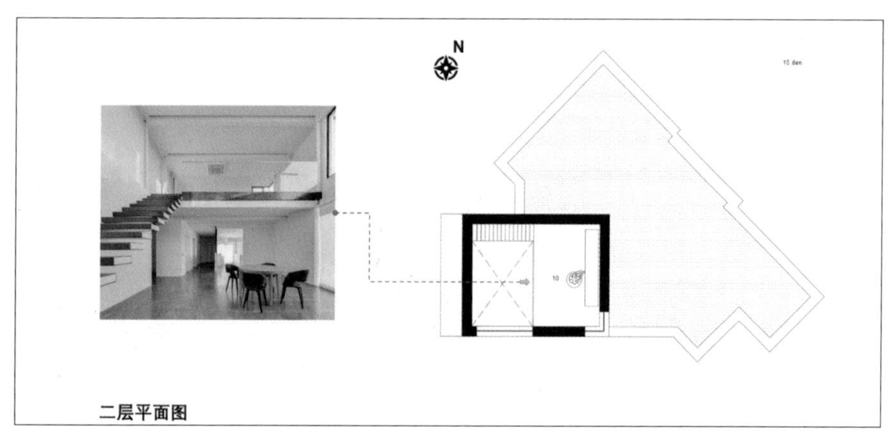

位置关系

通过建筑实景图片寻找各层平面图中对应空间位置，让学生深刻理解所调研建筑的空间组成以及图纸的表达内容，逐步建立起从二维图纸到三维空间的对应关系。

临海 T 住宅

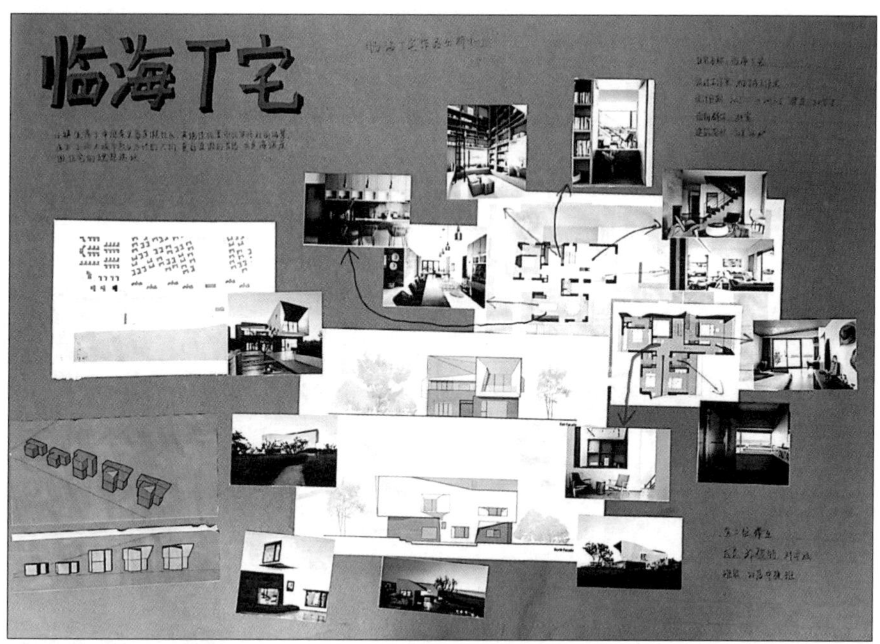

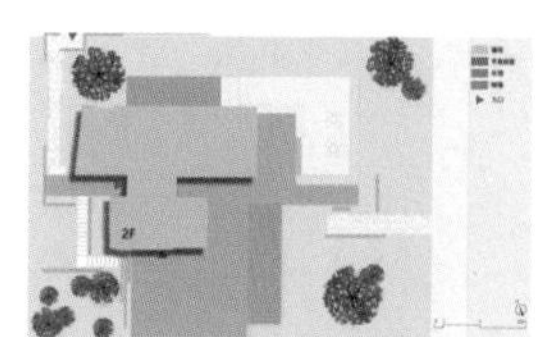

总平面分析

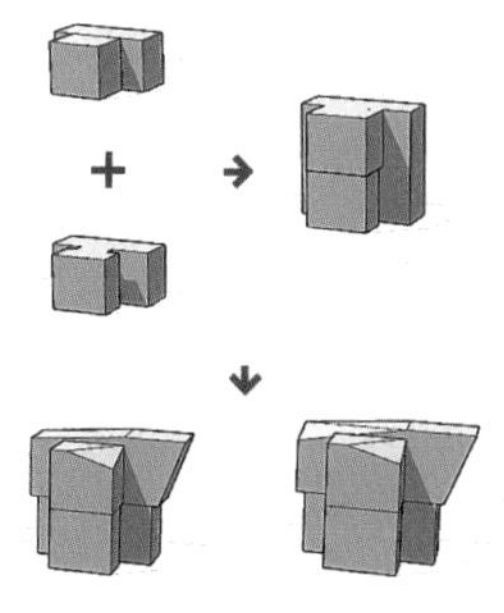

体块分析

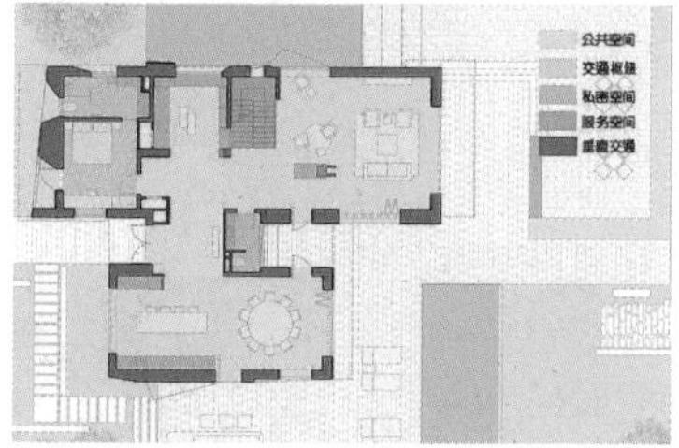

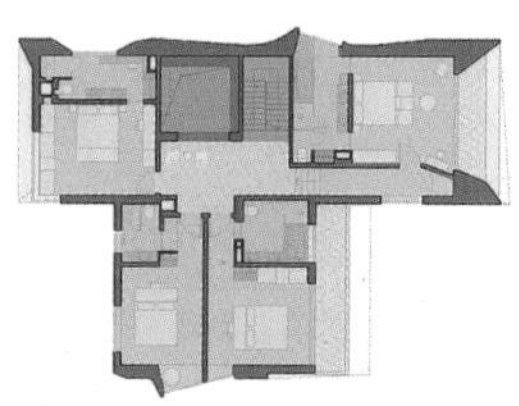

功能分区

通过对调研作品的整体分析，逐步理解建筑空间的功能布局与体块生成等内容，并在此基础上运用平面填色、SU 建模等方式进行表达。

魔方住宅

二层平面图
三层平面图
首层平面图

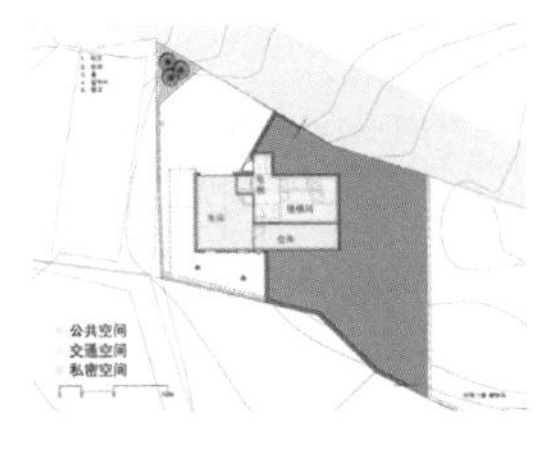
公共空间
交通空间
私密空间

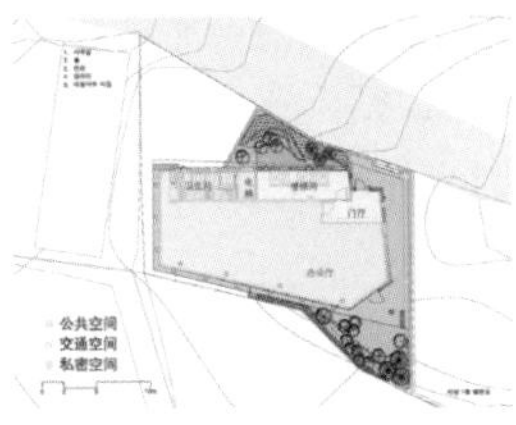
公共空间
交通空间
私密空间

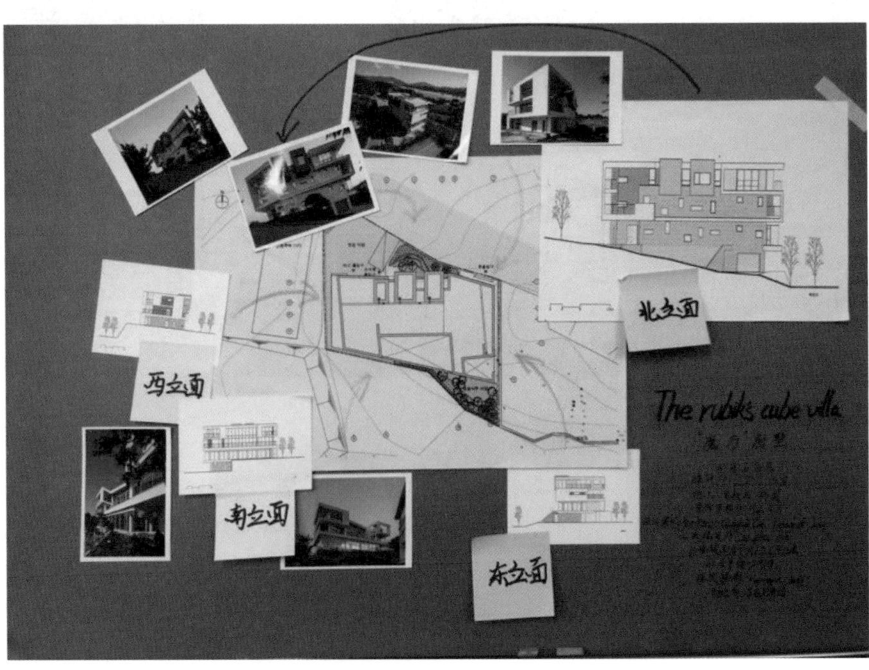
北立面
西立面
南立面
东立面
The rubiks cube villa
魔方别墅

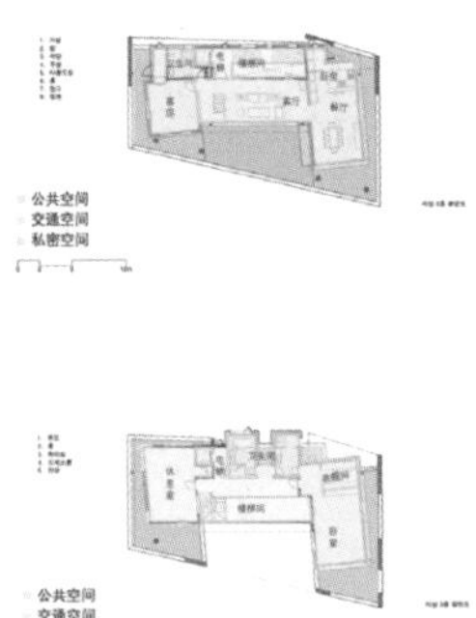
公共空间
交通空间
私密空间

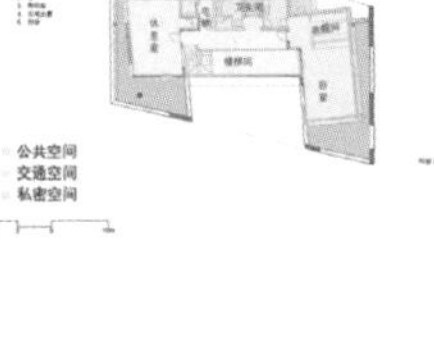
公共空间
交通空间
私密空间

功能分区

“积木”住宅

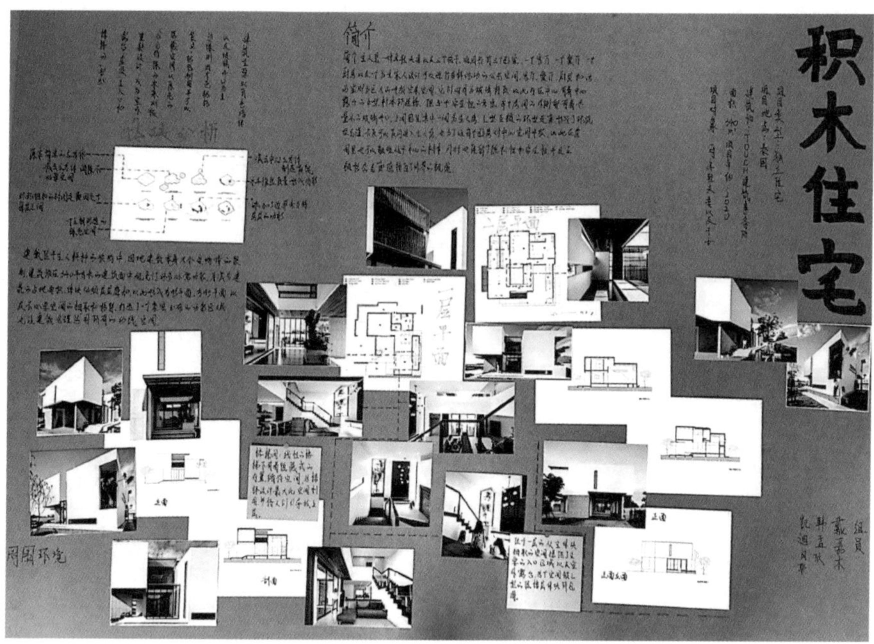

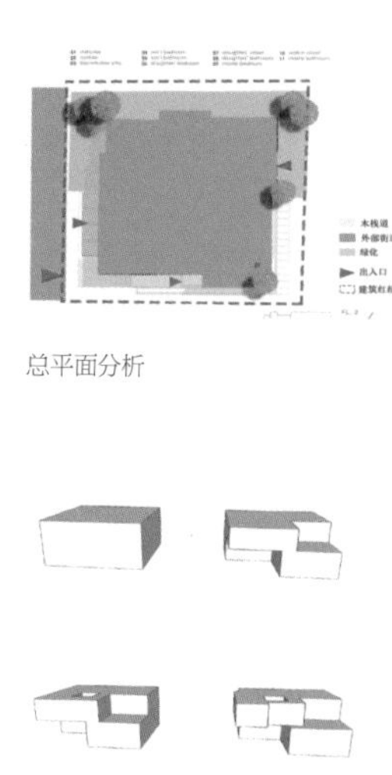

总平面分析

体块分析

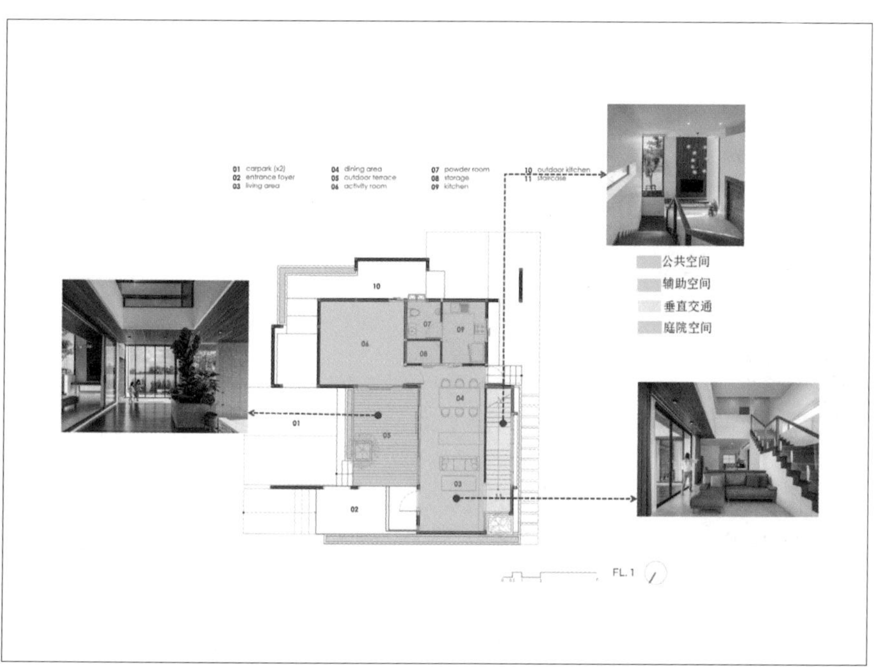

位置关系

在空间对位关系分析中，根据三维图纸和实景照片的表达，全方位地理解特定空间，如挑空空间、楼梯间等位置。

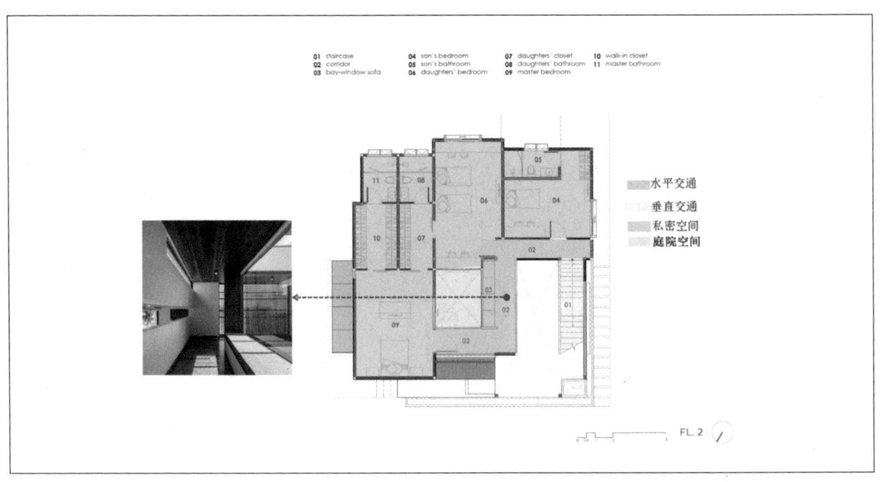

位置关系

安娜湖丛林住宅

运用对位关系分析法和模型的建立，分析并表达出建筑各个空间的组合关系，尤其对有地下空间或特殊地形建筑的理解有很大帮助。

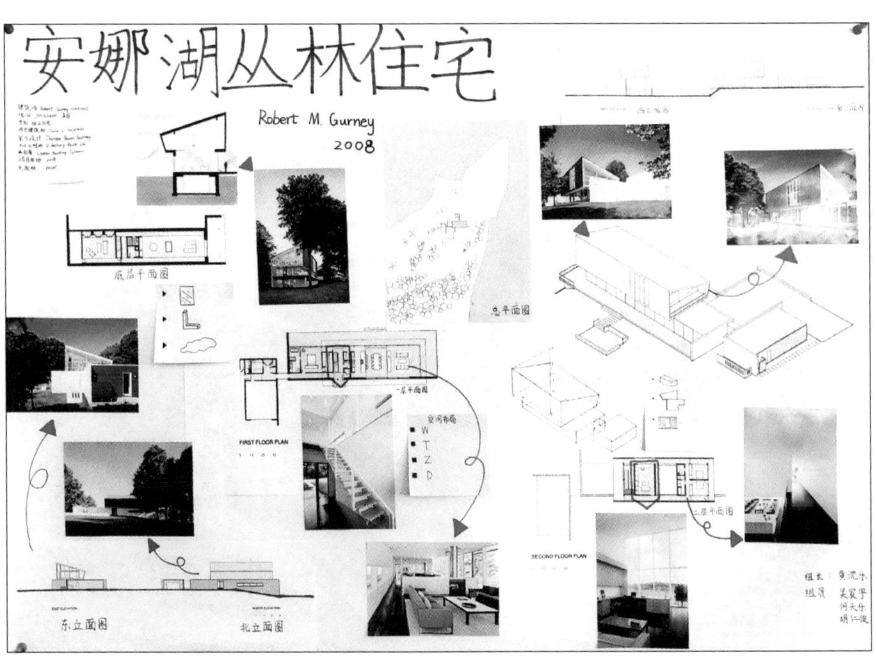

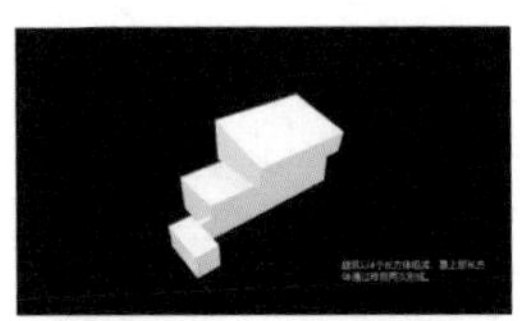

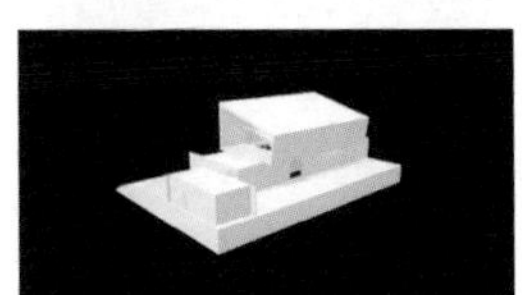

体块生成

韩国自垒住宅

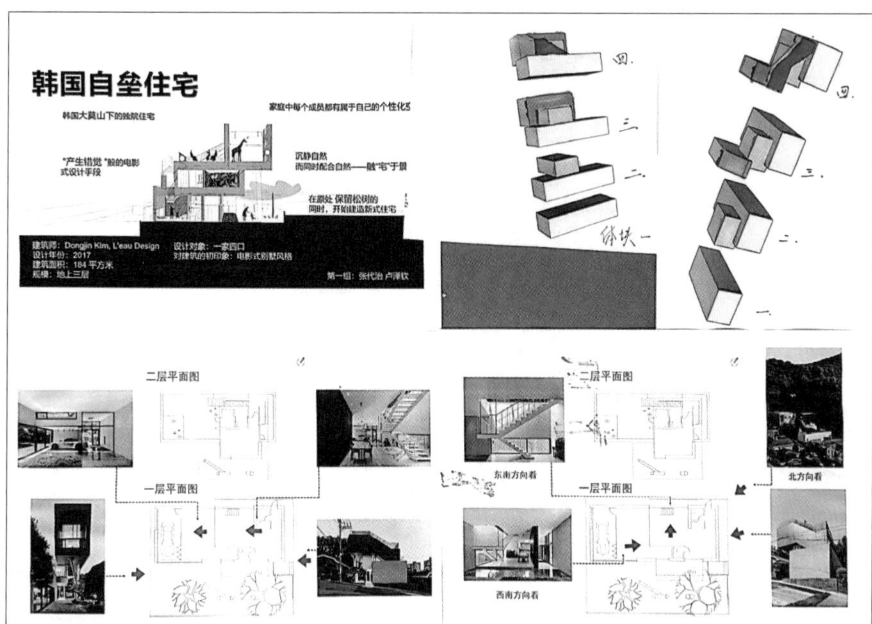

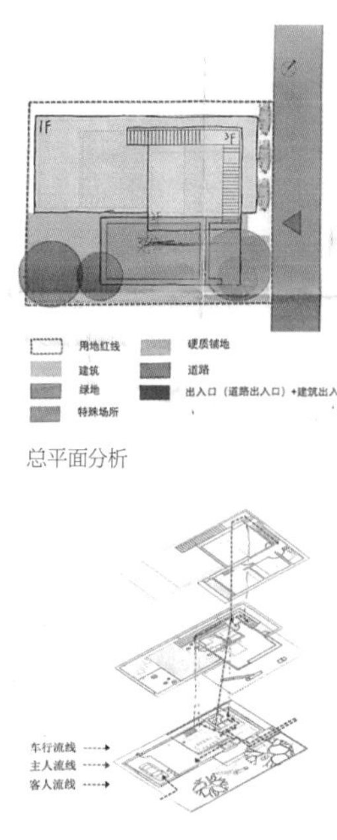

总平面分析

流线分析

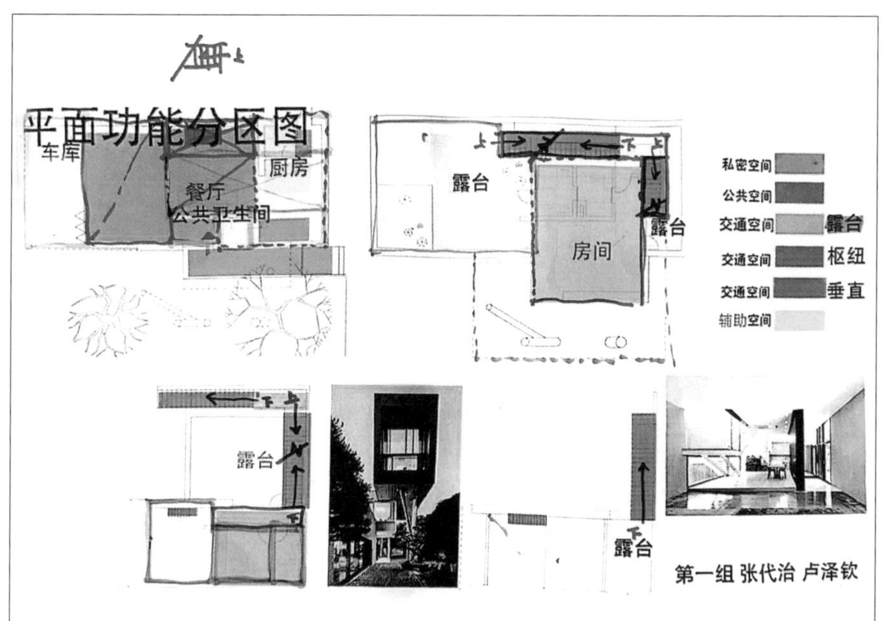

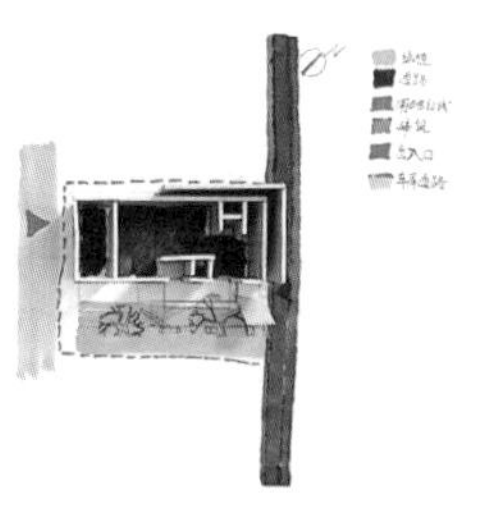

首层内部空间草模

功能分析往往是理解建筑空间组成的重要环节，学习、理解和推断优秀作品的功能组合方法可以为自己设计方案积累经验。

9.2 建筑识图训练与制图表达

轴测图练习

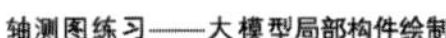

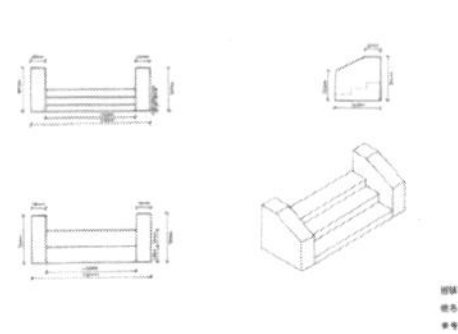

轴测图练习

大模型局部构件绘制

平面图

正面图

侧面图

轴测图

建筑测绘

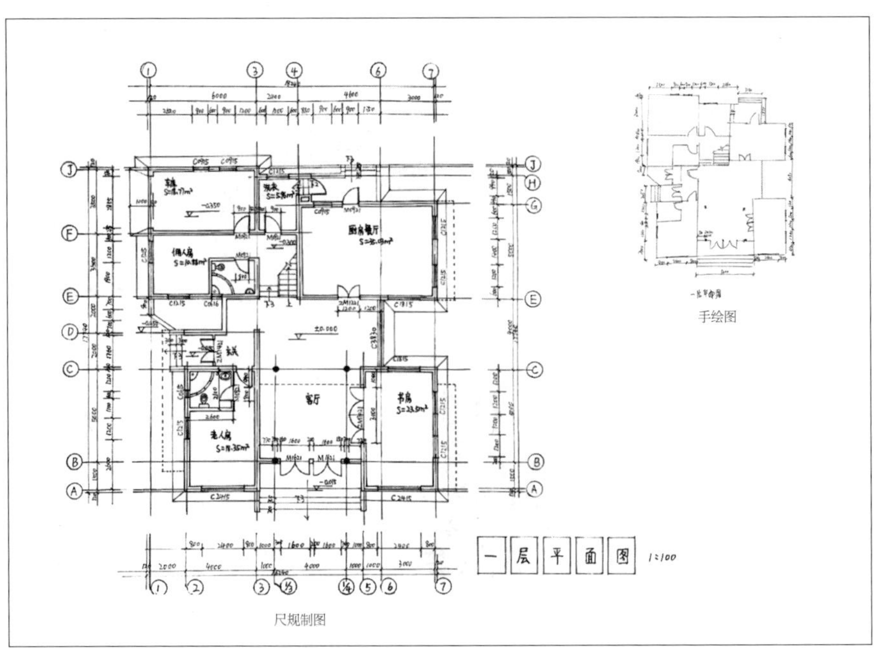

手绘图

尺规制图

一层平面图

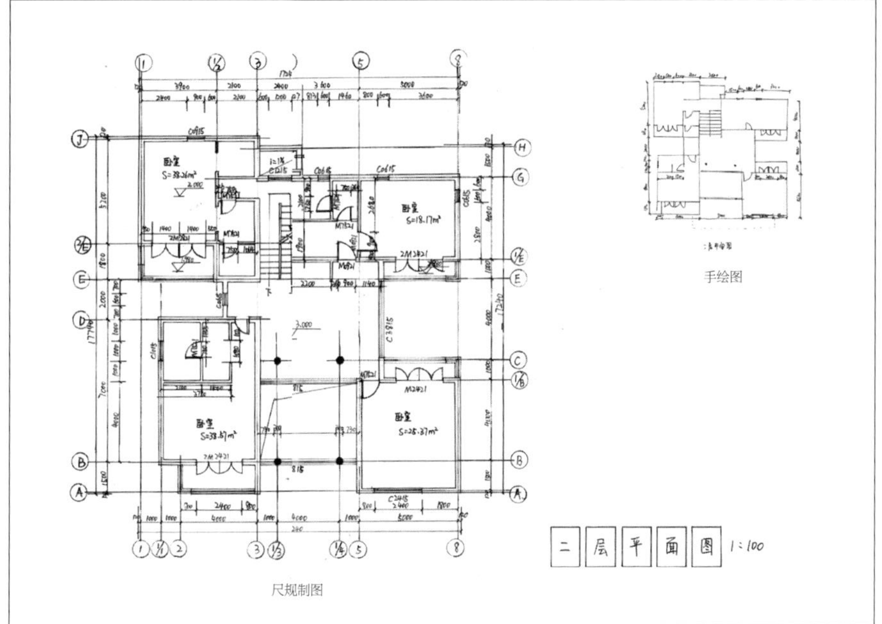
卧室
S=38.26m²
卧室
S=18.17m²
卧室
S=38.87m²
卧室
S=25.37m²
二 层 平 面 图 1:100
手绘图
尺规制图

二层平面图

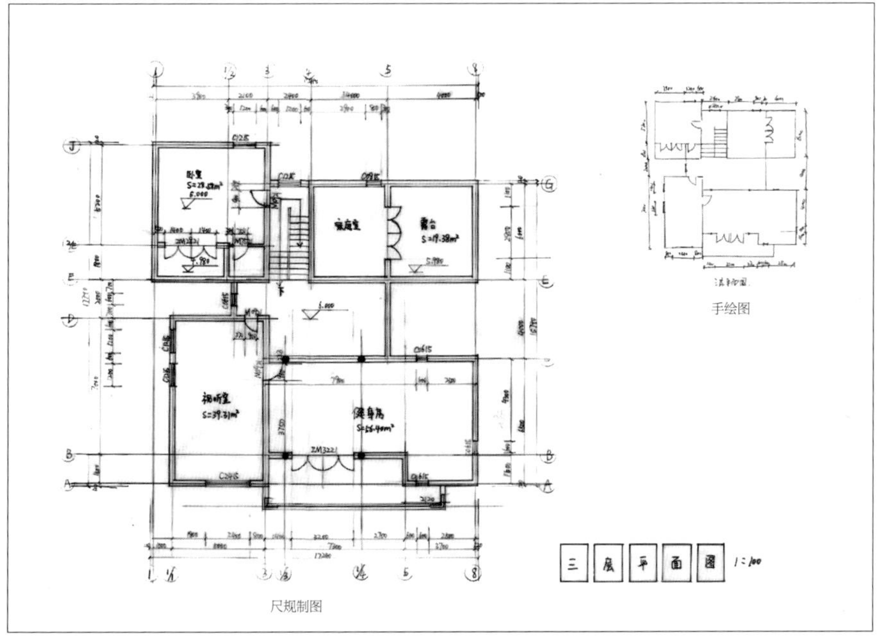
三 层 平 面 图 1:100
手绘图
尺规制图

三层平面图

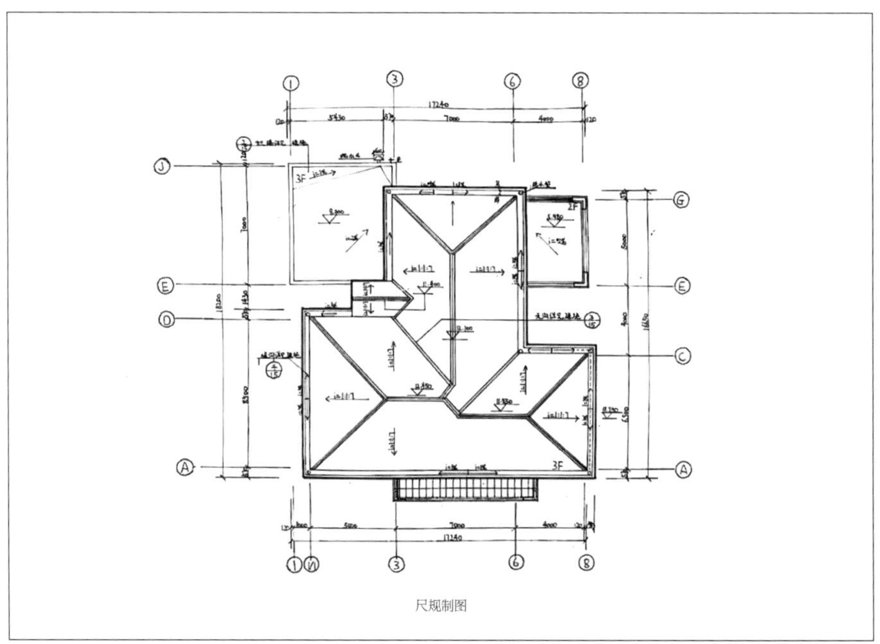

屋顶层平面图

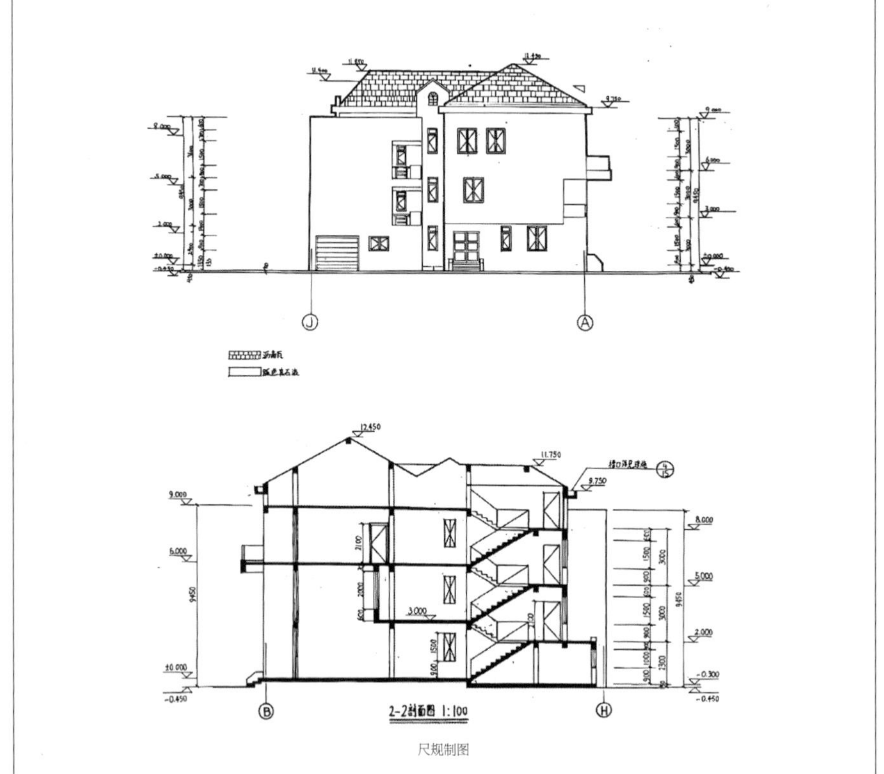

J-A 立面图

2-2 剖面图

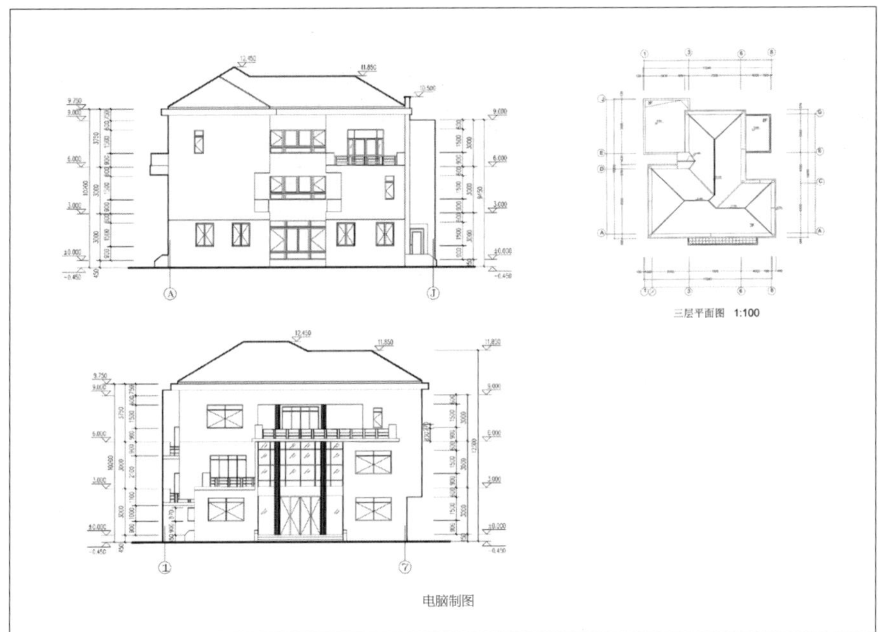

立面图与屋顶平面图

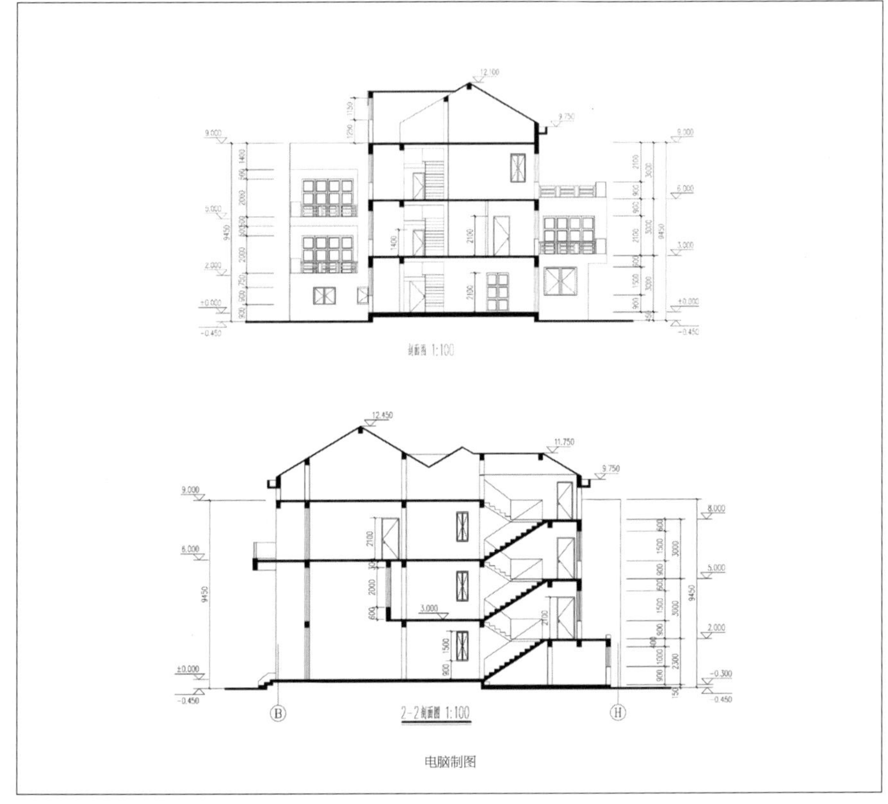

剖面图

建筑方案综合表达 1

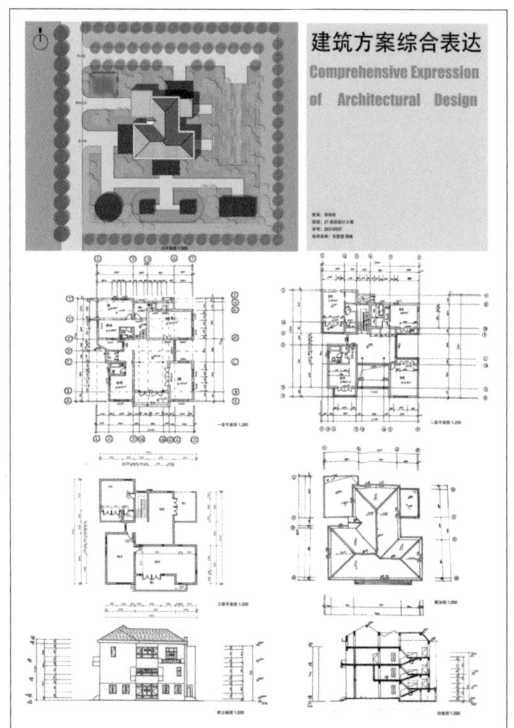
建筑方案综合表达
Comprehensive Expression
of Architectural Design

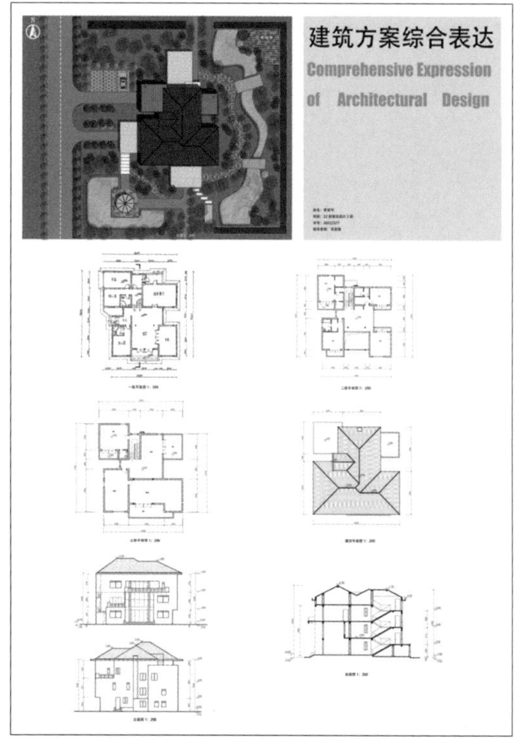
建筑方案综合表达
Comprehensive Expression
of Architectural Design

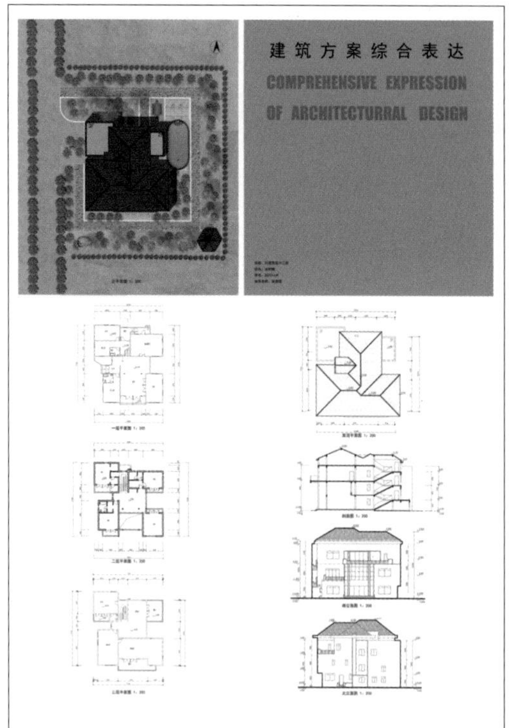
建 筑 方 案 综 合 表 达
COMPREHENSIVE EXPRESSION
OF ARCHITECTURRAL DESIGN

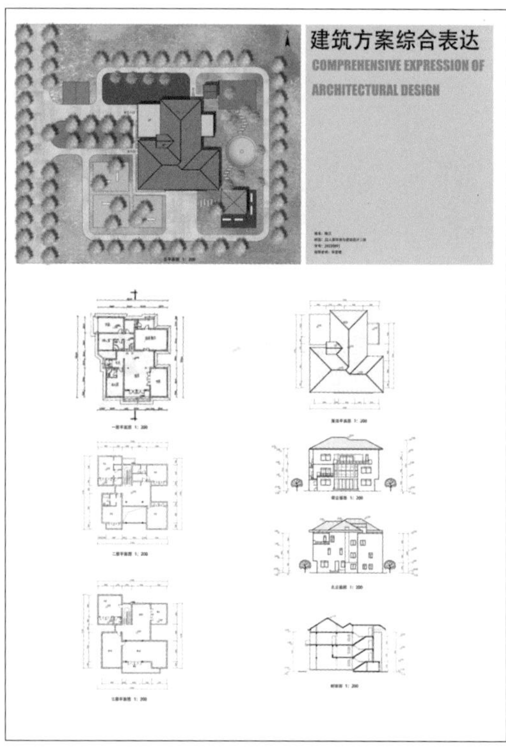
建筑方案综合表达
COMPREHENSIVE EXPRESSION OF
ARCHITECTURAL DESIGN

建筑方案综合表达 2

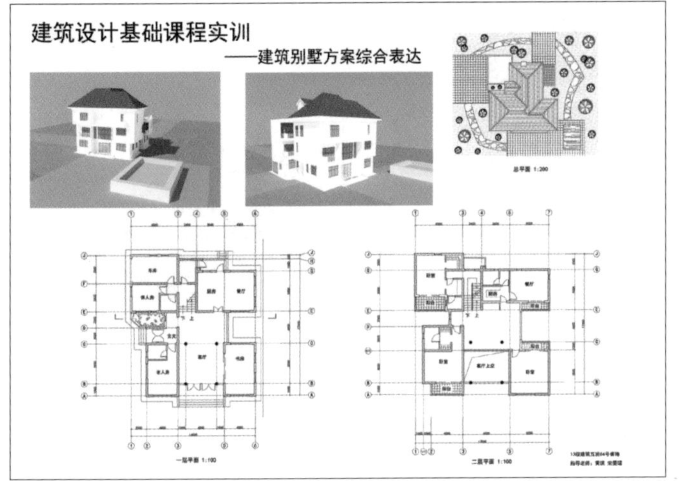
建筑设计基础课程实训
——建筑别墅方案综合表达

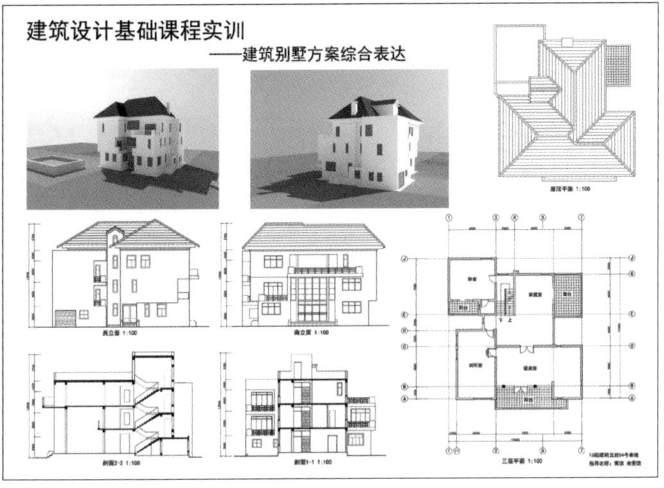
建筑设计基础课程实训
——建筑别墅方案综合表达

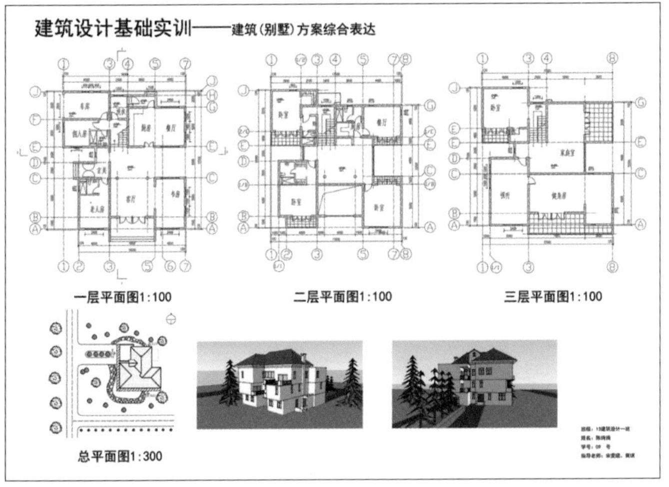
建筑设计基础实训——建筑（别墅）方案综合表达
一层平面图1:100
二层平面图1:100
三层平面图1:100
总平面图1:300

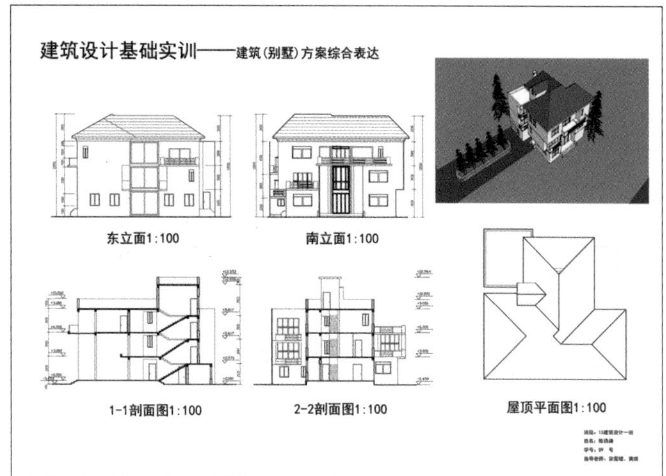
建筑设计基础实训——建筑(别墅)方案综合表达
东立面1:100
南立面1:100
1-1剖面图1:100
2-2剖面图1:100
屋顶平面图1:100

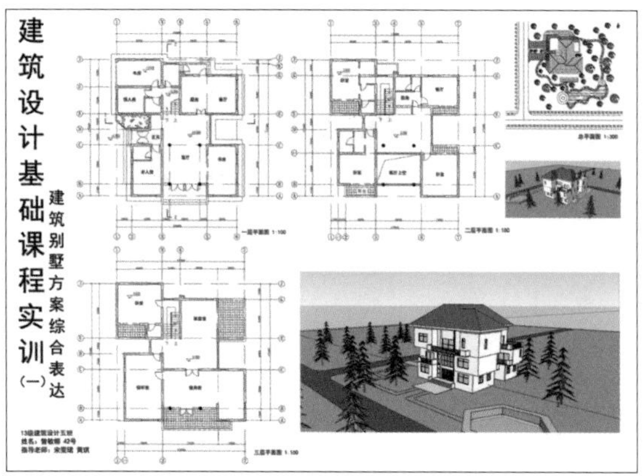
建筑设计基础课程实训(一)
建筑别墅方案综合表达

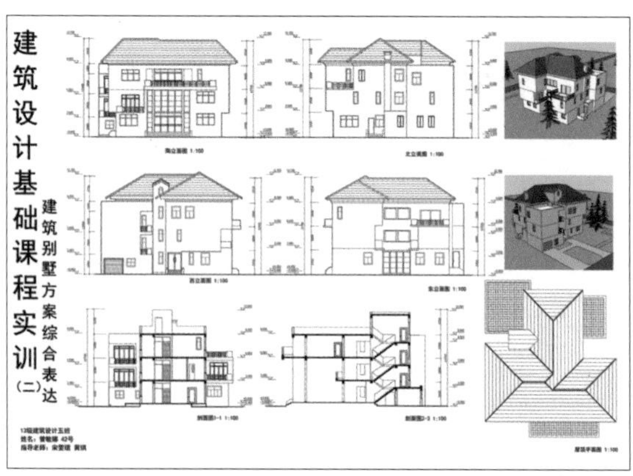
建筑设计基础课程实训(二)
建筑别墅方案综合表达

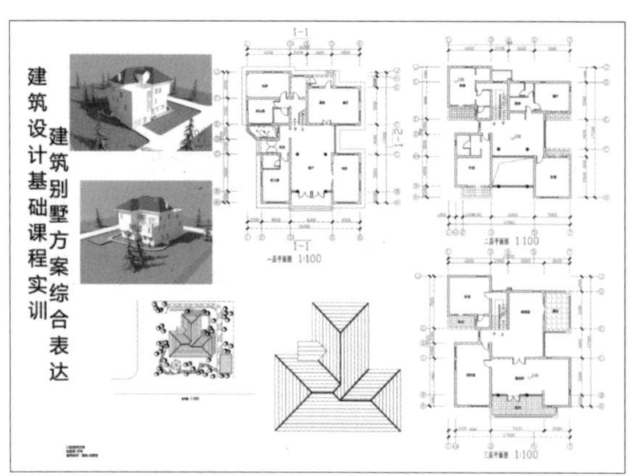
建筑设计基础课程实训
建筑别墅方案综合表达

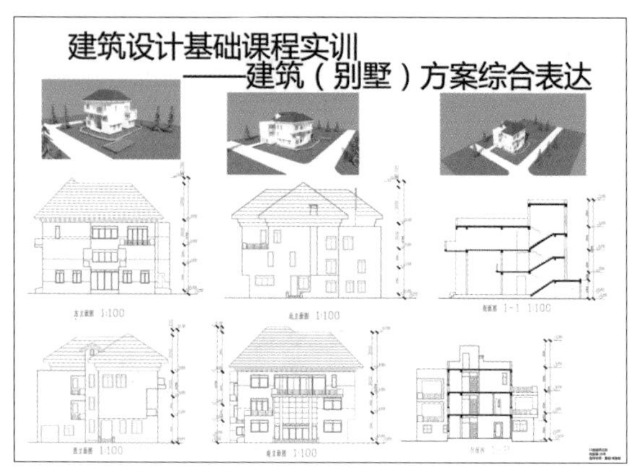
建筑设计基础课程实训
——建筑(别墅)方案综合表达

建筑方案综合表达 3

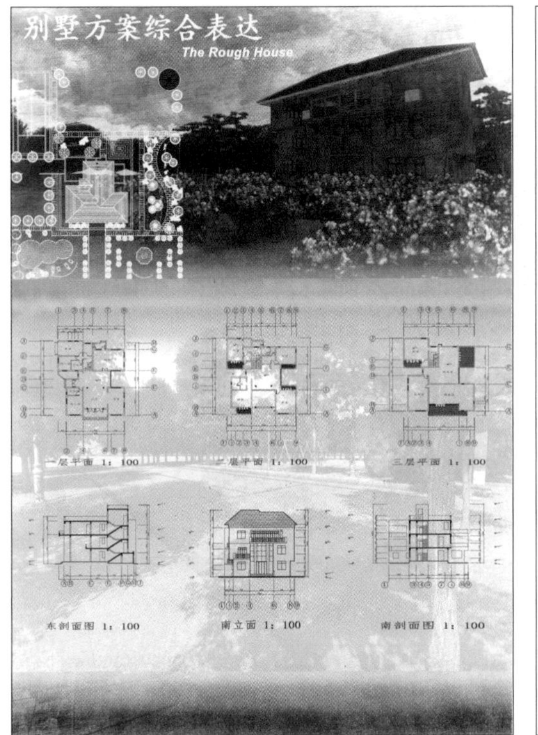
别墅方案综合表达
The Rough House
一层平面 1:100
二层平面 1:100
三层平面 1:100
东剖面图 1:100
南立面 1:100
南剖面图 1:100

建筑设计基础实训
—建筑别墅综合表达I
南立面图 1:100
东立面图 1:100
北立面图 1:100
西立面图 1:100

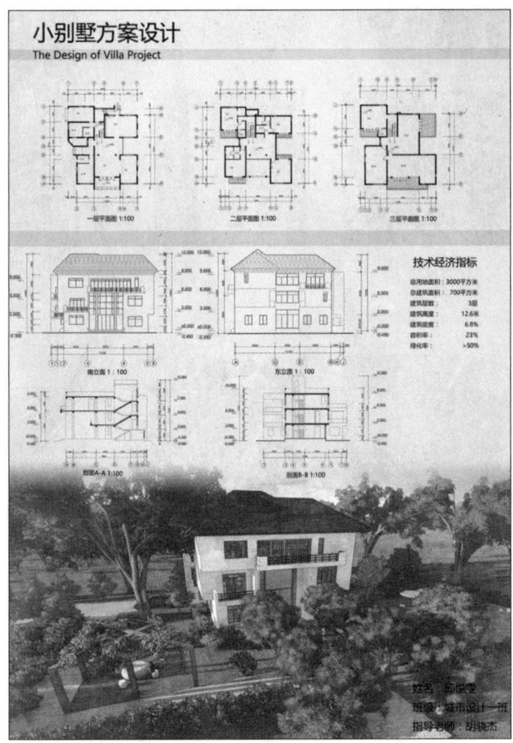
小别墅方案设计
The Design of Villa Project
一层平面图 1:100
二层平面图 1:100
三层平面图 1:100
技术经济指标
总用地面积：3000平方米
总建筑面积：700平方米
建筑层数：3层
建筑高度：12.6米
建筑密度：6.8%
容积率：23%
绿化率：>50%
南立面 1:100
东立面 1:100
剖面A-A 1:100
剖面B-B 1:100

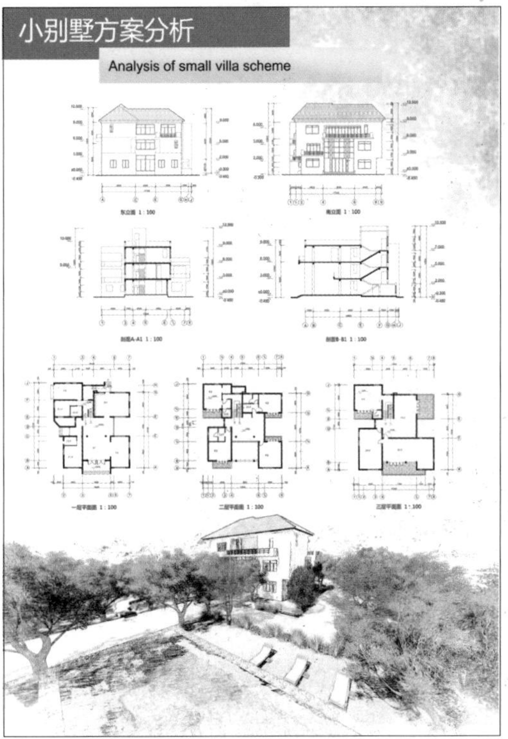
小别墅方案分析
Analysis of small villa scheme

9.3 构成训练作业(平面构成、半立体构成、形态与空间)

9.3.1 平面构成

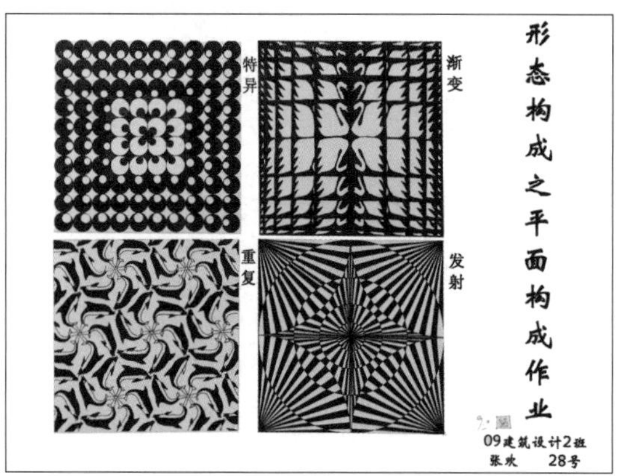

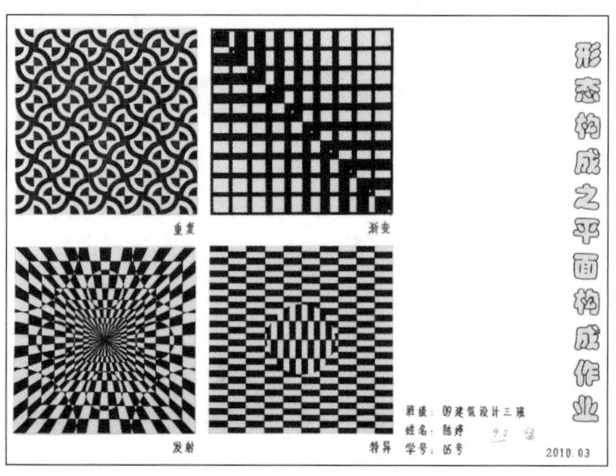

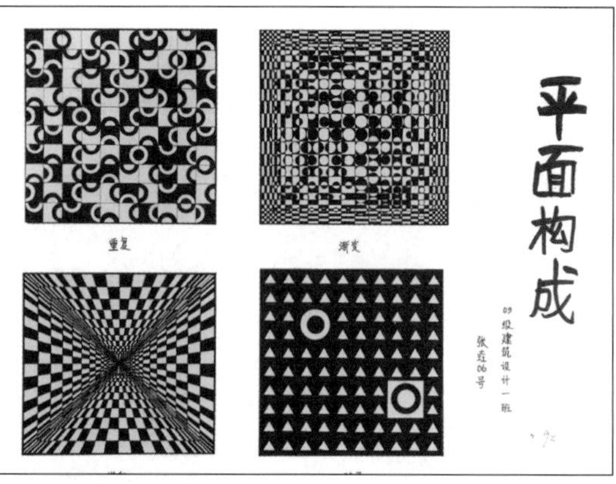

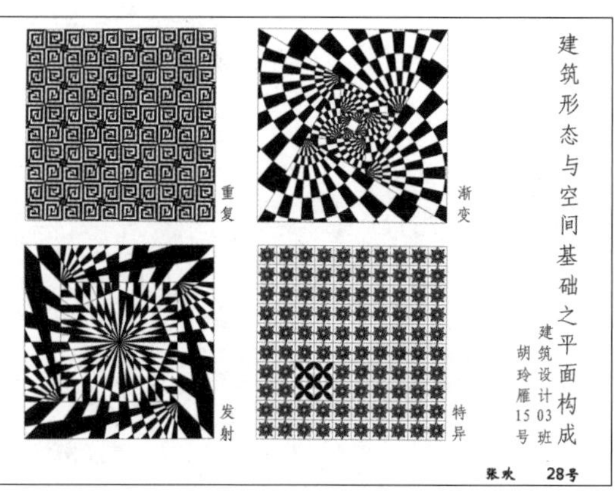

9.3.2 半立体构成

弧形母题

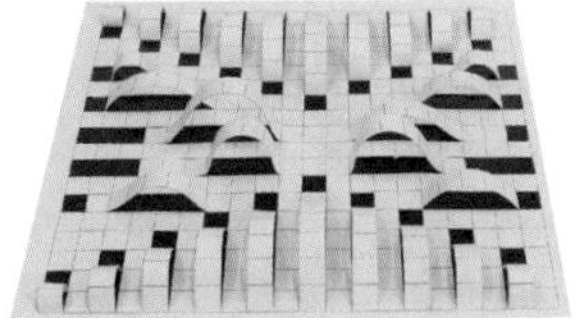
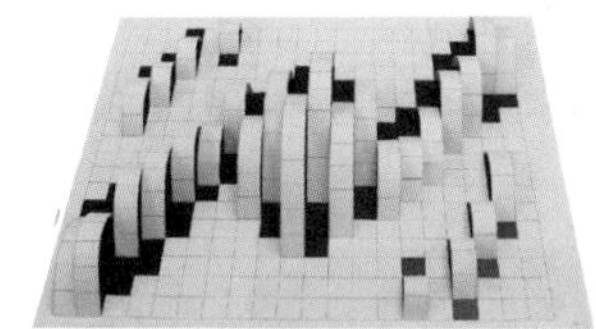

三角形母题

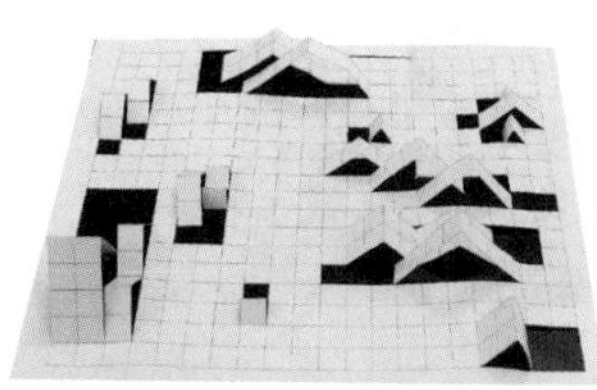
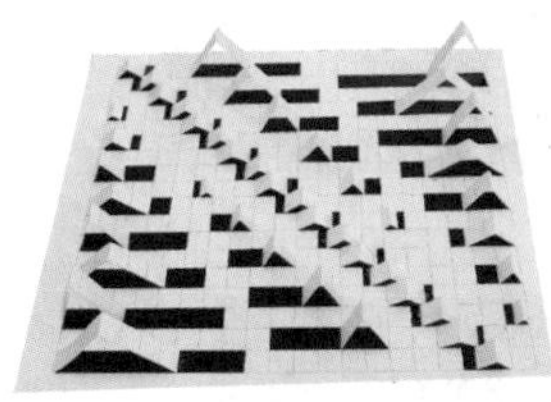

半立体构成是由二维平面向三维立体形态过渡的一种造型训练方法，学习运用弧形、三角形等特征明显的母题做造型基本形，通过一定的构成法则，让作品既统一又独具特色。

9.3.3 形态与空间

系列作品 1

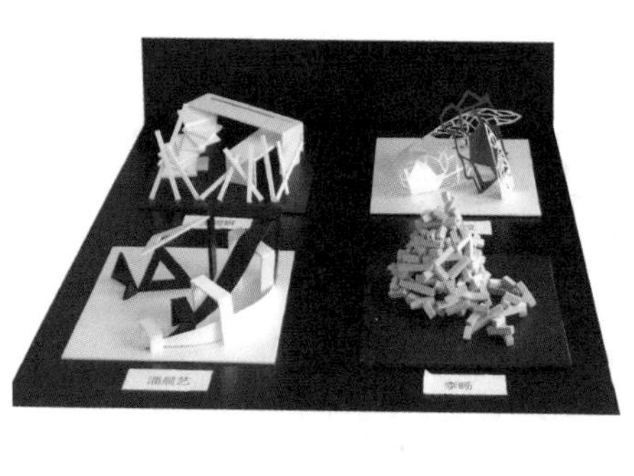

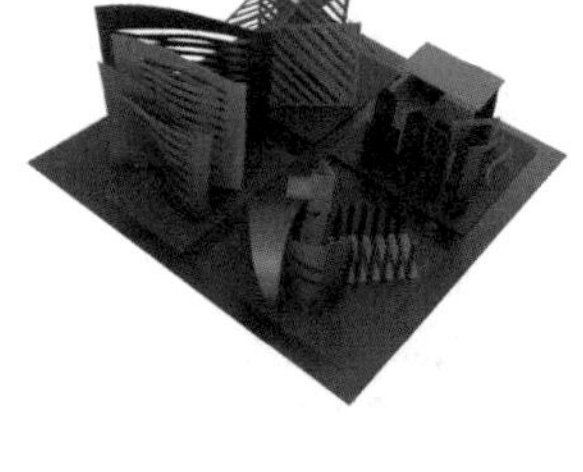

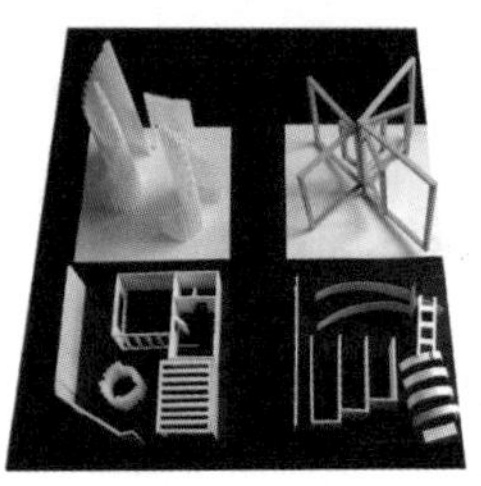

系列作品 2

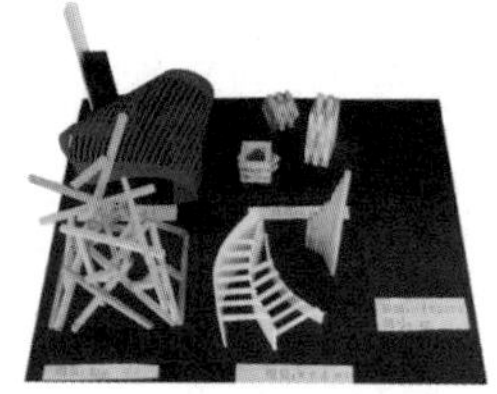

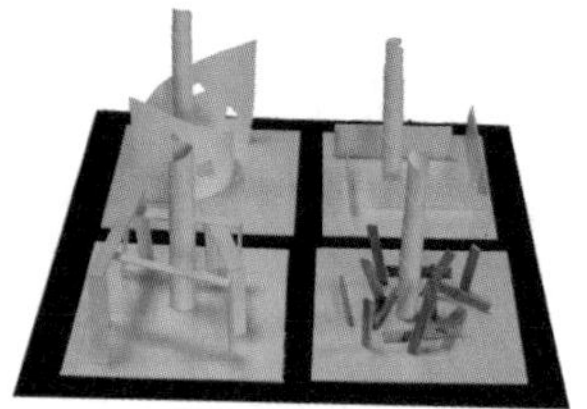

9.4 小住宅作品资料分析

9.4.1 体块生成

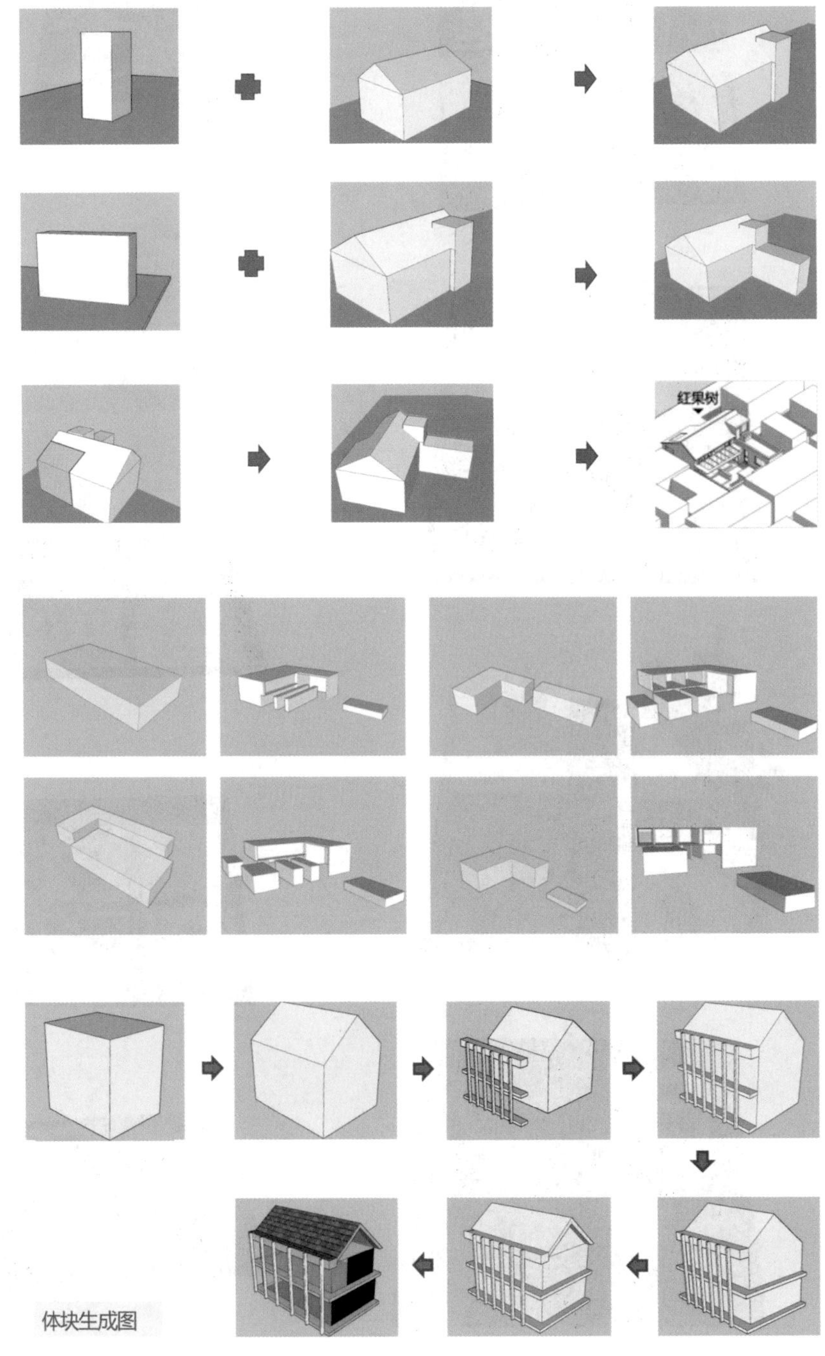

体块生成图

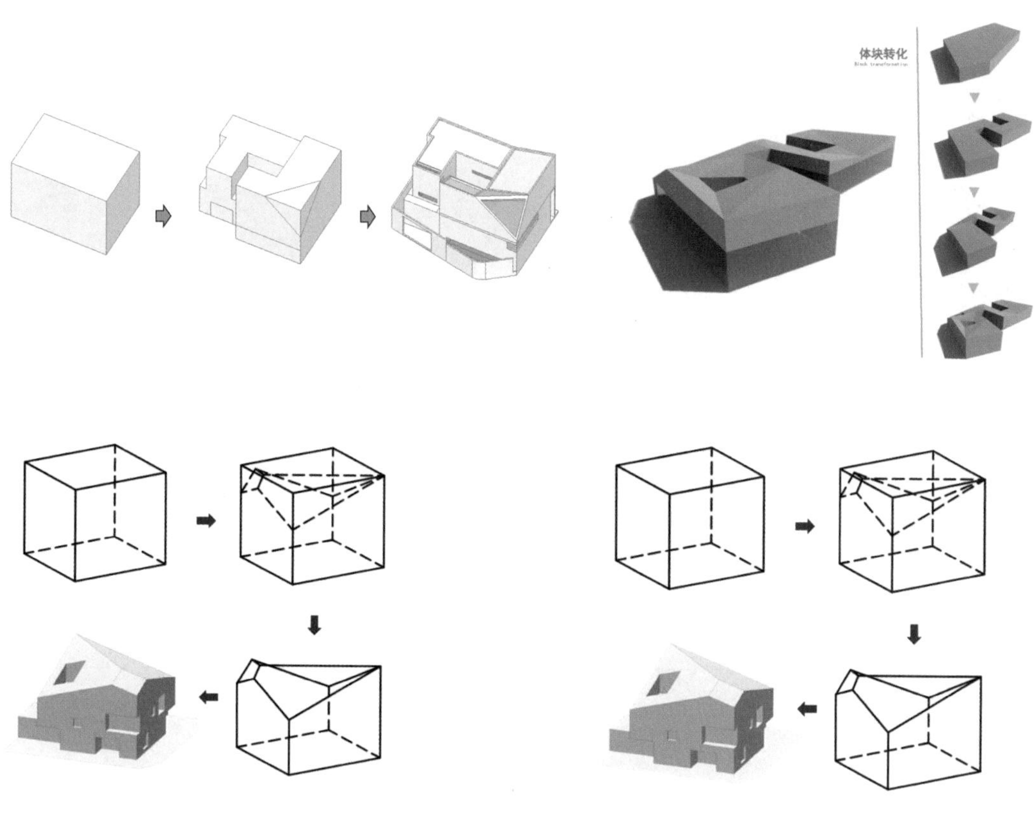
体块转化

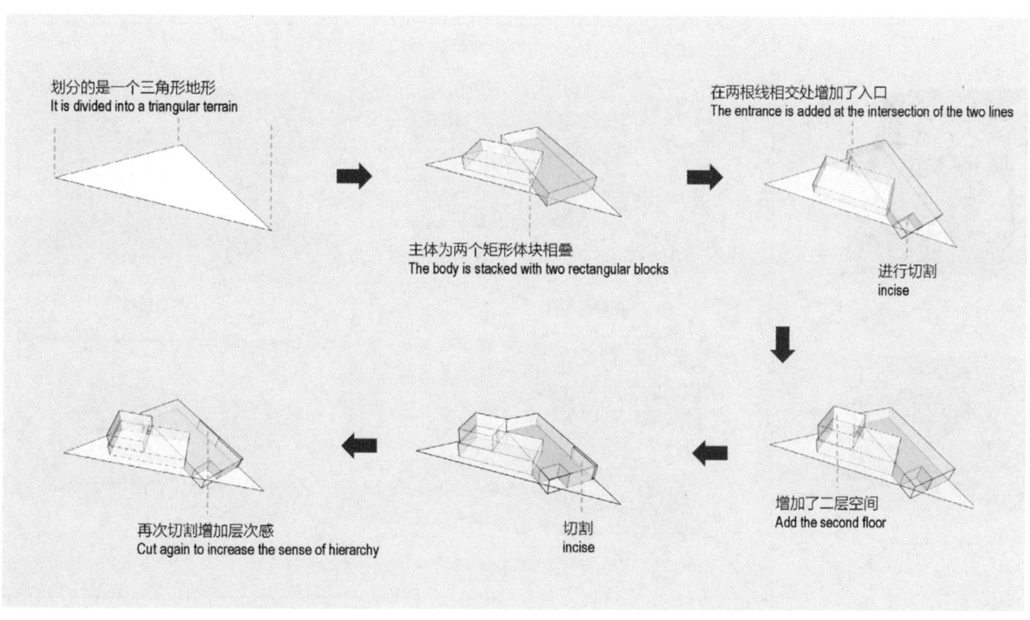
划分的是一个三角形地形
It is divided into a triangular terrain
主体为两个矩形体块相叠
The body is stacked with two rectangular blocks
在两根线相交处增加了入口
The entrance is added at the intersection of the two lines
进行切割
incise
增加了二层空间
Add the second floor
切割
incise
再次切割增加层次感
Cut again to increase the sense of hierarchy

9.4.2 场地分析 + 首层内部空间分析

作业 1

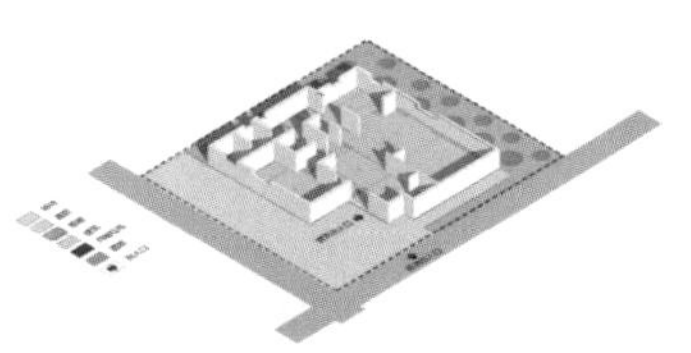

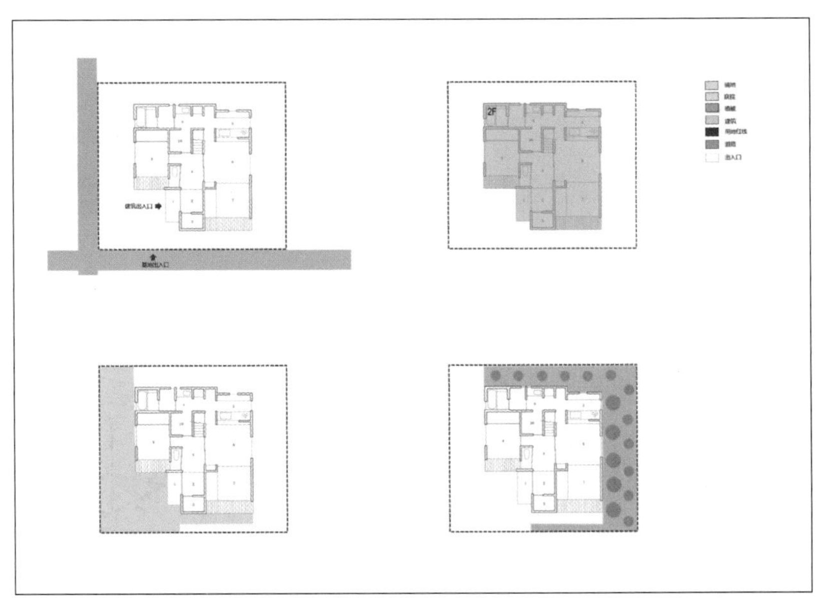

作业 2

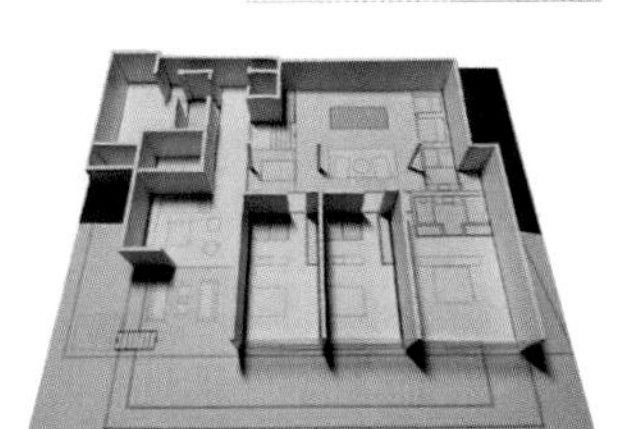

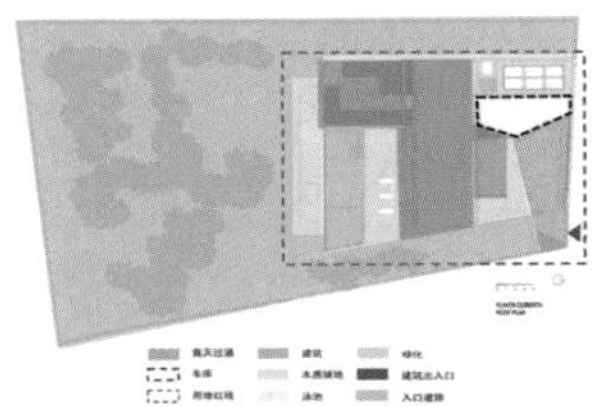

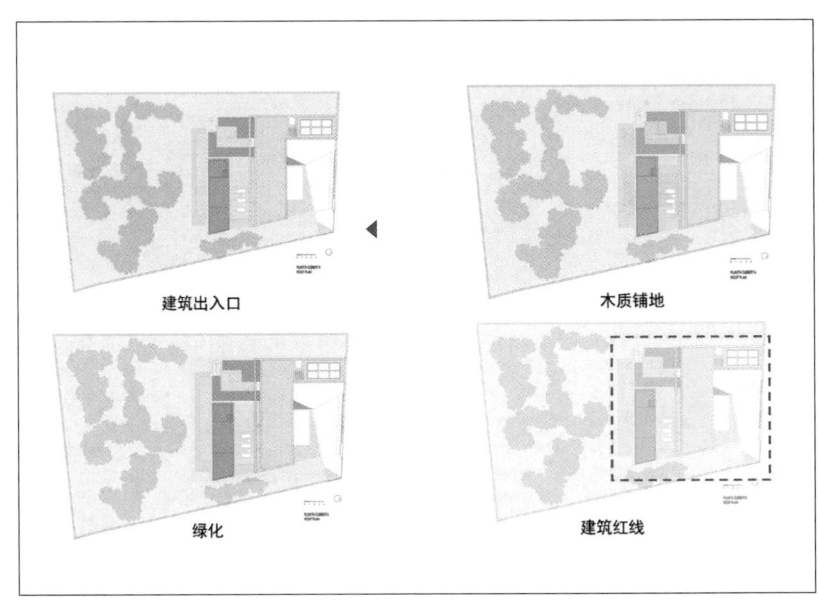

作业 3

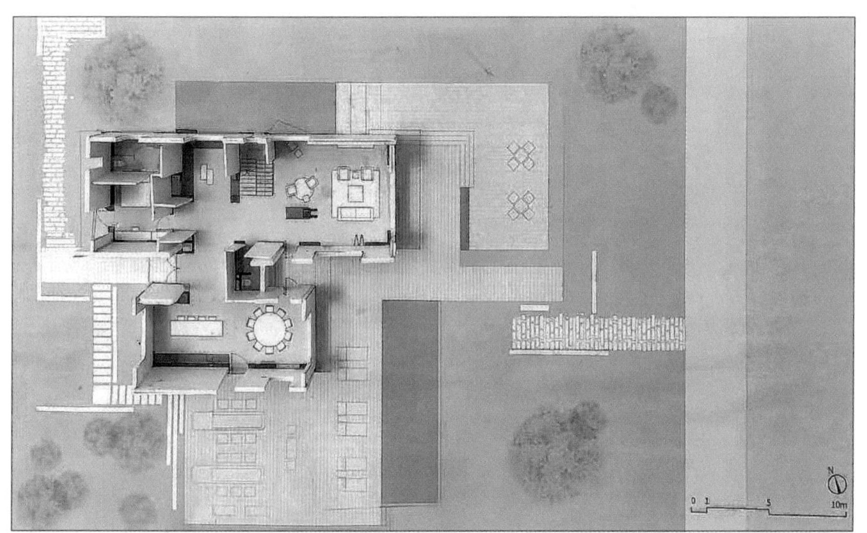
N
0 1 5 10m

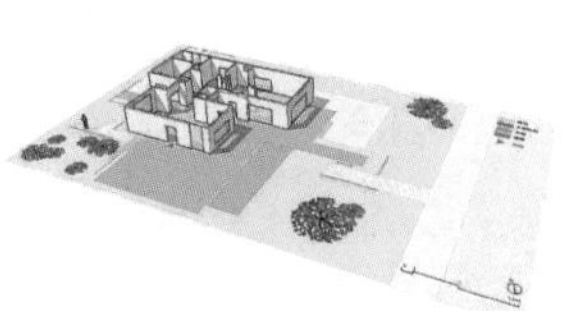

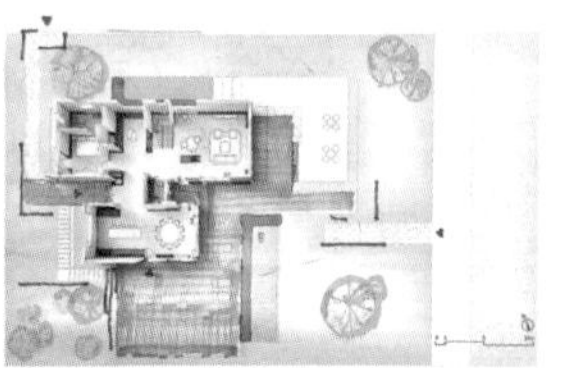

作业 4

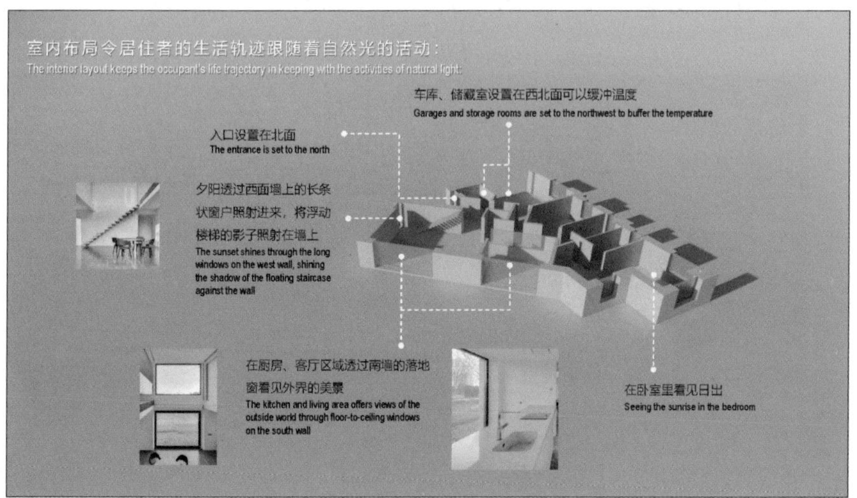
室内布局令居住者的生活轨迹跟随着自然光的活动：
The interior layout keeps the occupant's life trajectory in keeping with the activities of natural light.
车库、储藏室设置在西北面可以缓冲温度
Garages and storage rooms are set to the northwest to buffer the temperature
入口设置在北面
The entrance is set to the north
夕阳透过西面墙上的长条状窗户照射进来，将浮动楼梯的影子照射在墙上
The sunset shines through the long windows on the west wall, shining the shadow of the floating staircase against the wall
在厨房、客厅区域透过南墙的落地窗看见外界的美景
The kitchen and living area offers views of the outside world through floor-to-ceiling windows on the south wall
在卧室里看见日出
Seeing the sunrise in the bedroom

作业 5

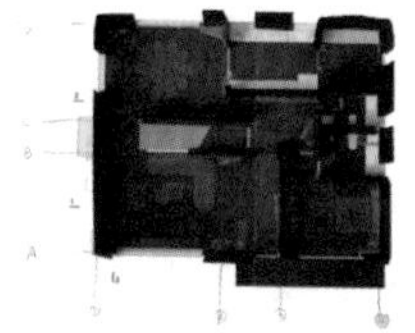

作业 6

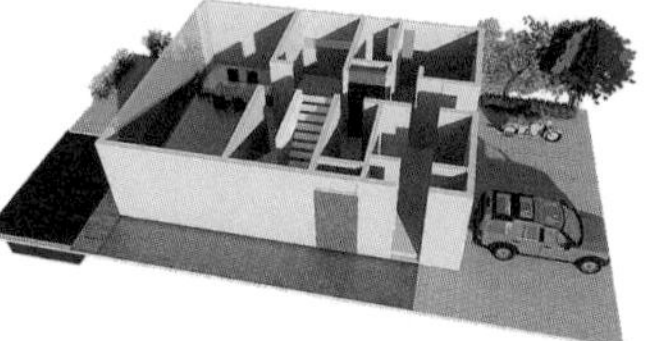

作业 7

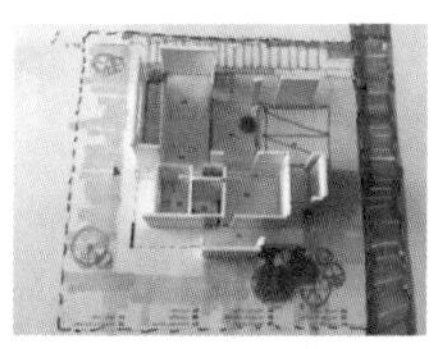

首层平面空间局部手工模型的制作，可以让学生清楚地理解建筑平面与三维空间之间的关系。作为手工模型制作的初步训练，也为后续理解复杂空间和制作完整的手工模型打下基础。

作业 8

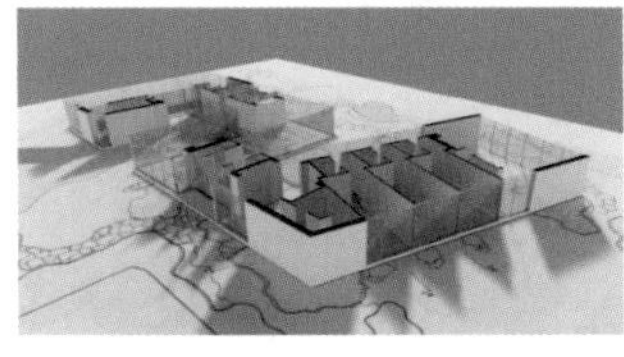

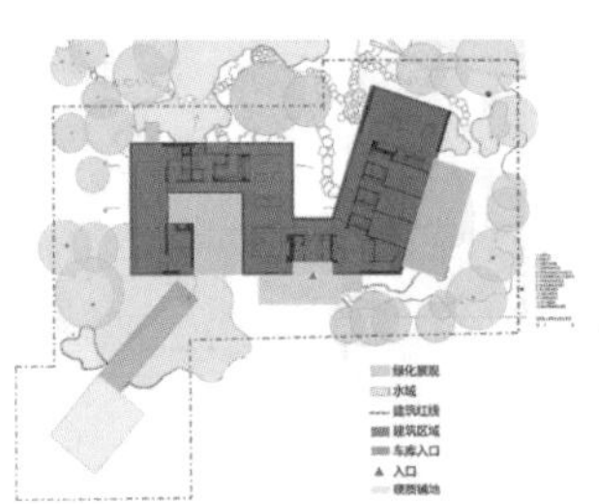

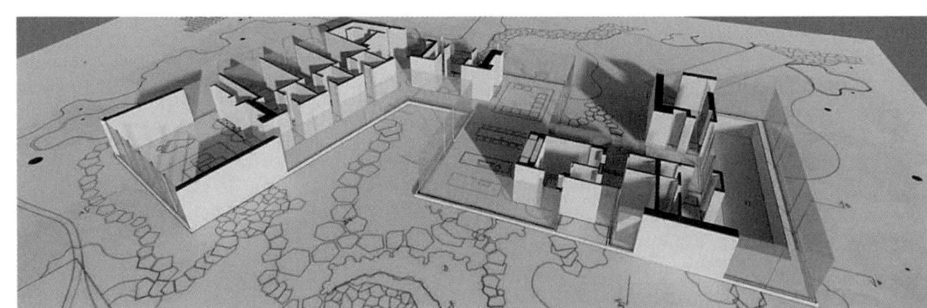

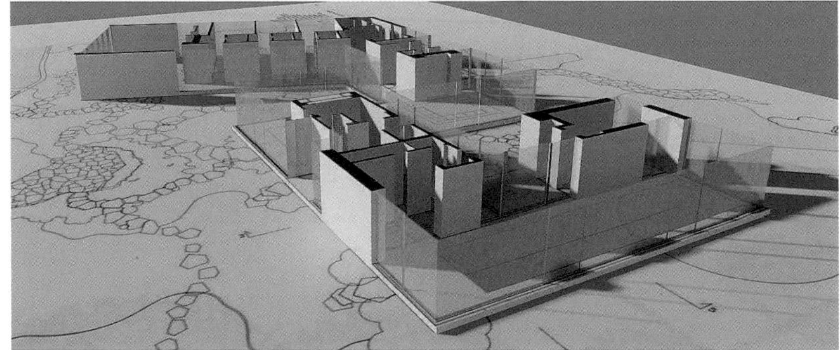

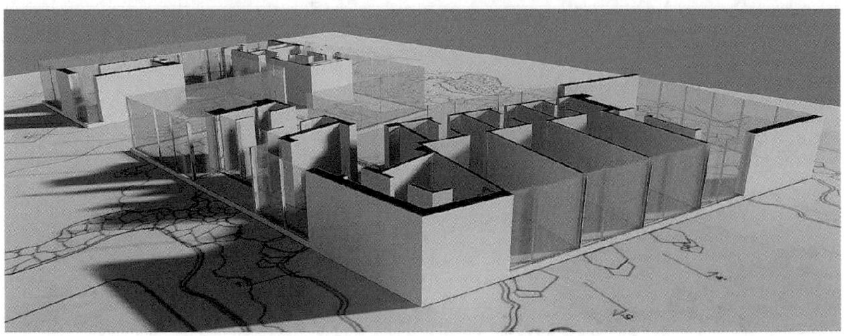

首层平面空间局部 SU 模型的制作，可以锻炼软件应用能力，深入理解建筑空间的材质应用，同时可以让学生进一步理解建筑空间与场地环境之间的关系。

9.5 小住宅作品图解分析（平面分析）

2018 级学生作业

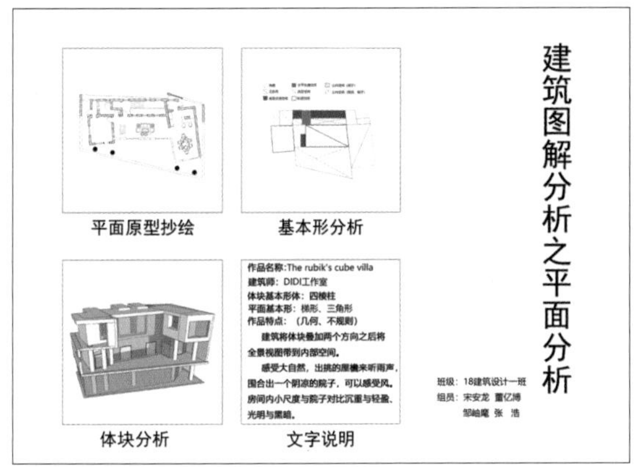

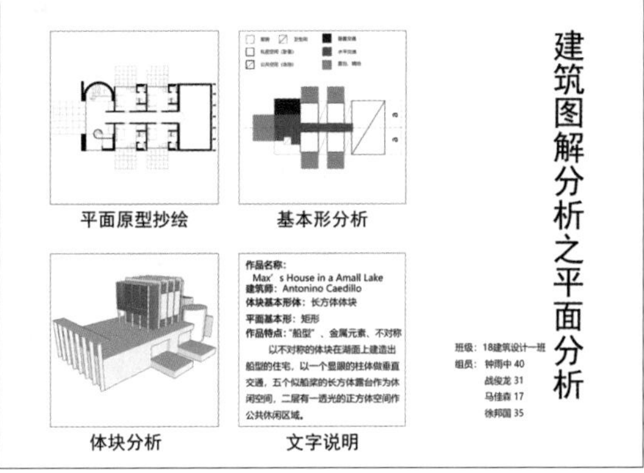

2019 级学生作业

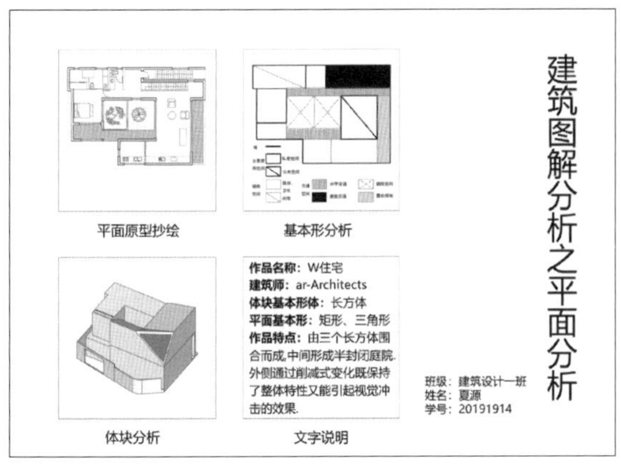

2020 级学生作业

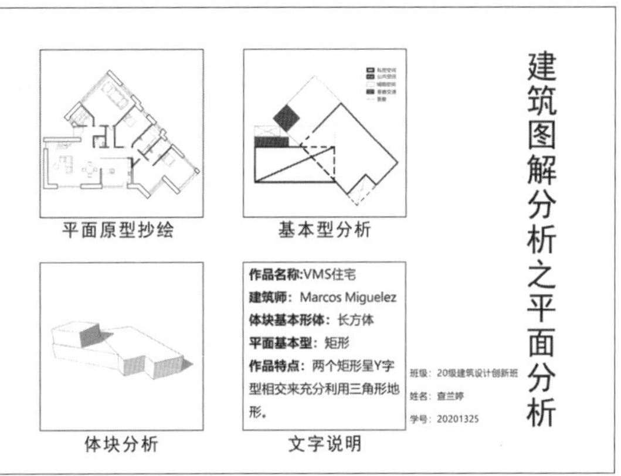

2021 级学生作业

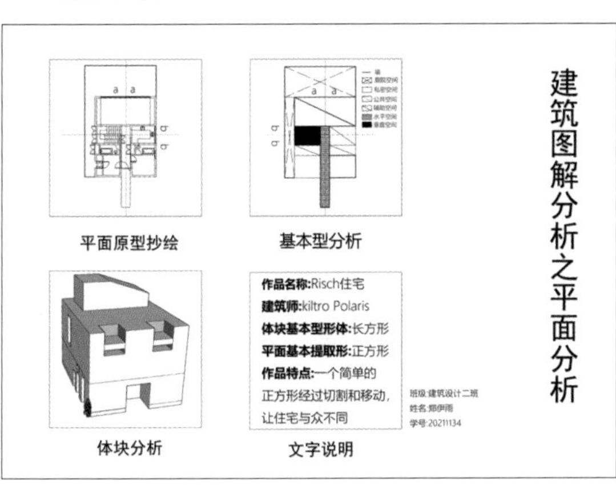

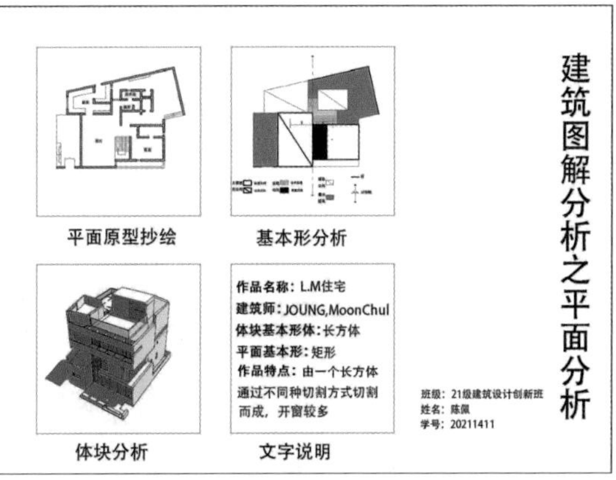

2021 级学生作业

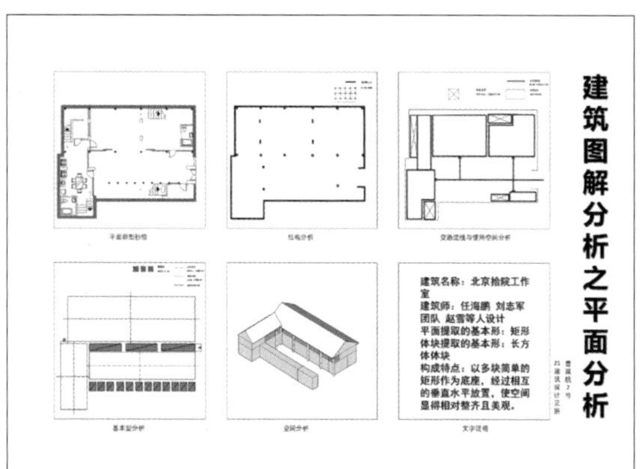
建筑图解分析之平面分析
建筑名称：北京拾院工作室
建筑师：任海鹏 刘志军团队 赵雪等人设计
平面提取的基本形：矩形
体块提取的基本形：长方体体块
构成特点：以多块简单的矩形作为底座，经过相互的垂直水平放置，使空间显得相对整齐且美观。

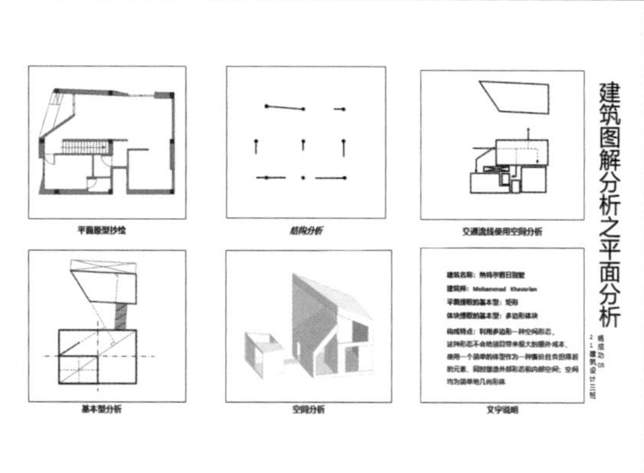
建筑图解分析之平面分析
平面原型抄绘
结构分析
交通流线使用空间分析
基本型分析
空间分析
文字说明

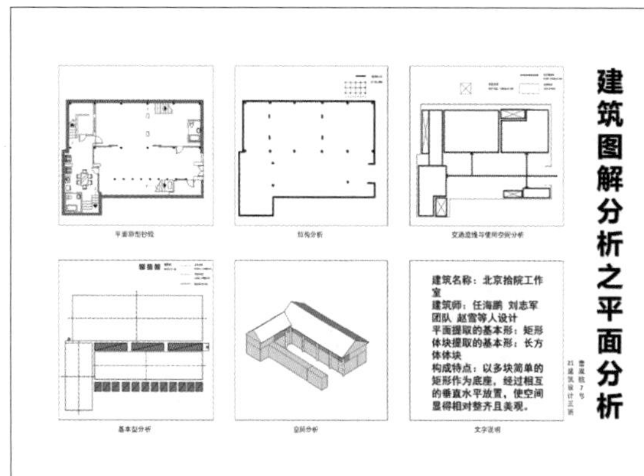
建筑图解分析之平面分析
建筑名称：北京拾院工作室
建筑师：任海鹏 刘志军团队 赵雪等人设计
平面提取的基本形：矩形
体块提取的基本形：长方体体块
构成特点：以多块简单的矩形作为底座，经过相互的垂直水平放置，使空间显得相对整齐且美观。

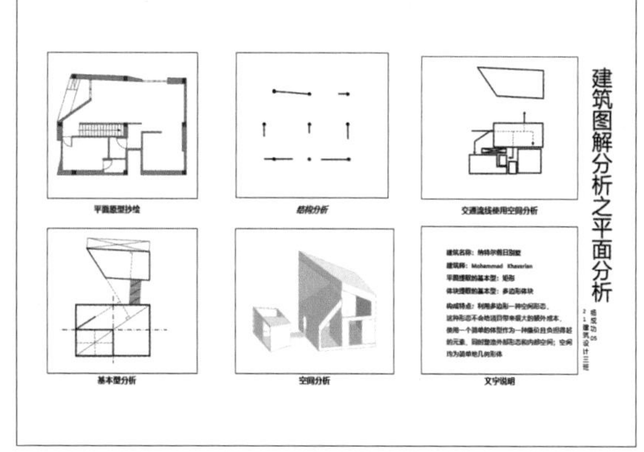
建筑图解分析之平面分析
平面原型抄绘
结构分析
交通流线使用空间分析
基本型分析
空间分析
文字说明

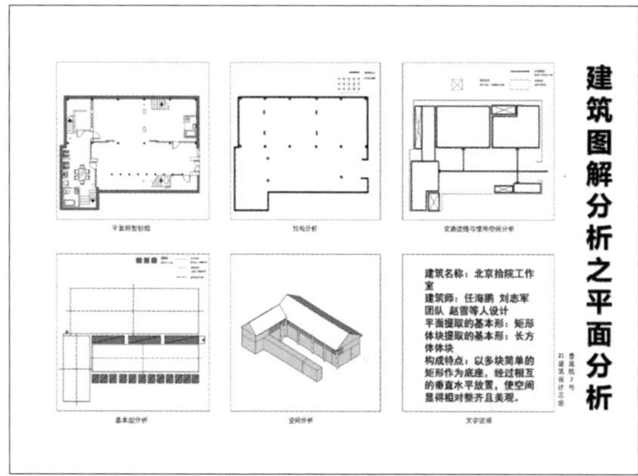
建筑图解分析之平面分析
建筑名称：北京拾院工作室
建筑师：任海鹏 刘志军团队 赵雪等人设计
平面提取的基本形：矩形
体块提取的基本形：长方体体块
构成特点：以多块简单的矩形作为底座，经过相互的垂直水平放置，使空间显得相对整齐且美观。

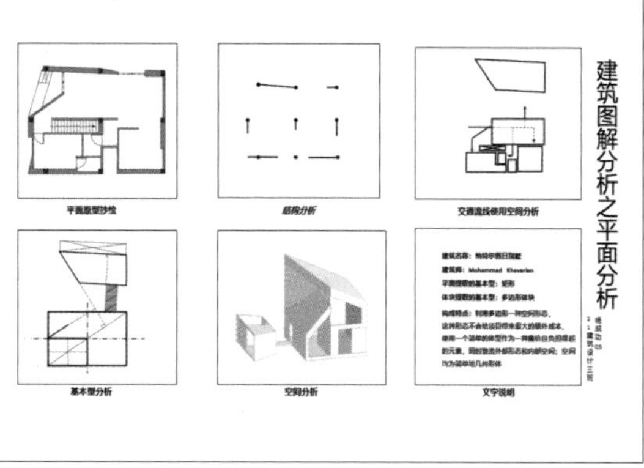
建筑图解分析之平面分析
平面原型抄绘
结构分析
交通流线使用空间分析
基本型分析
空间分析
文字说明

9.6 小住宅作品表达一图纸

MAX 住宅

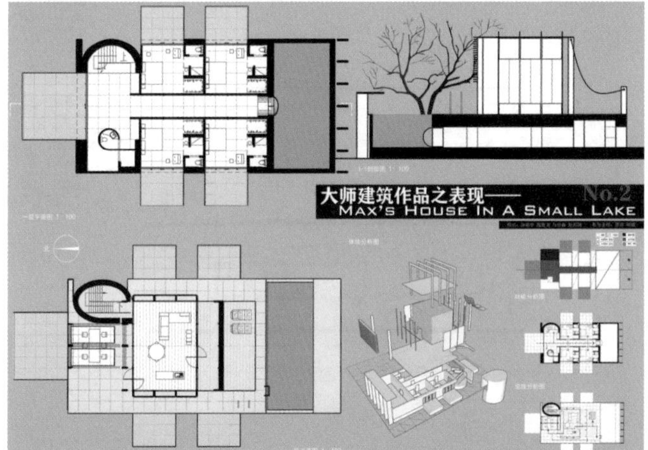

M 住宅

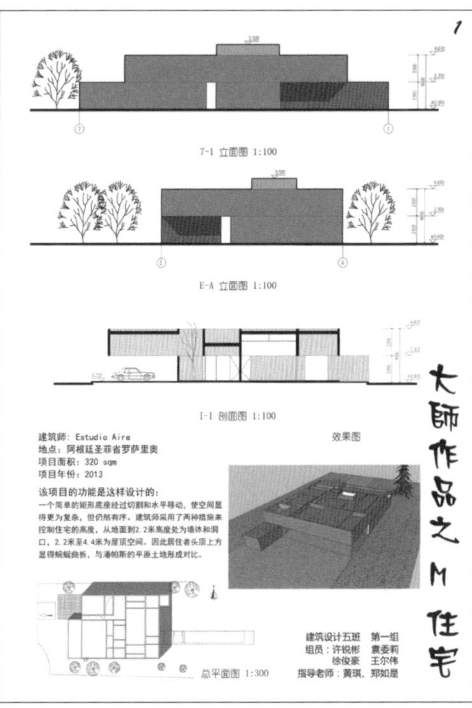

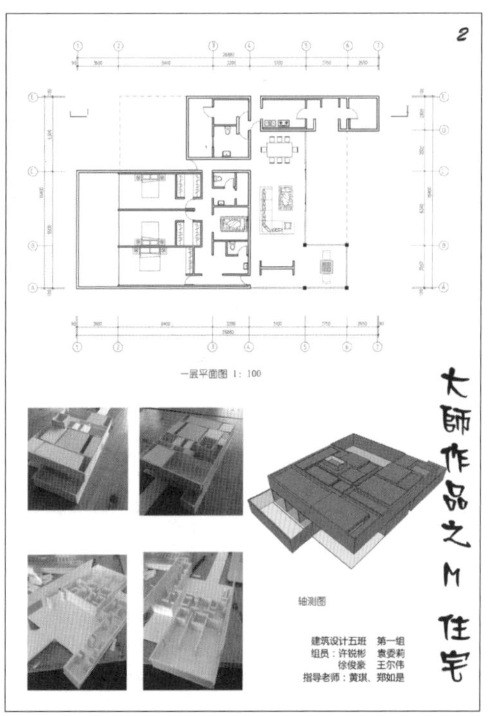

纳特尔假日别墅

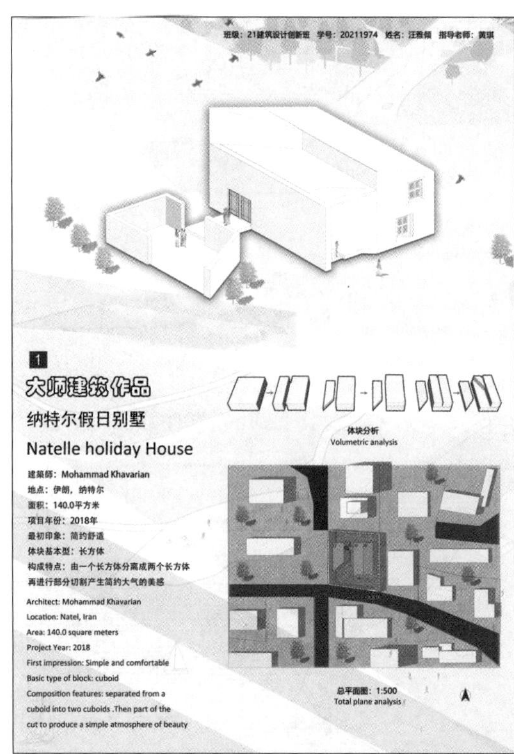

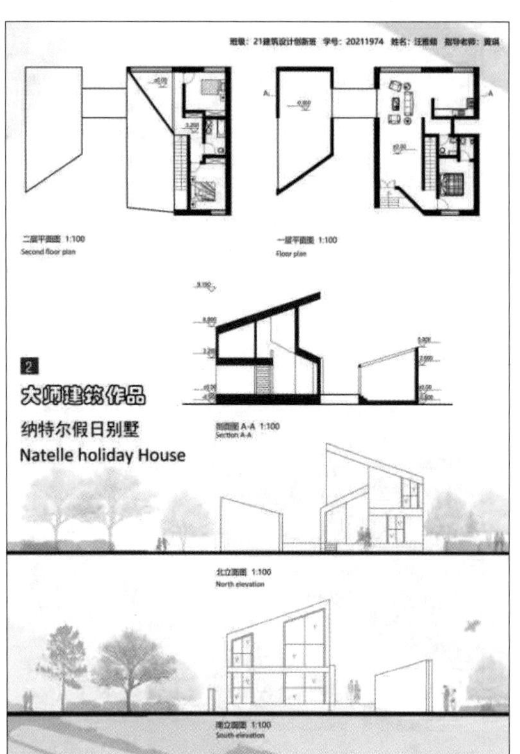

山中之家

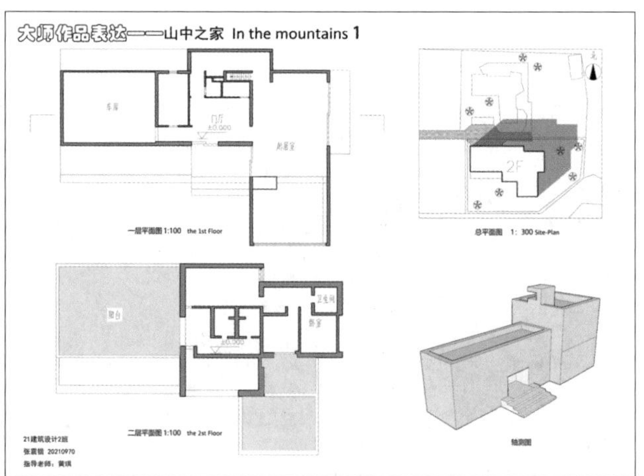

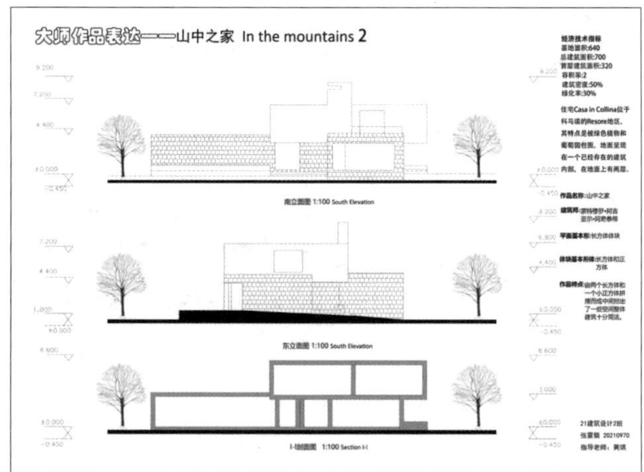

SCAPE 住宅

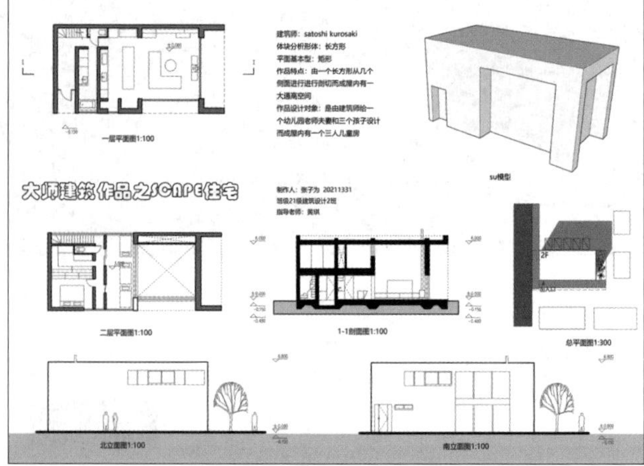

lm 住宅

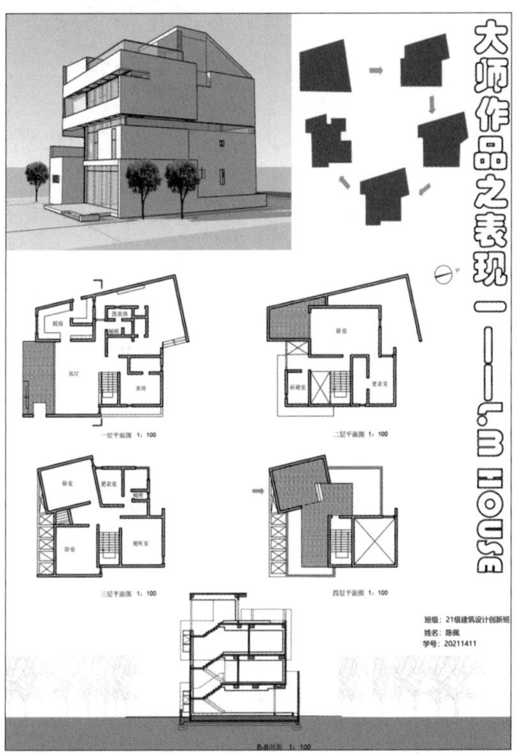
大师作品之表现一——L.M HOUSE
一层平面图 1：100
二层平面图 1：100
三层平面图 1：100
四层平面图 1：100
班级：21级建筑设计创新班
姓名：陈佩
学号：20211411
B-B剖面 1：100

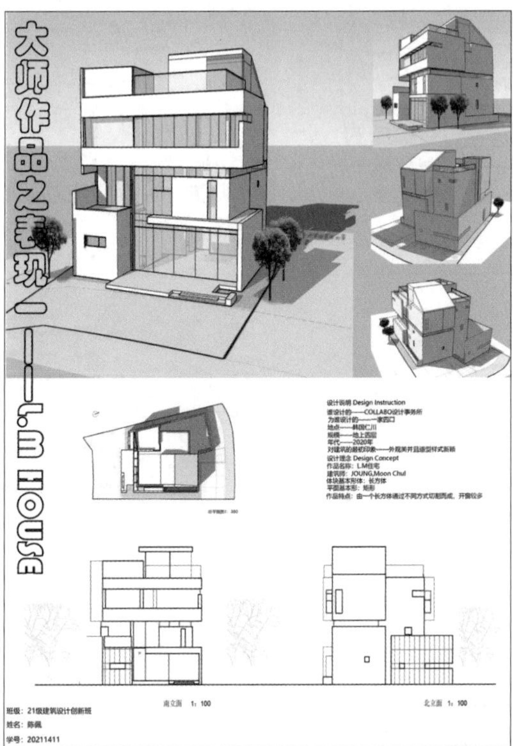
大师作品之表现一——L.M HOUSE
设计说明 Design Instruction
谁设计的——COLLABO设计事务所
为谁设计的——一家四口
地点——韩国仁川
规模——地上四层
年代——2020年
对建筑的最初印象——外观美并且造型样式新颖
设计理念 Design Concept
作品名称：L.M住宅
建筑师：JOUNG,Moon Chul
体块基本形体：长方体
平面基本形：矩形
作品特点：由一个长方体通过不同方式切割而成，开窗较多
南立面 1：100
北立面 1：100
班级：21级建筑设计创新班
姓名：陈佩
学号：20211411

自垒住宅 1

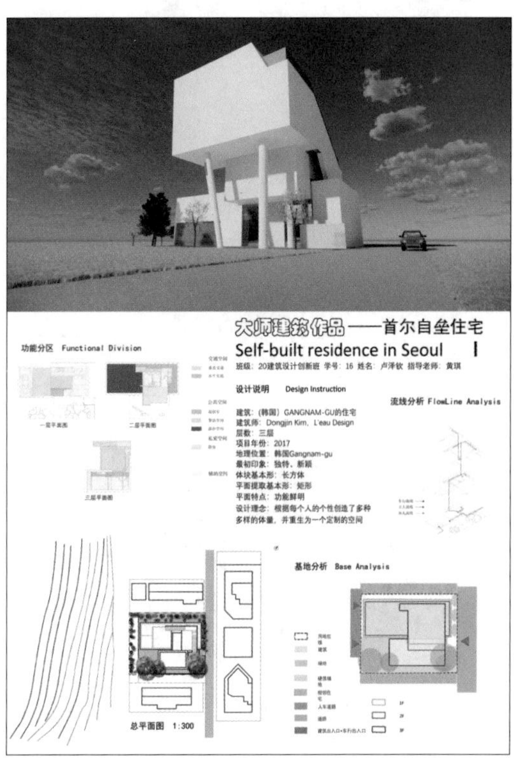
大师建筑作品——首尔自垒住宅
Self-built residence in Seoul Ⅰ
班级：20建筑设计创新班 学号：16 姓名：卢泽钦 指导老师：黄琪
功能分区 Functional Division
设计说明 Design Instruction
建筑：(韩国) GANGNAM-GU的住宅
建筑师：Dongjin Kim，L'eau Design
层数：三层
项目年份：2017
地理位置：韩国Gangnam-gu
最初印象：独特、新颖
体块基本形：长方体
平面提取基本形：矩形
平面特点：功能鲜明
设计理念：根据每个人的个性创造了多种
多样的体量，并重生为一个定制的空间
流线分析 FlowLine Analysis
基地分析 Base Analysis
总平面图 1:300

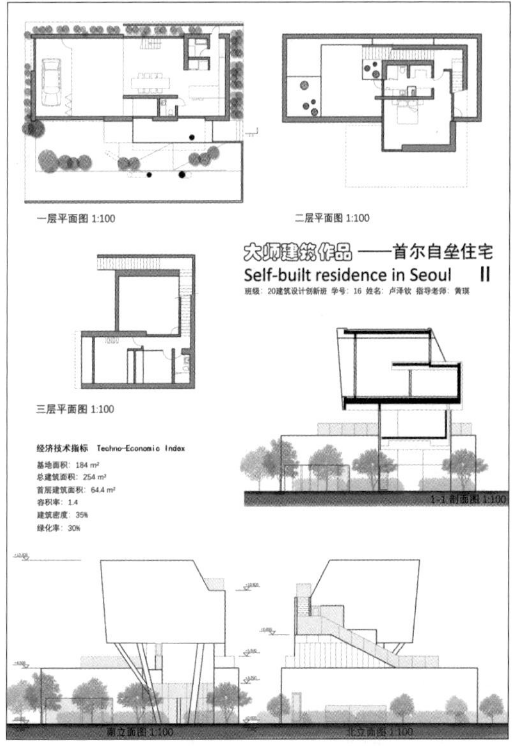
一层平面图 1:100
二层平面图 1:100
大师建筑作品——首尔自垒住宅
Self-built residence in Seoul Ⅱ
班级：20建筑设计创新班 学号：16 姓名：卢泽钦 指导老师：黄琪
三层平面图 1:100
经济技术指标 Techno-Economic Index
基地面积：184 m²
总建筑面积：254 m²
首层建筑面积：64.4 m²
容积率：1.4
建筑密度：35%
绿化率：30%
1-1 剖面图 1:100
南立面图 1:100
北立面图 1:100

自垒住宅 2

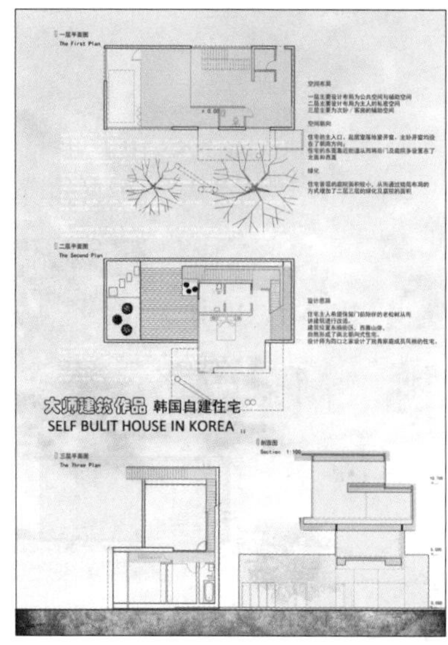

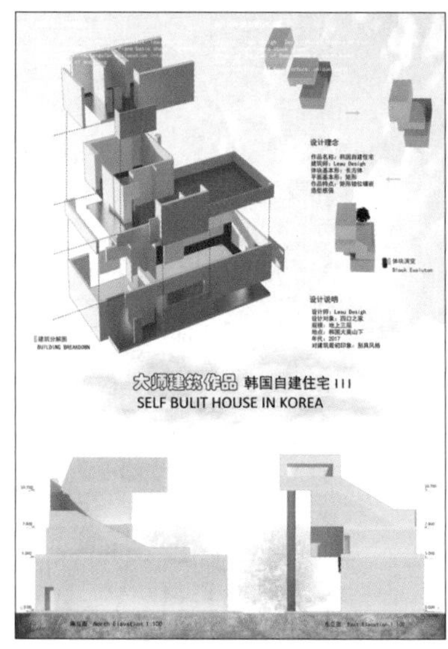

魔方别墅

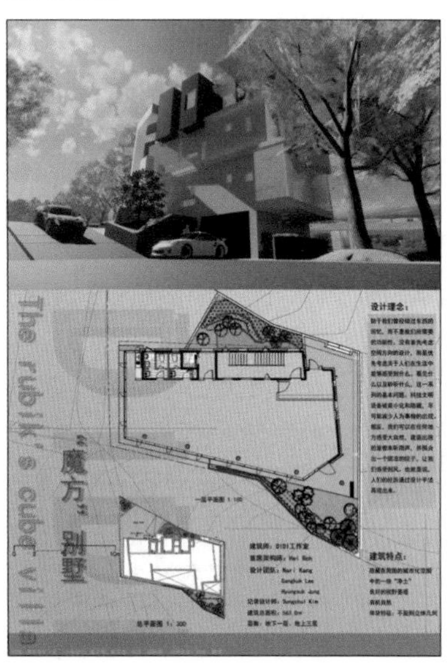

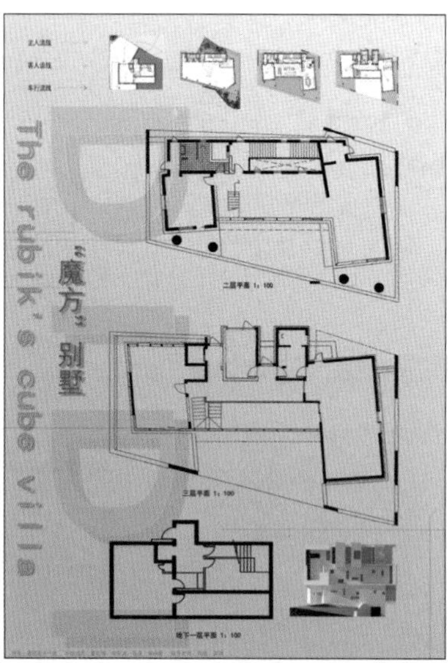

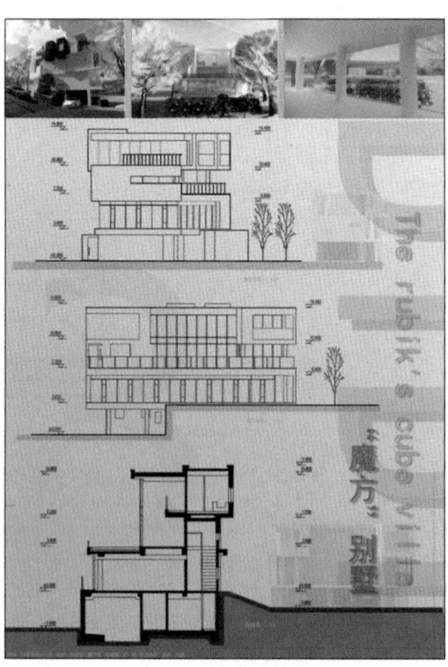

VMS 住宅

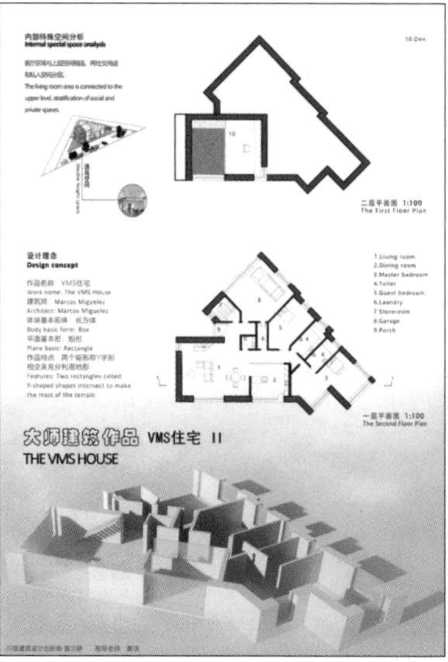

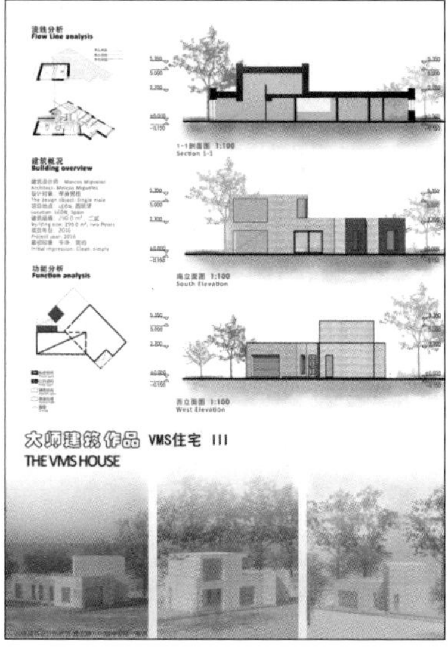

临海 T 住宅

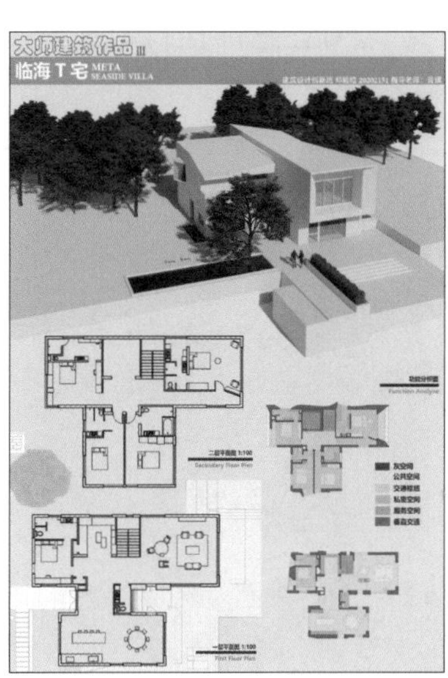

Risch 住宅

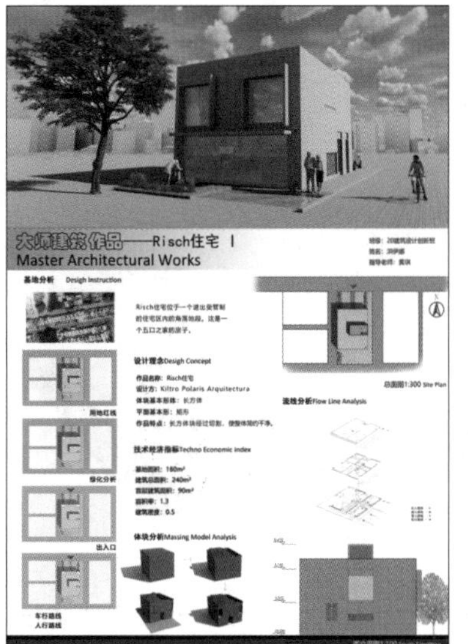

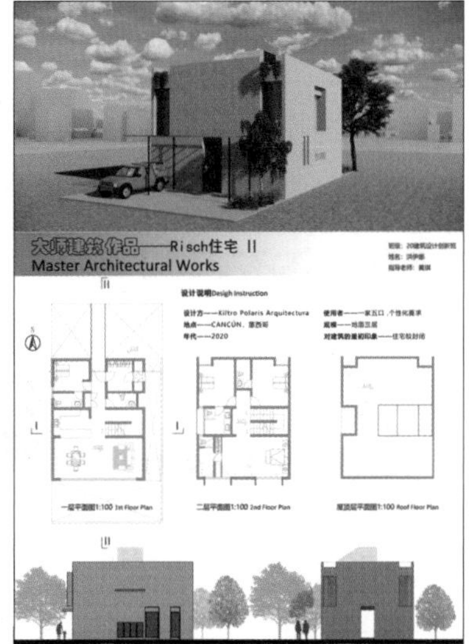

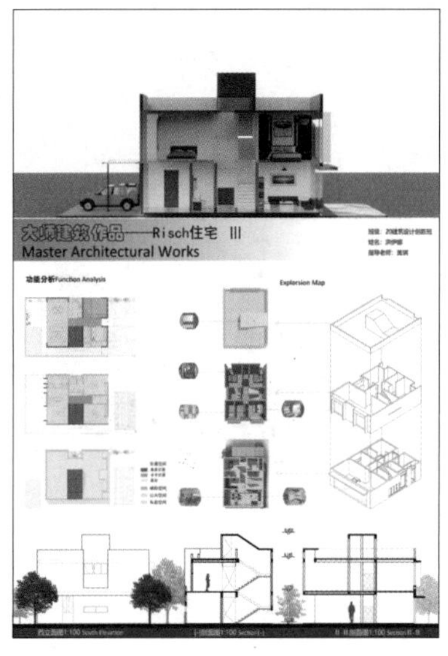

9.7 小住宅作品表达—模型

GIOVINNITTI 住宅

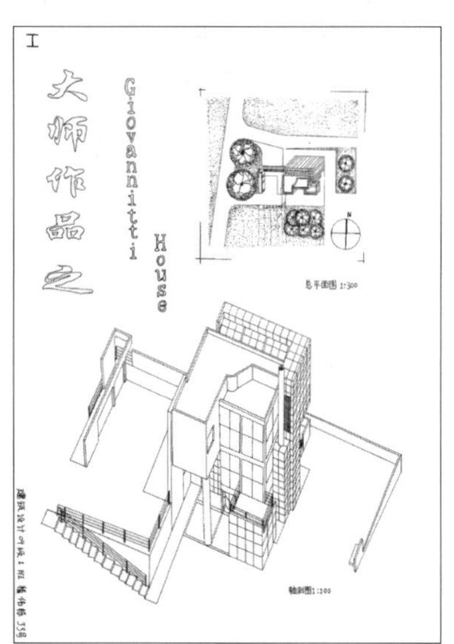

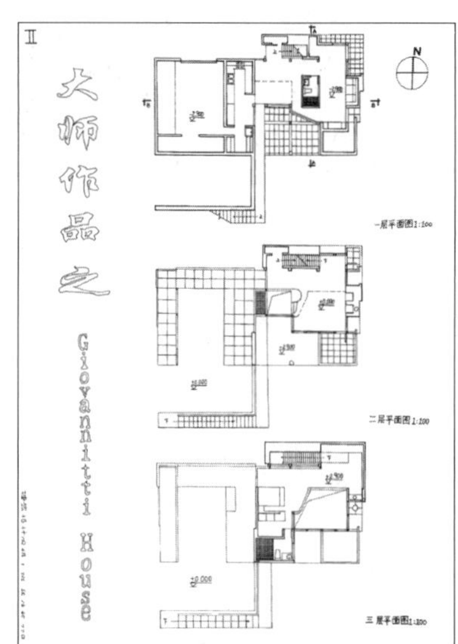

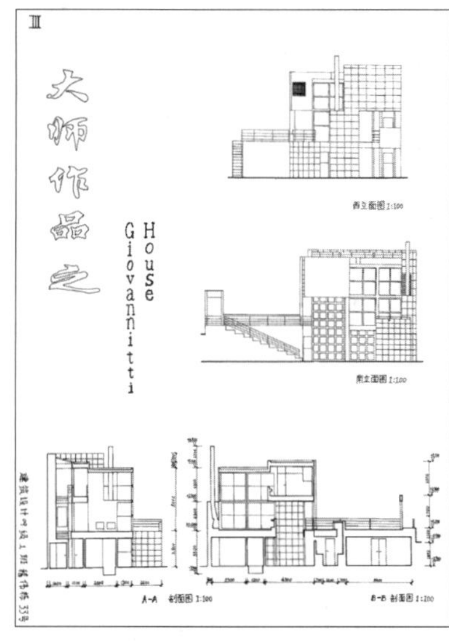

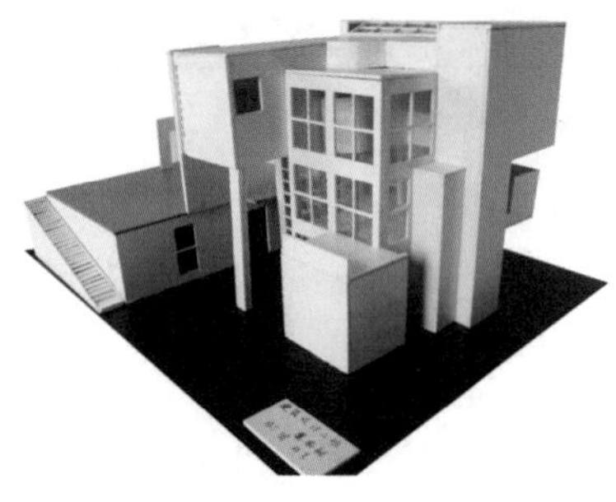

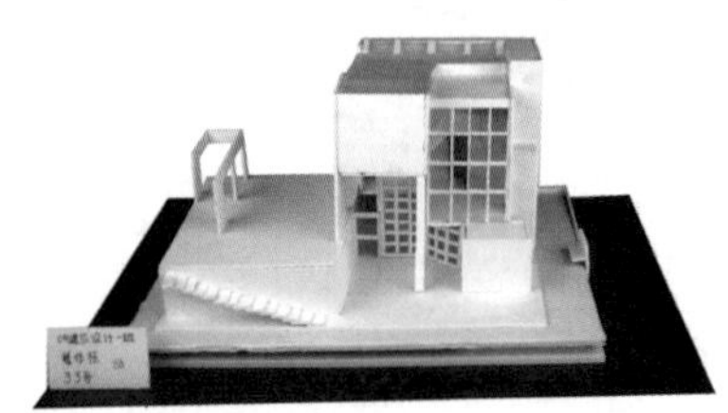

光之教堂

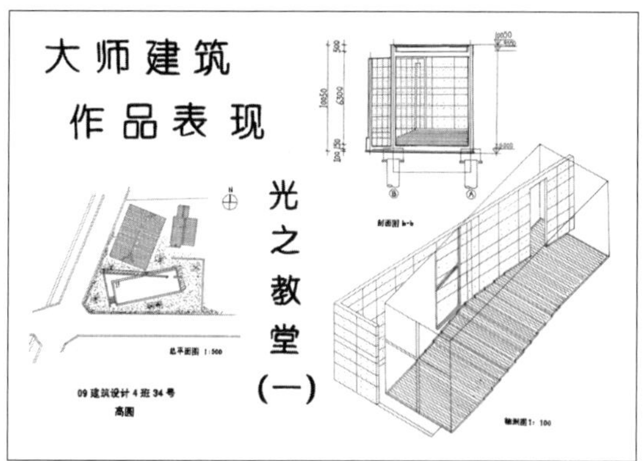
大师建筑
作品表现
光之教堂
(一)
09 建筑设计 4 班 34 号
高圆

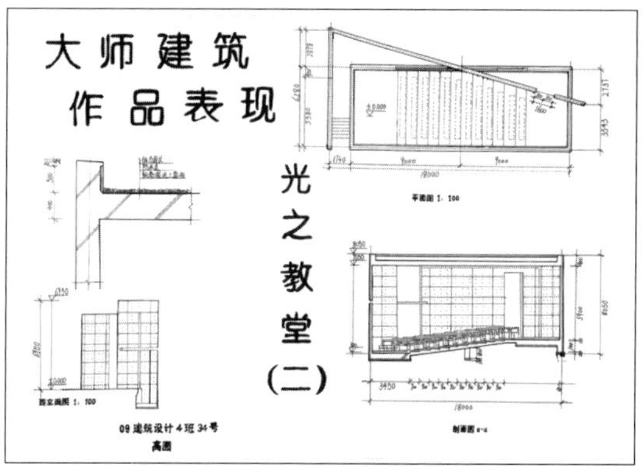
大师建筑
作品表现
光之教堂
(二)
09 建筑设计 4 班 34 号
高圆

大师建筑作品表现之模型

霍夫曼住宅

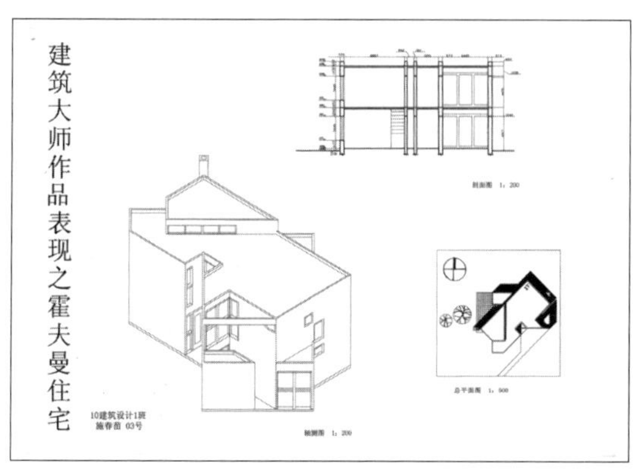
建筑大师作品表现之霍夫曼住宅
10建筑设计1班
施春丽 03号

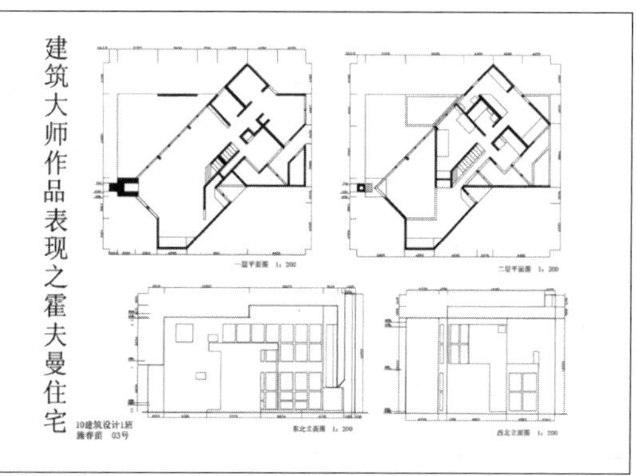
建筑大师作品表现之霍夫曼住宅
10建筑设计1班
施春丽 03号

大师建筑作品表现之模型

大师建筑作品表现之模型

千禧教堂

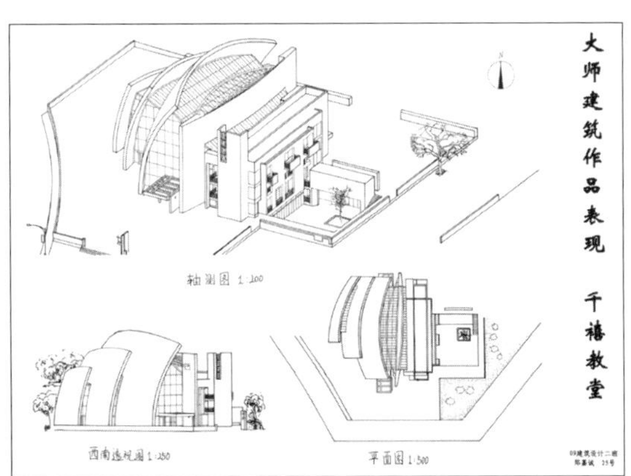
大师建筑作品表现　千禧教堂
轴测图 1:200
西南透视图 1:150
平面图 1:500

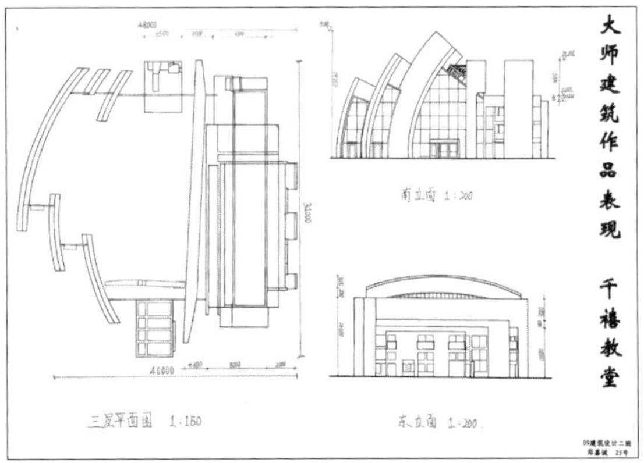
大师建筑作品表现　千禧教堂
南立面 1:200
三层平面图 1:150
东立面 1:200

建筑大师作品表现之模型
Jubilee Church
10建筑设计二班
梁文骏 04号

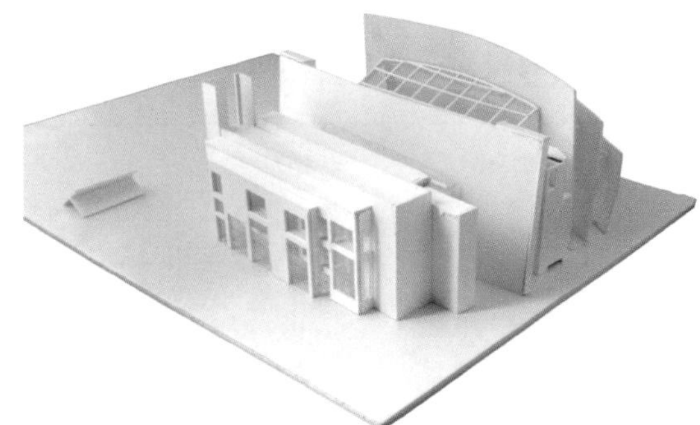

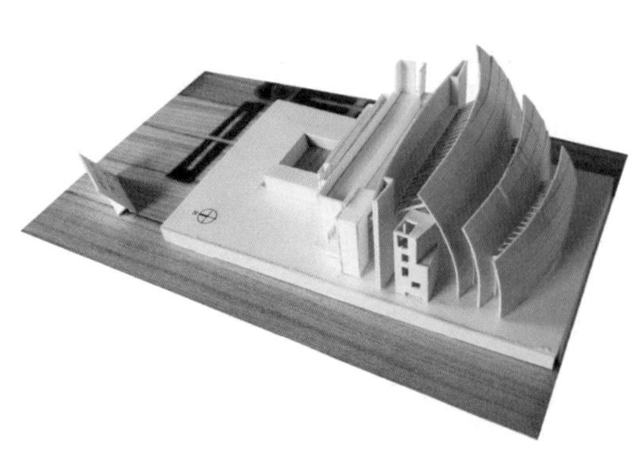

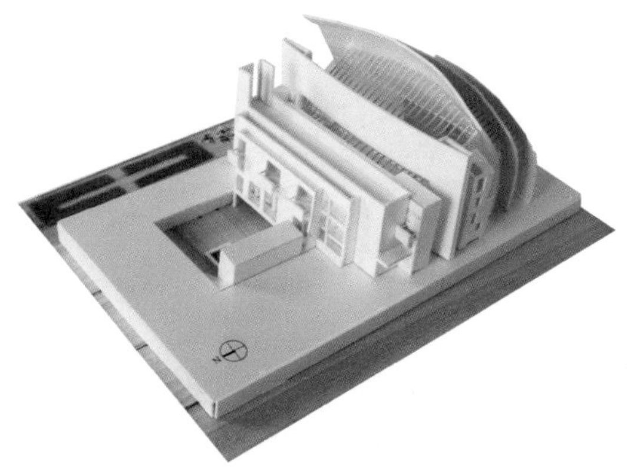

流水别墅

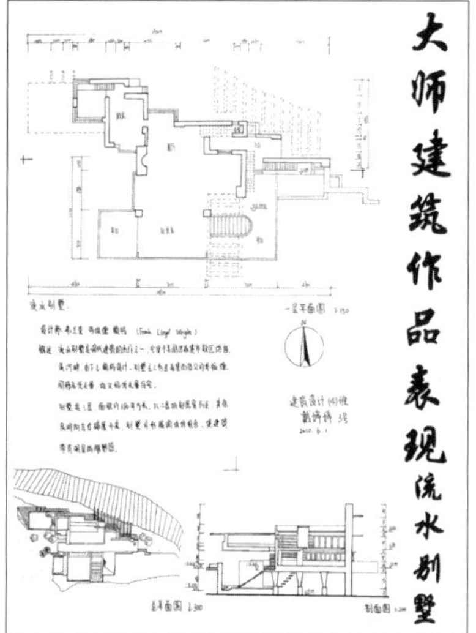
大师建筑作品表现
流水别墅

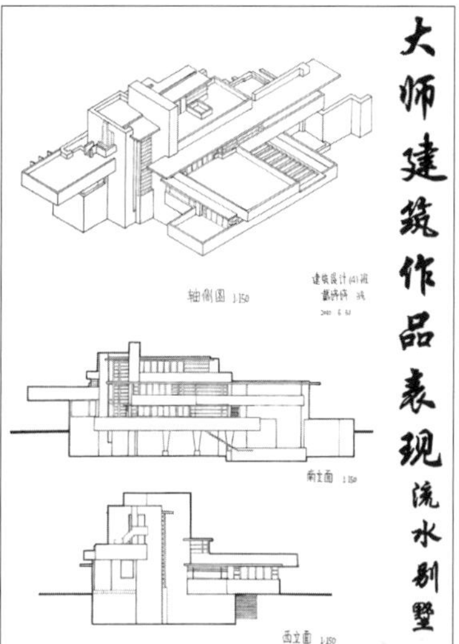
大师建筑作品表现
流水别墅
轴侧图 1:150
南立面
西立面

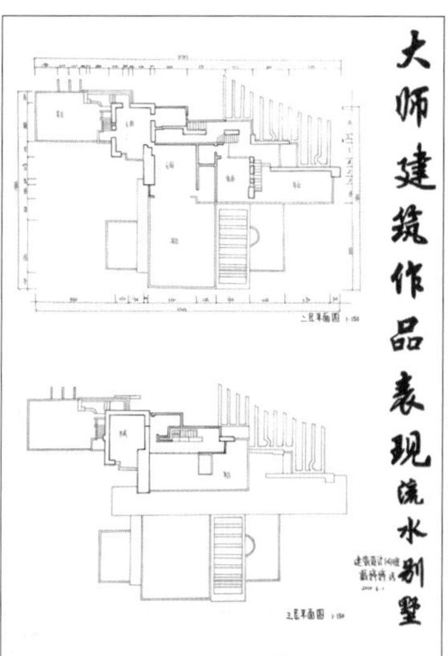
大师建筑作品表现
流水别墅

11建筑设计一班
王明腾
18511060180

萨兹曼住宅

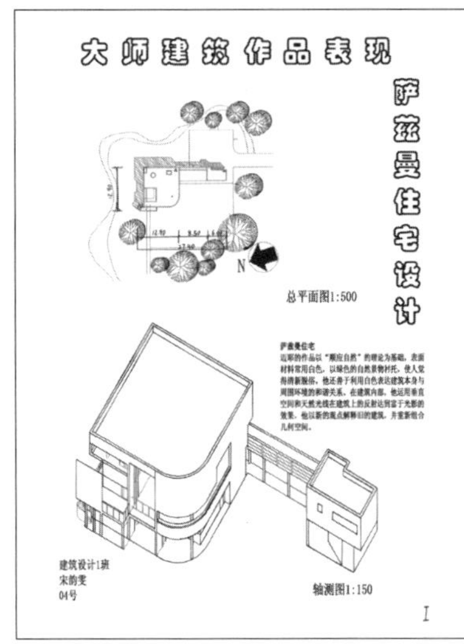
大师建筑作品表现
萨兹曼住宅设计
总平面图1:500
轴测图1:150
建筑设计1班
宋韵雯
04号

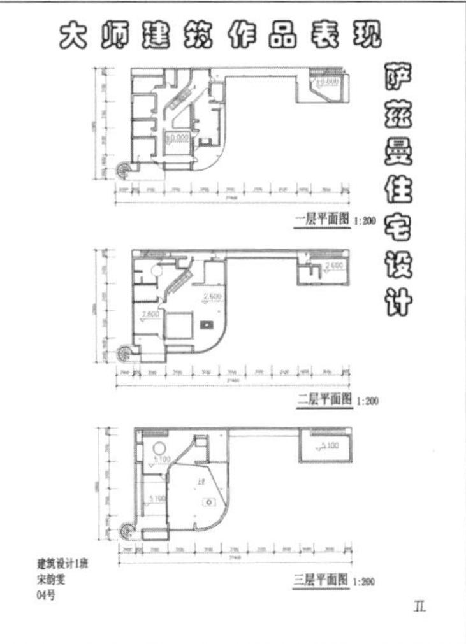
大师建筑作品表现
萨兹曼住宅设计
一层平面图 1:200
二层平面图 1:200
三层平面图 1:200
建筑设计1班
宋韵雯
04号

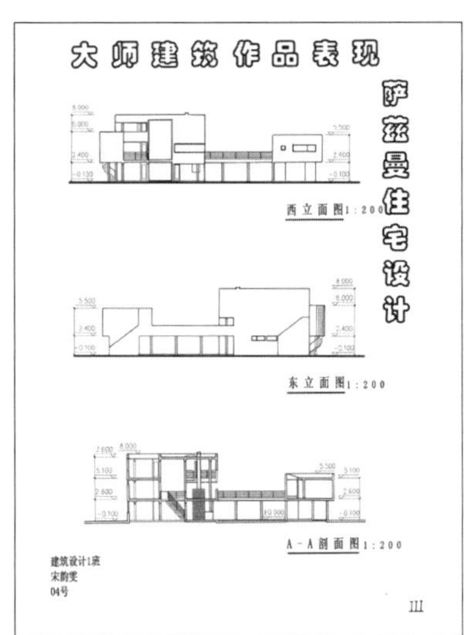
大师建筑作品表现
萨兹曼住宅设计
西立面图1:200
东立面图1:200
A-A剖面图1:200
建筑设计1班
宋韵雯
04号

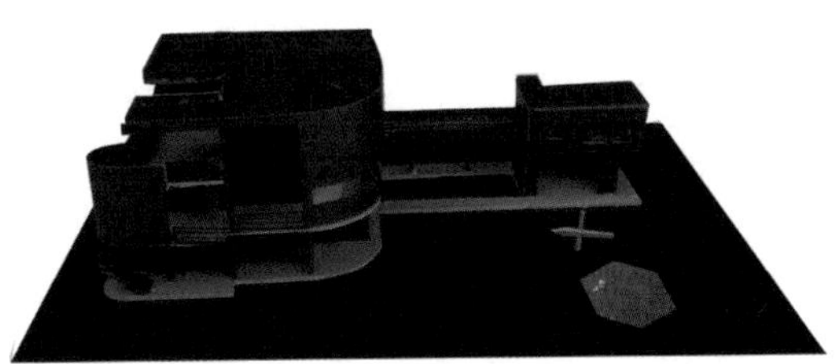

施罗德住宅

建筑大师作品表现
施罗德住宅(四)
轴测图1:50

建筑大师作品表现
施罗德住宅(三)
剖面图1:50

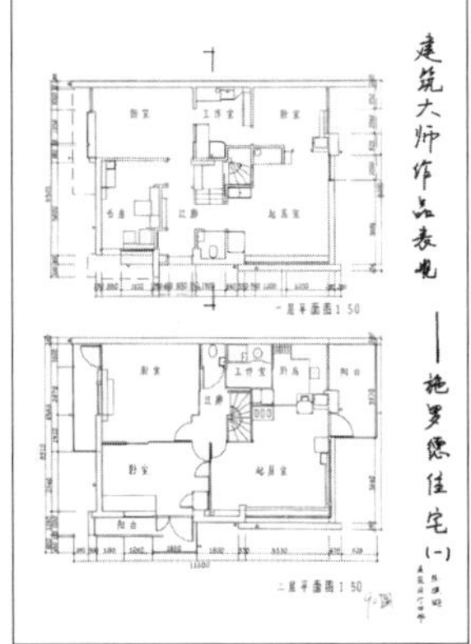
建筑大师作品表现
施罗德住宅(一)

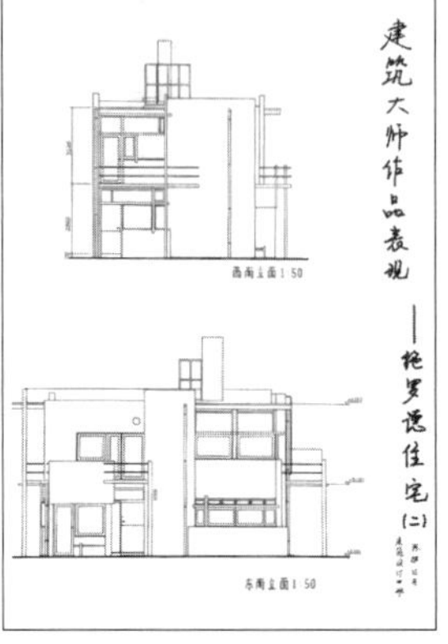
建筑大师作品表现
施罗德住宅(二)

安藤 time 住宅

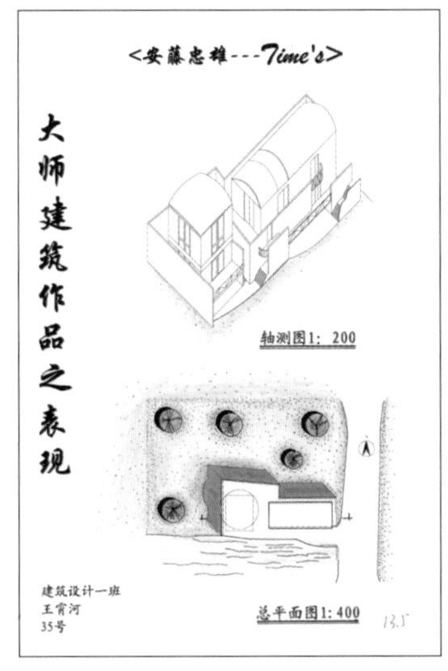

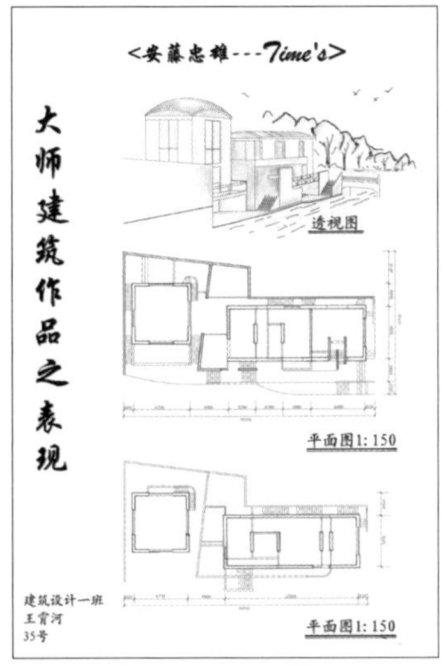

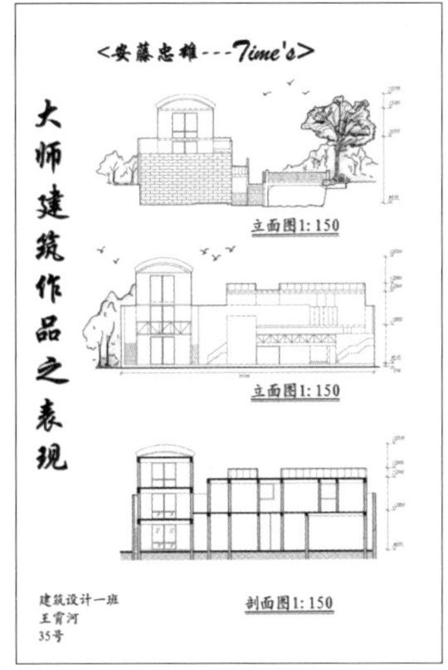

水之教堂

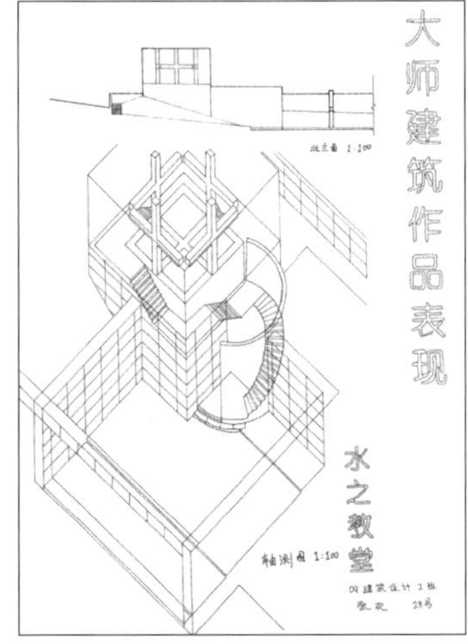

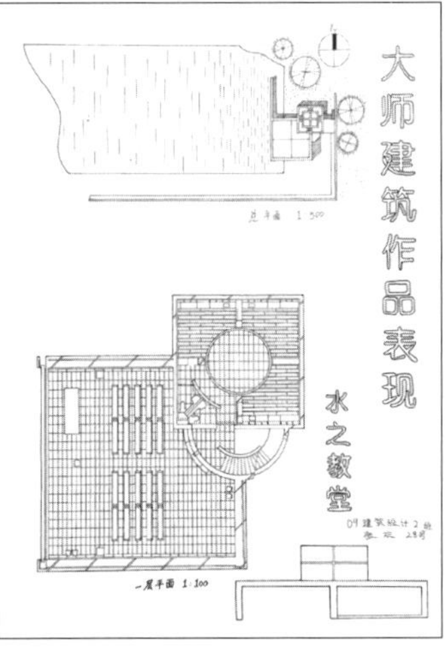

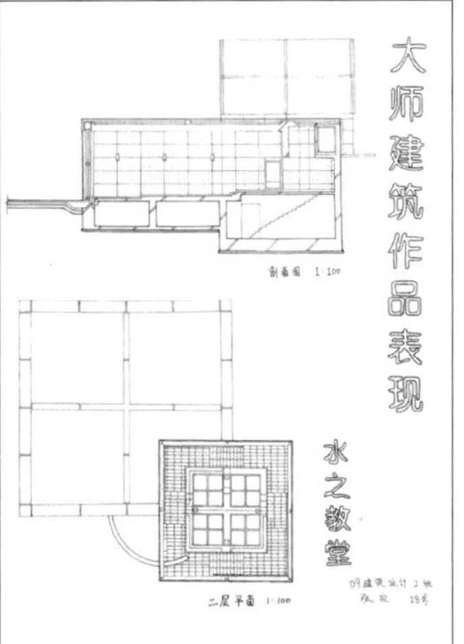

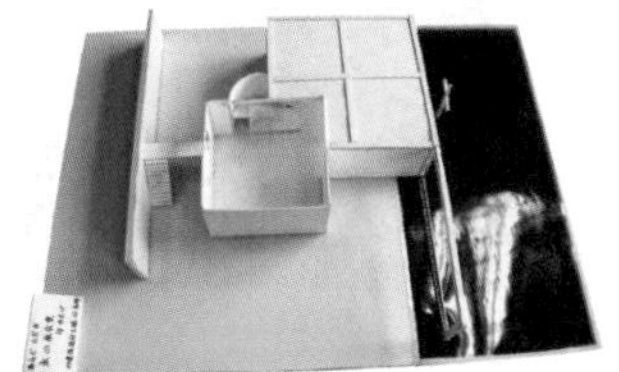

乌尔姆展馆

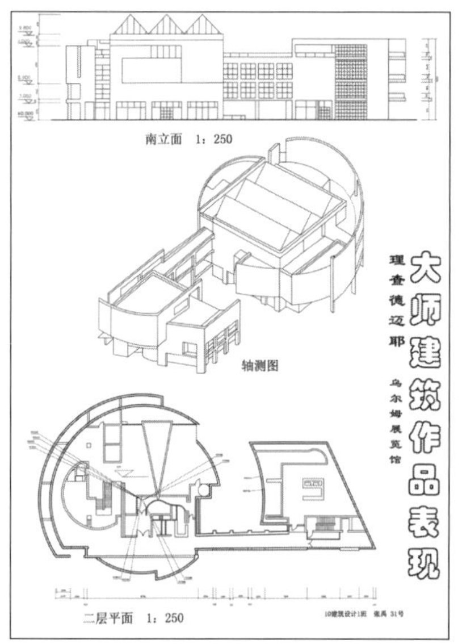
南立面 1：250
轴测图
大师建筑作品表现
理查德迈耶
乌尔姆展览馆
二层平面 1：250

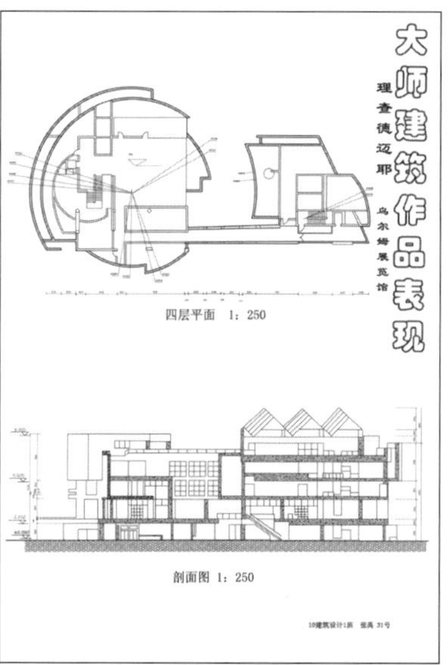
大师建筑作品表现
理查德迈耶
乌尔姆展览馆
四层平面 1：250
剖面图 1：250

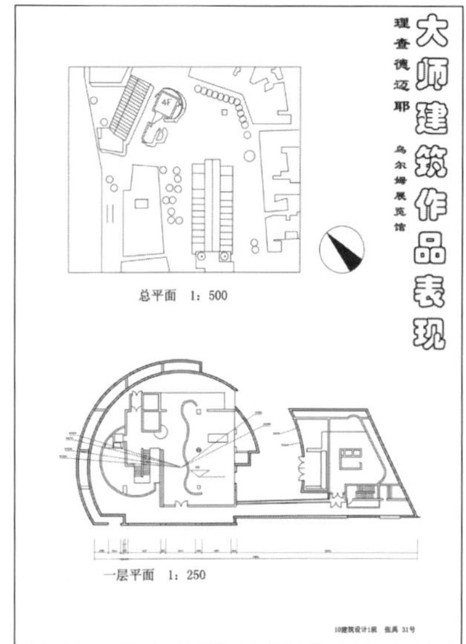
大师建筑作品表现
理查德迈耶
乌尔姆展览馆
总平面 1：500
一层平面 1：250

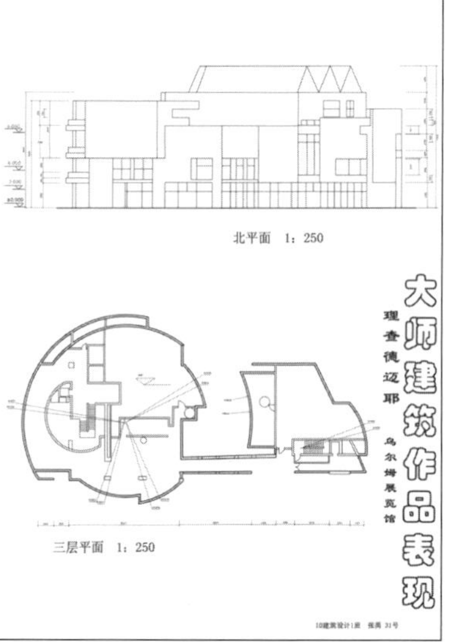
北平面 1：250
大师建筑作品表现
理查德迈耶
乌尔姆展览馆
三层平面 1：250

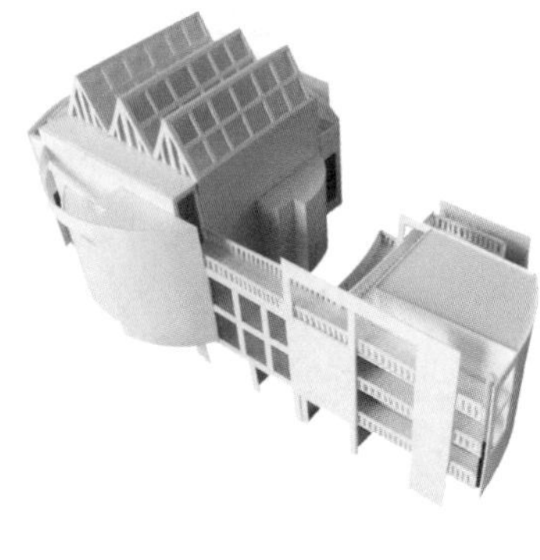

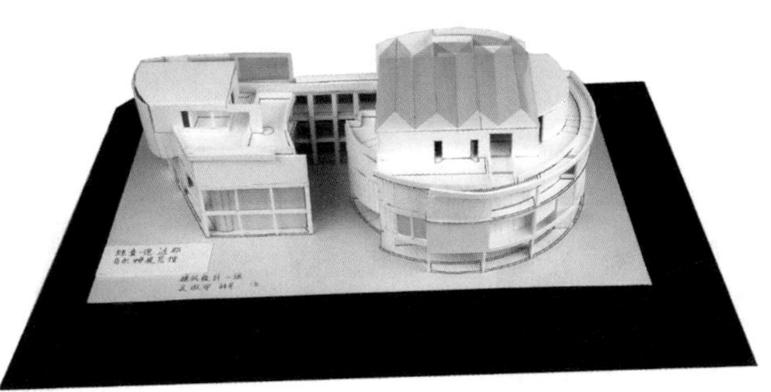

安娜湖丛林住宅

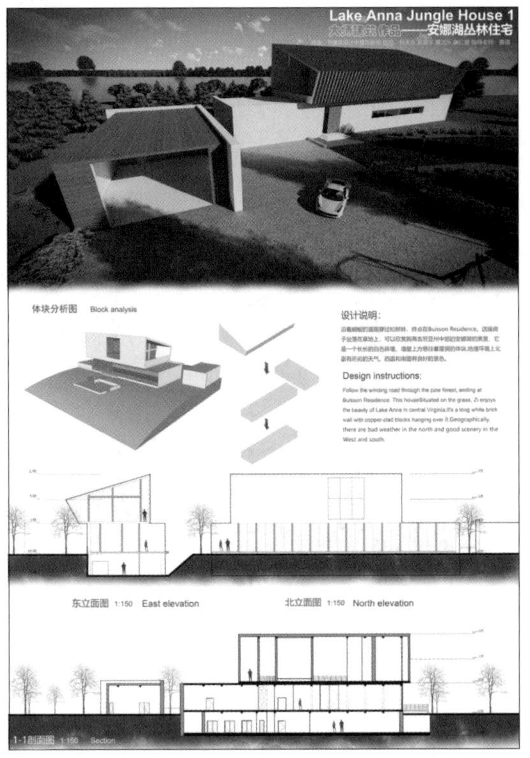
Lake Anna Jungle House 1
安娜湖丛林住宅
体块分析图 Block analysis
设计说明:
Design instructions:
Follow the winding road through the pine forest, ending at Busson Residence. This houseSituated on the grass, Zi enjoys the beauty of Lake Anna in central Virginia.It's a long white brick wall with copper-clad blocks hanging over it.Geographically, there are bad weather in the north and good scenery in the West and south.
东立面图 1:150 East elevation
北立面图 1:150 North elevation
1-1剖面图 1:150 Section

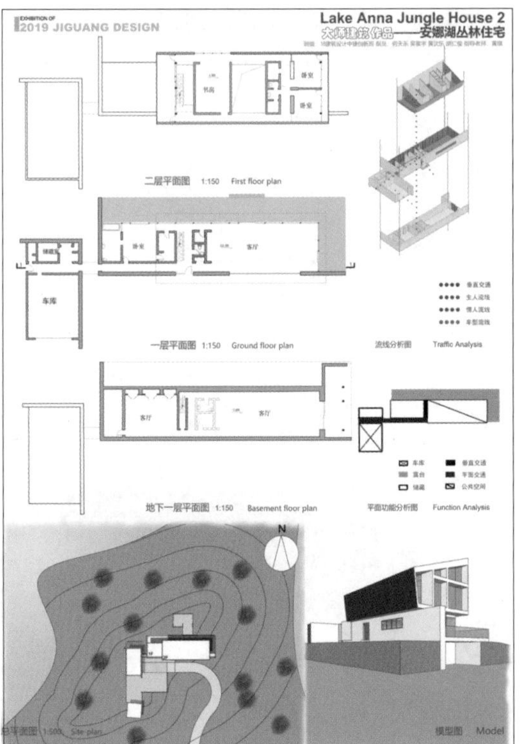
EXHIBITION OF
2019 JIGUANG DESIGN
Lake Anna Jungle House 2
安娜湖丛林住宅
二层平面图 1:150 First floor plan
一层平面图 1:150 Ground floor plan
流线分析图 Traffic Analysis
地下一层平面图 1:150 Basement floor plan
平面功能分析图 Function Analysis
总平面图 1:500 Site plan
模型图 Model

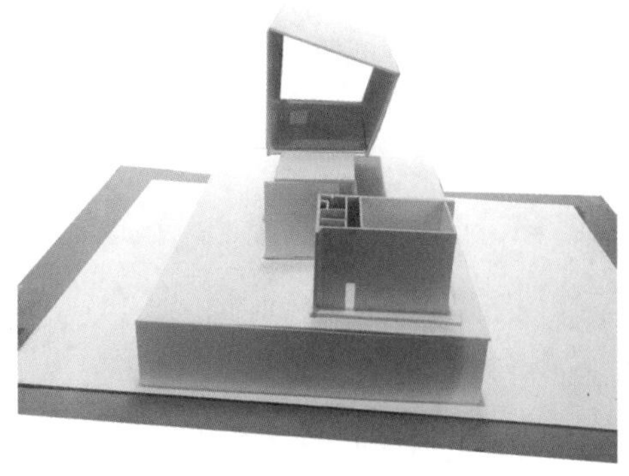

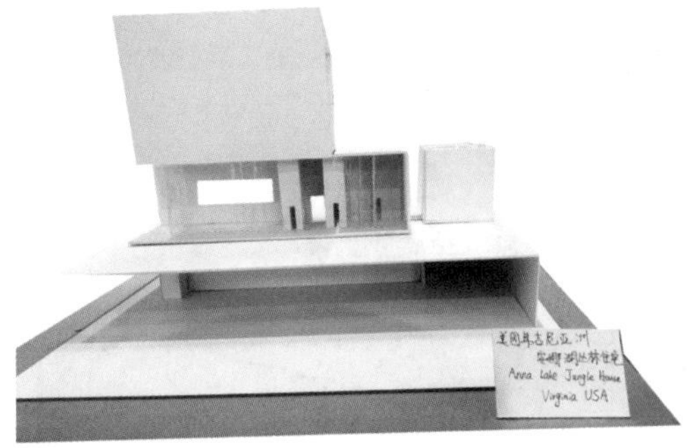
Anna Lake Jungle House
Virginia USA

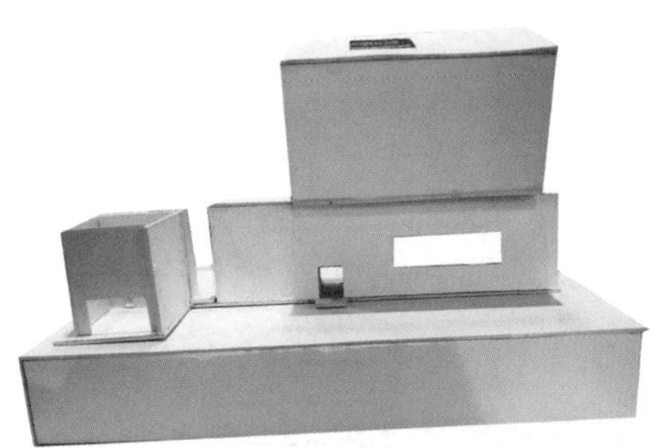

山坡住宅

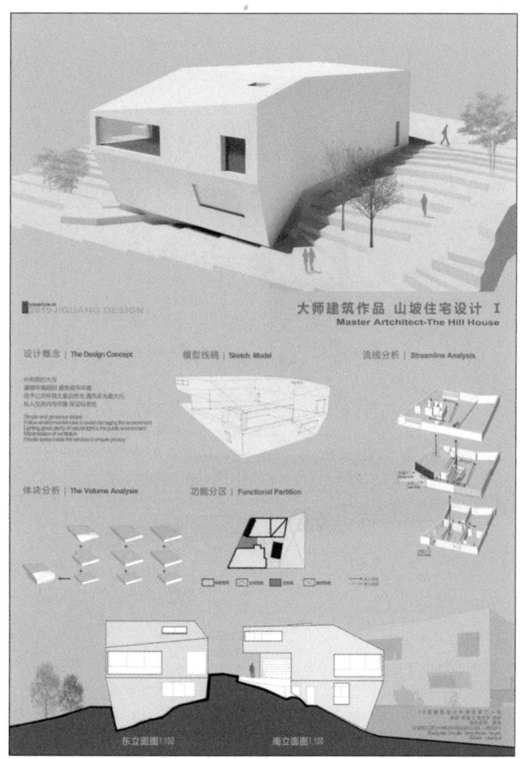
大师建筑作品 山坡住宅设计 I
Master Architect-The Hill House
设计概念 | The Design Concept
模型线稿 | Sketch Model
流线分析 | Streamline Analysis
体块分析 | The Volume Analysis
功能分区 | Functional Partition
东立面图1:100
南立面图1:100

大师建筑作品 山坡住宅设计 II
Master Architect-The Hill House
设计说明 | Design Introduction
地下层平面图1:100 Basement Floor Plan
总平面图1:300 Site Plan
一层平面图1:100 First Floor Plan
二层平面图1:100 Second Floor Plan
北立面图1:100
1-1剖面图1:100

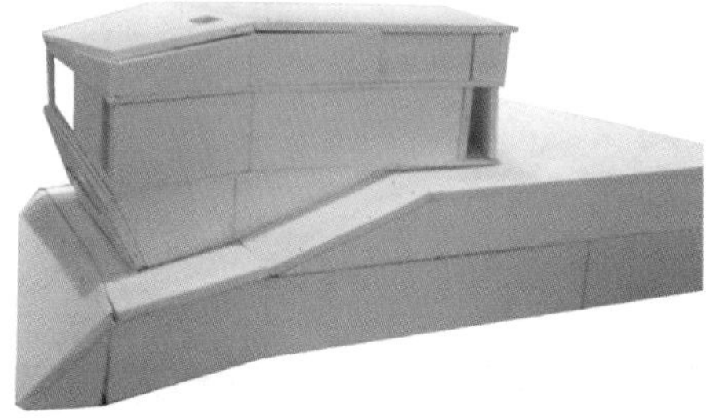

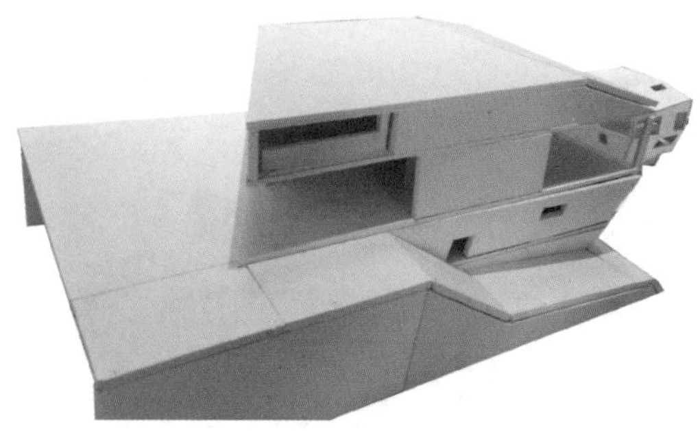

山间小屋

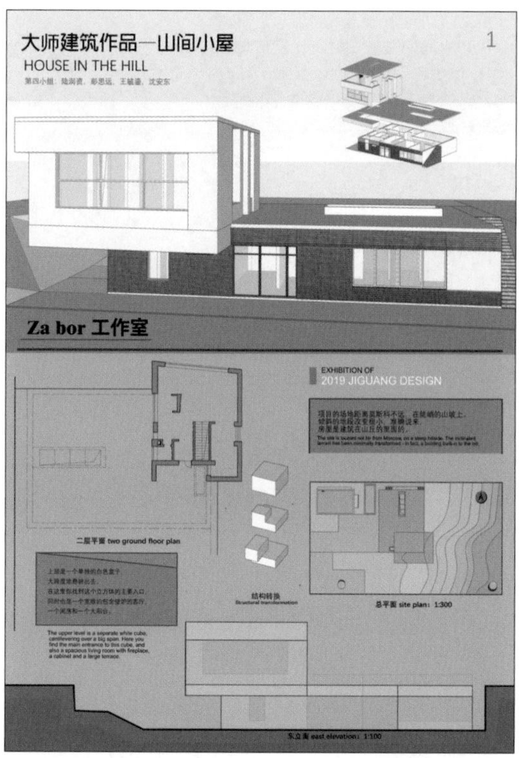
大师建筑作品—山间小屋
HOUSE IN THE HILL
1
Za bor 工作室
EXHIBITION OF
2019 JIGUANG DESIGN
二层平面 two ground floor plan
结构转换
总平面 site plan：1:300
The upper level is a separate white cube, cantilevering over a big span. Here you find the main entrance to this cube, and also a spacious living room with fireplace, a cabinet and a large terrace.
东立面 east elevation：1:100

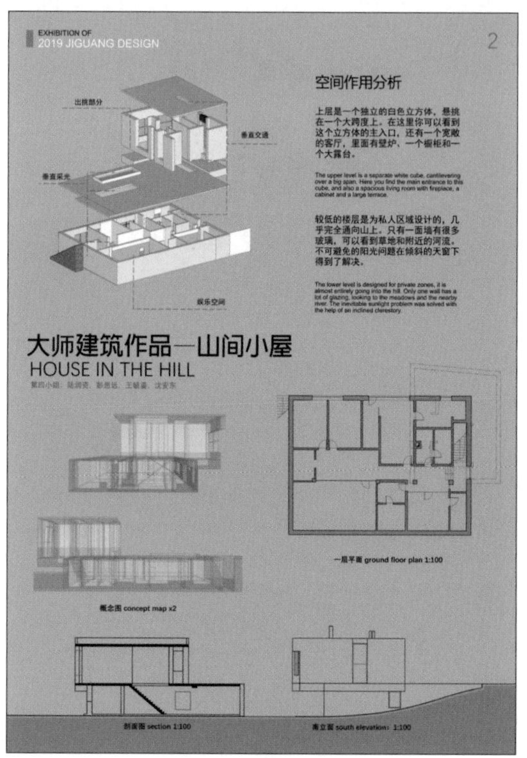
EXHIBITION OF
2019 JIGUANG DESIGN
2
空间作用分析
出挑部分
垂直交通
垂直采光
娱乐空间
上层是一个独立的白色立方体，悬挑在一个大跨度上。在这里你可以看到这个立方体的主入口，还有一个宽敞的客厅，里面有壁炉、一个橱柜和一个大露台。
The upper level is a separate white cube, cantilevering over a big span. Here you find the main entrance to this cube, and also a spacious living room with fireplace, a cabinet and a large terrace.
较低的楼层是为私人区域设计的，几乎完全通向山上。只有一面墙有很多玻璃，可以看到草地和附近的河流。不可避免的阳光问题在倾斜的天窗下得到了解决。
The lower level is designed for private zones, it is almost entirely going into the hill. Only one wall has a lot of glazing, looking to the meadows and the nearby river. The inevitable sunlight problem was solved with the help of an inclined clerestory.
大师建筑作品—山间小屋
HOUSE IN THE HILL
一层平面 ground floor plan 1:100
概念图 concept map x2
剖面图 section 1:100
南立面 south elevation：1:100

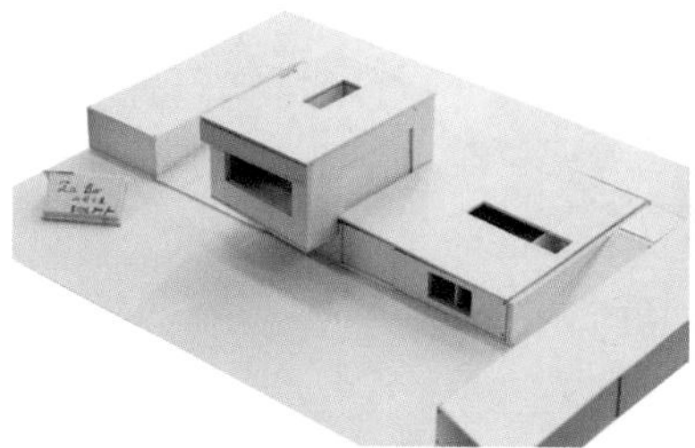

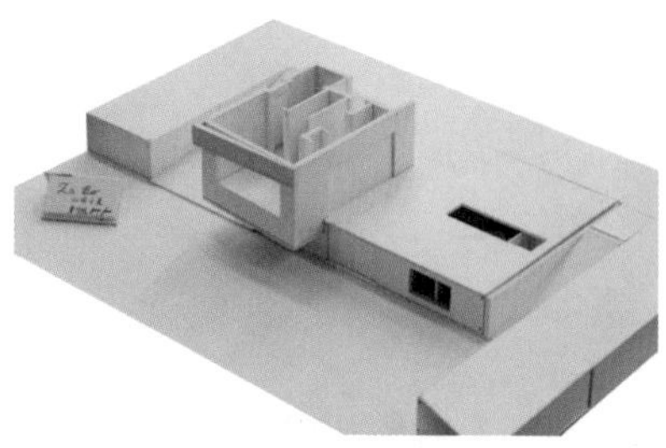

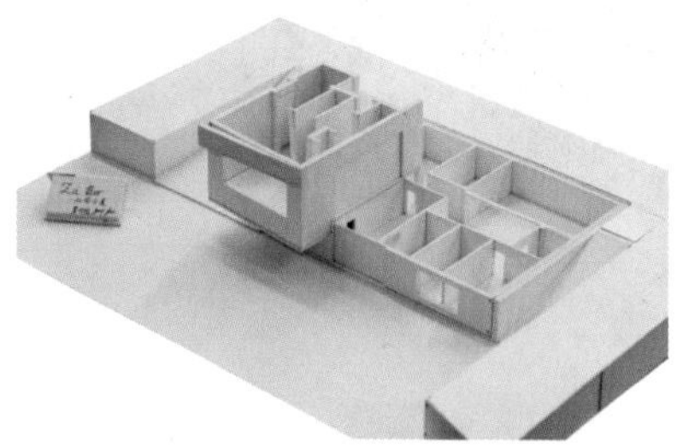

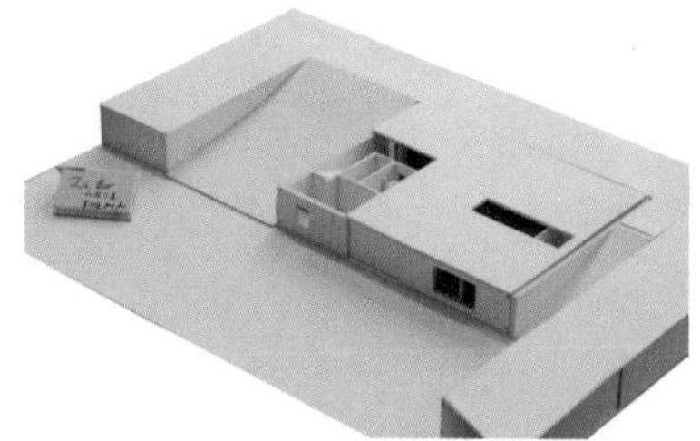

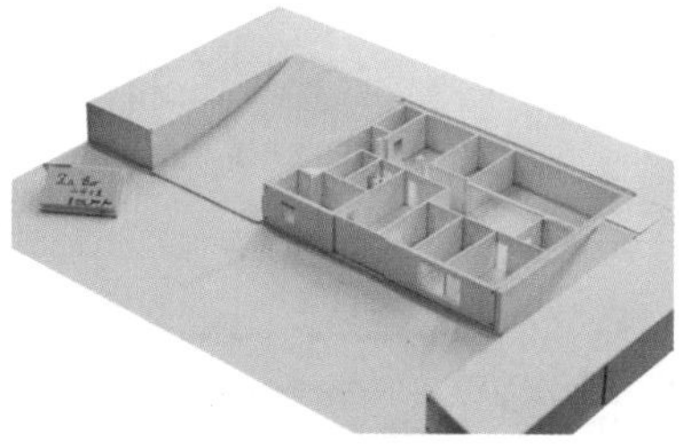

皮拉西卡巴住宅

手工模型制作与电脑图纸表达相结合，可以帮助学生更好地理解建筑三维空间，包括较复杂的地形，如坡地、地下空间等，对建筑细部也有更为深入的理解，同时还锻炼学生吃苦耐劳、耐心的职业精神。

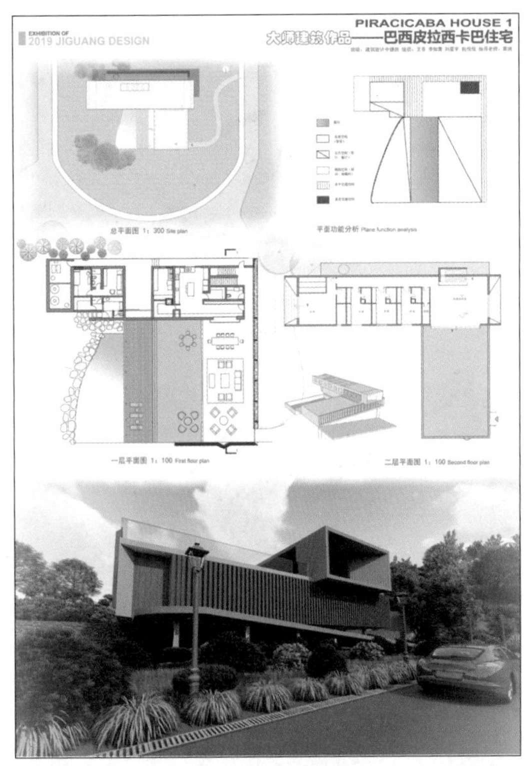

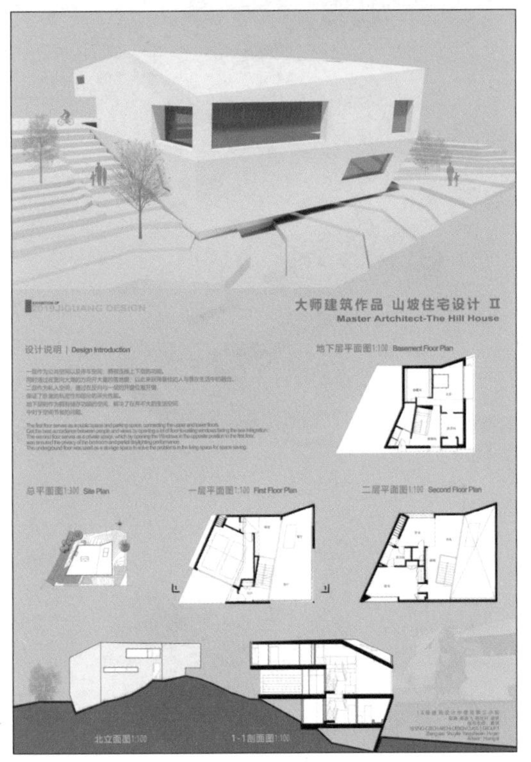

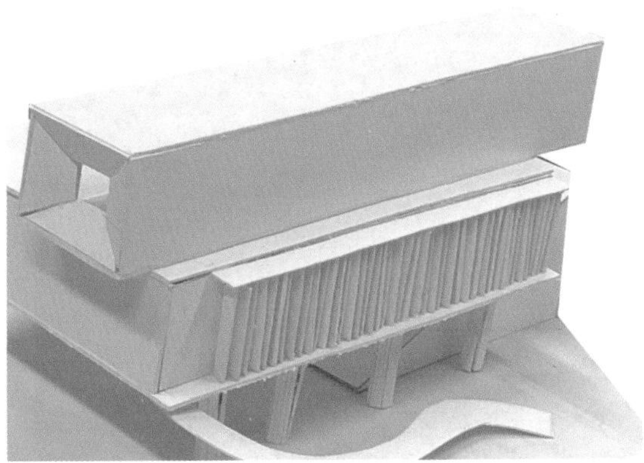

APPENDIX

附录 阅读建筑

附表 1 中国古代建筑读谱

分类 / 时代	名称	描述	图示
史前时期	河姆渡文化	最早出现于长江流域新石器时期，属于干栏式建筑，并发现了榫卯结构的雏形。	
夏	治水工程	华夏民族的奠基，也是中国式治水文化的开端，是中华民族的第一个王朝。	
商	安阳殷墟	第一个文献可考据，并为考古学和甲骨文所证实的都城遗址，是中华古都之首。	
西周	周王城图	“匠人营国，方九里、旁三门……左祖右社，面朝后市，市朝一夫”（《周礼 · 考工记》），是古代城市理想形态。	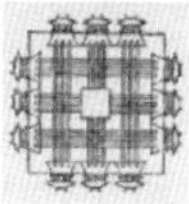
春秋	四合院	（清）张惠言《仪礼图》中的士大夫住宅图，是院落住宅的理想形态。	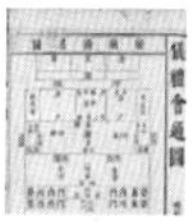
战国	长城	中华古代第一军事工程，是中华第一帝国汉民族与草原民族对抗的见证。	
秦	秦始皇骊山陵	“穿三泉，下铜而致椁……以水银为百川江河大海，机相灌输，上具天文，下具地理。”（《史记》）	
西汉	四川雅安高颐墓阙	建于209年，阙顶仿汉代木结构建筑，有角柱、枋斗、浮雕，图像丰富。	
东汉	东汉洛阳城	城内主要宫殿为南宫和北宫，太仓与武库位于城内东北角，仅次于长安。	

（续表）

分类 / 时代	名称	描述	图示
三国	坞堡	又称坞壁，民间防卫性建筑，富豪之家为自保构筑的坞堡营壁。	
魏晋南北朝	北魏河南登封县嵩岳寺塔	15层密檐式砖塔，高37米，12边形，由基台、塔身、叠涩砖檐和塔刹组成。	
隋	大运河	中华古代第一交通工程，是贯穿南北的大动脉，促进了南方的发展与南北的融合。	
唐	山西五台山佛光寺	中国乃至亚洲现存古代木构建筑中不可多得的标本。	
五代十国	江苏南京市栖霞寺舍利塔	八角五檐，高15米的密檐式塔，是南唐雕刻水平最高的体现，也是国内最大的舍利塔。	
宋	山西晋祠圣母庙	宋代建筑的代表作，重檐歇山顶，黄绿色琉璃瓦剪边，廊柱上木雕盘龙八条。	
辽	应县佛宫寺释迦塔	现存最高最古老的木构塔式建筑，是中国唯一仅存的木结构楼阁式塔。	
金	芦沟桥	金大定二十九年（1189）六月始建，是北京市最古石拱桥。	
元	山西洪洞广胜下寺	元代建筑的典范，造型活泼生动，别开生面。	
明	北京市天安门华表	相传舜立木牌于要道，供人书写谏言，针砭时弊。古称桓表，东汉起改石制。	
清	北京故宫太和殿	紫禁城（故宫）中最大的殿宇，是东方三大殿之一。	

附表 2 中国民居建筑读谱

分类 / 地域	名称	描述	图示
北京合院	北京四合院	中国传统合院式建筑，通常由正房、东西厢房和倒座房组成，四面合围成庭院。	
江南民居	浙江杭州吴宅	五进院落，富有典型的江南特色，是杭城仅存的明代木构。	
福建土楼	福建永定客家土楼	人与自然结合，和谐相处的典范，也是大家庭、小社会和谐相处的典范。	
北方窑洞	河南巩县窑洞	黄土高原的产物，或傍山而建、或平地而箍、或沉入地下，形成独特的建筑风貌。	
云南干阑式	云南景洪县 傣族住宅	“干栏”式竹楼，户与户之间以竹篱为栏，自成院落，充满着亚热带的风光和异国情调。	
藏族民居	四川马尔康县 藏族住宅	青藏高原以及内蒙古部分地区常见的居住形式，外观很像碉堡。	
维族民居	新疆维吾尔 和田县住宅	外形受波斯风格的影响，图案装饰为维吾尔风格，将自然为对象抽象化，并与写实相结合。	
蒙古民居	蒙古族毡包	古代称作“穹庐”“毡包”或“毡帐”，便于草原牧民迁徙。	
江南园林	江苏苏州市 寒壁庄留园	整个园林采用不规则布局形式，使园林建筑与山、水、石相融合，以呈天然之趣。	

附表 3 世界古代建筑读谱

分类 / 地域		名称	描述	图示
远古时期	古埃及	吉萨金字塔群 Pyramid	约建于公元前2575-前2465年，其中最高的胡夫金字塔高146米，是西方建筑的经典源头。	
	两河流域	乌尔山岳台 Ziggurat	约建于公元前2125年，是古代西亚崇拜山岳、崇拜天体、观测星象的塔式建筑物。	
古典时期	希腊古典	雅典卫城 Acropolis	始建于公元前580年，为纪念希波战争胜利而建，位于雅典中心卫城的山丘上，是杰出的古希腊建筑群。	
	罗马古典	万神庙 Pantheon	始建于公元前27年，直径43.3米，是古代世界最大的穹窿。用于供奉罗马诸神，是古罗马建筑的代表作。	

（续表）

分类 / 风格流派		名称	描述	图示
中世纪	拜占庭	圣索菲亚大教堂 St. Sophia	建于532年，由查士丁尼一世下令建造，是拜占庭风格的代表建筑，也是拜占庭帝国的纪念碑。	
	罗马风	圣塞尔南大教堂 St. Semin	建于1080—1120年，因圣徒塞尔南得名，是世界最大规模的罗马风建筑之一。	
	哥特式	巴黎圣母院 Notre Dame	建于1163—1345年，位于塞纳河畔的西堤岛。作为哥特式教堂，无论在建筑上、还是文学上，都具有无与伦比的价值。	
文艺复兴时期	文艺复兴早期	佛罗伦萨大教堂穹顶 Florence dome	建于1421—1434年，从此开启欧洲文艺复兴时代。它是西欧第一个建造在鼓座上的大型穹顶。	
	文艺复兴盛期	圆厅别墅 Villa Rotonda	建于1567—1571年，采用平面呈正方形，四面均有门廊的形式，是形式主义的代表建筑。	
	文艺复兴晚期	圣彼得大教堂 st. Peter's	建于1506年，由米开朗基罗设计，是世界上最大的教堂，天主教最神圣的地点。	
	巴洛克	耶稣会教堂 Church of Gesu	建于1568—1602年，第一个巴洛克建筑，由手法主义向巴洛克风格过渡。	
	古典主义	卢浮宫东立面 East elevation of the Louvre	建于1668年，立面为标准的古典主义三段式，是理性美的代表。	
	洛可可	奥古斯都城堡的 室内装饰 Rococo	洛可可风格是18世纪流行于欧洲的一种装饰风格，是宫廷古典主义艺术的发展。	
其他	伊斯兰	圣地麦加 Holy Mecca	位于伊斯兰第一圣地克尔白，穆斯林礼拜朝向和朝觐中心。	
	古代日本	金阁寺 Kinkakuji	寺内舍利殿以金箔装饰，因此得到金阁寺的昵称。	
	古代美洲	玛雅金字塔 MayanPyramid	玛雅金字塔由9层平台和顶部方形神庙组成。	
	东南亚	大金塔 Shwedagon	形状像一个倒置的巨钟，用砖砌成，是东方艺术的瑰宝。	
	非洲	廷巴克图 Timbuktu	源自神话，是12世纪时四大沙漠通道的交会点。	
	北极	冰屋 Eskimo igloo	北极地区爱斯基摩人的独特建筑，建筑平均寿命只有约50天。	

附表 4 世界近现代建筑读谱

第一次工业革命时期（18 世纪 60 年代至 19 世纪 50 年代）

分类 / 风格流派		名称	描述	图示
复兴主义	希腊复兴	大英博物馆 British museum	建于1753年，希腊复兴的代表性建筑。世界首座国家公立博物馆，于1759 年开放。	
	罗马复兴	美国国会大厦 U.S. Capitol	建于1793年，采用罗马古典复兴的建筑风格，是华盛顿标志性建筑，美国的象征。	
	浪漫主义	英国议会大厦 Parliament House	建于1840年，采用哥特复兴的建筑风格，又称为威斯敏斯特宫，是英国的国家名片。	

第二次工业革命时期（19 世纪 40 年代至 20 世纪 40 年代）

分类 / 风格流派		名称	描述	图示
探索风格现代先声	新技术发展	埃菲尔铁塔 Eiffel Tower	建于1887—1889年世博会期间，为庆祝法国大革命胜利100年而建，是法国的新象征。	
	工艺美术运动	红屋 Red House	建于1863年，由威廉 · 莫里斯和菲利普 · 韦伯合作设计，是工艺美术运动代表建筑。	
	新艺术运动	米拉公寓 Casa Mila	建于1906—1912年，呈波浪形的外观，由高迪设计，是19世纪末建筑技术的杰出创意与贡献的见证。	
	维也纳分离派	分离派展览馆 Secession Building	建于1897年，分离艺术家的展览馆，是新艺术运动走向现代主义的标志性建筑。	
	芝加哥学派	芝加哥公会堂 Auditorium Building	建于1889年，大楼以钢铁结构框架及近乎完美的音响效果而知名，是典型的美国风格。	
	表现主义	爱因斯坦天文台 Einstein Tower	建于1919—1924年，作为表现主义建筑的杰出案例，映射相对论的神秘莫测。	
	德意志制造联盟	科隆展览会办公楼 Cologner	建于1914年，该大楼作为改善德国工业制品质量而成立的联盟的办公楼，是最早采用玻璃幕墙的建筑。	
现代奠基	荷兰风格派	乌德勒支住宅 Utrecht	建于1924年，立体构成和色彩构成的活教材，影响了现代建筑及室内装饰的流派。	
	构成主义	第三国际纪念碑 Third International	建于1919年，是由先锋艺术家设计的，充满动势的巨型构架，象征共产主义的纪念碑。	

（续表）

分类 / 设计者		名称	描述	图示
现代大师4+1	格罗皮乌斯	包豪斯校舍与设计 Bauhaus	建于1925年，是现代建筑教育体系的鼻祖，涉及建筑设计、室内设计、平面设计与工业设计等多个学科。	
	柯布西耶	萨伏伊别墅 Villa Savoye	建于1928—1931年，住宅是居住的机器、光的艺术空间，是现代主义的帕提农神庙。	
	密斯·凡·德·罗	巴塞罗那馆 barcelona pavilion	建于1929年，流动空间的诠释、优雅简洁的设计以及丰富的材料，是现代主义的杰作。	
	弗兰克·赖特	流水别墅 Falling Water	建于1935 年，建筑与自然融合，是有机建筑理论的代表作，奠定了美国现代主义的根基。	
	阿尔瓦·阿尔托	玛丽亚别墅 Villa Mairea	建于1939年，在北欧的森林里触摸自然，是北欧现代主义时期建筑的杰作。	

第三次工业革命时期（20 世纪 50 年代至 21 世纪 00 年代）

分类 / 风格流派		名称	描述	图示
现代建筑派的普及与发展	进程中的反复	克莱斯勒大厦 Chrysler Building	建于1930年，装饰艺术派代表作，在咆哮的20世纪20年代 云端的皇冠和终结的象征。	
	理性充实提高	儿童之家 Amsterdam Orphanage	建于1960年，脱离于team10，凡·艾克试图创造一个既是住宅又是小城市的建筑。	
	粗野主义	马赛公寓大楼 Unit Marseille	建于1947—1952年，大型单体居住建筑，柯布最有创意和影响最为深远的作品。	
	技术精美	西格拉姆大厦 Seagram Building	建于1954—1958年，精简的结构构件为特色，其结构逻辑呈现了“少即是多”的理念，是里程碑式的作品。	
	典雅主义倾向	纽约世贸中心 NY World TradeCenter	建于1966—1973年，有“世界之窗”之美誉，采用钢框架套筒结构，911遭恐怖袭击后倒塌。	
	工业技术倾向	蓬皮杜中心 Le Centre Pompidou	建于1977年，建筑将梁柱管线、设备暴露在大众面前，大胆、反叛、颠覆传统。	
	人情化地域性	珊纳特塞罗中心 Saynatsalo Town Hall	建于1949年，古典纪念性建筑元素和现代主义形式建筑，呈现了融合、静谧的伟大。	

（续表）

分类 / 风格流派		名称	描述	图示
现代建筑派的普及与发展	地域性	干城章嘉公寓 Kanchanjunga Apartments	建于1983年，其社会意义在于对现代文化、不断加剧的城市化以及当地气候的直接回应。	
	个性象征	悉尼歌剧院 Sydney Opera House	建于1959—1973年，特有的帆船的造型与环境完美呼应，是澳大利亚地标式建筑。	
现代之后	现代到后现代	维罗纳古堡改建 Museo di Castelvecchio	建于1957—1974年，斯卡帕最有影响力也是最复杂的项目，是历史建筑改建的经典样板。	
	后现代主义	文图里母亲宅 Vanna Venturi House	建于1964年，建筑的矛盾性与复杂性将美国郊区住宅诠释为当代建筑的一份声明。	
	新理性主义	水上剧场 The Teatro del Mondo	建于1980年，水上漂浮着的临时剧院，是威尼斯这所水上都市的最佳缩影。	
	新地域主义	斋普尔市博物馆 Jaipur City Museum	建于1986—1992年，曼陀罗形制呈现了这个城市深厚的文化积淀的城市，印度的文化之都。	
	解构主义	布拉格尼德兰大厦 Prague Dancing House	建于1996年，又名弗莱德与琴吉的房子（Fred and Ginger），是一对舞者的暗喻。	
	新现代	卢浮宫玻璃金字塔 Louvre Pyramid	建于1989年，曾经在一片争议和批评声中揭幕，如今却已经成了卢浮宫的象征之一。	
	高技派	柏林国会大厦改建 Reichstag Renovation	建于1992年，玻璃穹窿彻底改变它的意义，在对过去的缅怀同时又展示驶往未来的希冀。	
	极少主义	瓦尔斯镇温泉浴场 Vals ThermalBaths	建于1996年，流动空间贯穿整个建筑物，它连接了所有的空间，并创造了一个平和的氛围。	

SOURCE OF THE PICTURES

图片来源

第一单元

图 1-1 广义建筑范畴

建筑物：中国建筑设计院有限公司，天津大学建筑学院 . 建筑设计资料集（第三版）第 1 分册 . 北京：中国建筑工业出版社，2017.

构筑物：

水塔：由 pexels 网站提供

堤坝：由 pexels 网站提供

图 1-6 建筑空间形式

建筑空间形式：柏梦杰提供

图 1-7 建筑空间组合

米兰教堂外景：由 Ouael Ben Salah 在 Unsplash 提供

佛罗伦萨主教堂内景：由 Belinda Fewings 在 Unsplash 提供

佛罗伦萨主教堂内景 1：由 Mateus Campos Felipe 在 Unsplash 提供

图 1-10 城市肌理：由汉堡 altona 区地图和网络相关图片整理而成

图 1-13 风景园林的设计类型：田辛提供

图 1-14 徒手画草图与工具

景观手绘图：王芳提供

第二单元

图 2-8 不同造型的门和窗

不同造型的门：一位爱上门的摄影师：他穷尽一生，只拍门（微信公众号）

不同造型的窗：这个只拍窗户的摄影师带你看世界（微信公众号）

门窗功能简图：钱俞桑提供

第三单元

图 3-4 中国宗教建筑

佛光式大殿剖面图：梁思成.《图像中国建筑史》手绘图. 北京：新星出版社，2017.

佛光寺大殿屋顶：段文婷提供

图 3-5 民居构造

穿斗式木构架：中国建筑设计院有限公司，天津大学建筑学院. 建筑设计资料集（第三版）第 1 分册. 北京：中国建筑工业出版社，2017.

图 3-7 中国传统建筑平面形式：田学哲. 建筑初步（第二版）. 北京：中国建筑工业出版社，2007.

图 3-8 中国传统建筑门：中国建筑里的“门”，微信公众号

图 3-9 斗拱：梁思成.《图像中国建筑史》手绘图. 北京：新星出版社，2017.

图 3-10 传统建筑屋顶形式：中国建筑设计院有限公司，天津大学建筑学院. 建筑设计资料集（第三版）第 1 分册. 北京：中国建筑工业出版社，2017.

图 3-11 西方神庙与教堂

帕提农神庙：由 Pat Whelen 在 Unsplash 提供

帕提农神庙平面图：维特鲁威. 建筑十书. 高履，译. 北京：知识产权出版社，2001.

图 3-12 圆厅别墅

圆厅别墅图纸：A History of Architecture on the Comparative Method. Banister Fletcher. Charles Scribner's Sons, 1967

图 3-14 柱式组合案例

卢浮宫东立面：由 pexels 网站提供

图 3-15 现代建筑四位大师

格罗皮乌斯：The Spirit of the AUHAUS. Thames & Hudson.Printed in Belgium.2018

密斯：Mies in America.Phyllis Lambert. New York : H.N. Abrams, 2001.

柯布西耶：LE CORBUSIER LE GRAND .London : Phaidon Press Ltd, 2008.

赖特：THE ARCHITECTURE OF Lloyd Frank Wright.Neil Levine. New York ; London : Van Nostrand Reinhold, c1994.

图 3-16 现代建筑四位大师作品

萨伏耶别墅 1：致敬 100s/ 追随柯布西耶，探索她的萨伏伊悲伤（微信公众号）

萨伏伊别墅 2：Le Corbusier. the Villa Savoye.Jacques Sbriglio.Walter de Gruyter GmbH.2008-03-07

图 3-19 王澍作品

中国美院象山校区：柏梦杰提供

图 3-20 基于本土文脉建筑实践

MAD 朝阳公园广场：由 Ray Zhou 在 Unsplash 上提供

第五单元

图 5-1 构成基本要素、图 5-2 建筑作品构成分析、图 5-3 室内设计中的构成、图 5-4 景观设计中的构成：

程大锦 . 建筑：形式、空间和秩序（第三版）. 刘丛红，译 . 天津：天津大学出版社，2008.

图 5-7 基本形群化关系、图 5-8 基本形综合运用：

田学哲 . 建筑初步（第二版）. 北京：中国建筑工业出版社，2007.

图 5-9 平面基本骨格关系：中国建筑设计院有限公司，天津大学建筑学院 . 建筑设计资料集（第二版）. 北京：中国建筑工业出版社，2014.

图 5-10 平面形式美学法则：高毅 . 设计基础平面构成 . 上海：东方出版社 .，2007.

图 5-12 半立体构成：辛华泉 . 立体构成 . 武汉：湖北美术出版社，2002.

图 5-13 半立体构成案例一、图 5-14 半立体构成案例二：郑孝正提供

图 5-15 平立转化案例一、图 5-16 平立转化案例二：

同济大学建筑系建筑设计基础教研室 . 建筑形态设计基础 . 北京：中国建筑工业出版社，1981.

图 5-17 基本形体特征：辛华泉 . 立体构成 . 武汉：湖北美术出版社，2002.

图 5-18 基本形体相互关系、图 5-19 基本造型法、图 5-20 单元法：

同济大学建筑系建筑设计基础教研室 . 建筑形态设计基础 . 北京：中国建筑工业出版社，1981.

图 5-21 立体形式美学法则：辛华泉 . 立体构成 . 武汉：湖北美术出版社，2002.

图 5-27 空间视线与性格：中国建筑设计院有限公司，天津大学建筑学院 . 建筑设计资料集（1）（第二版）. 北京：中国建筑工业出版社，1994.

图 5-28 空间限定的影响因素、图 5-29 线性垂直要素、图 5-30 L 形空间、图 5-31 平行空间、图 5-32 U 形空间、图 5-33 四面围合空间：

程大锦 . 建筑：形式、空间和秩序（第三版）. 刘丛红，译 . 天津：天津大学出版社，2008.

图 5-35 线要素：程大锦 . 建筑：形式、空间和秩序（第三版）. 刘丛红，译 . 天津：天

津大学出版社，2008.

图 5-36 面要素：

施罗德住宅内外景：根据有方空间编辑整理

图 5-37 单一基本形体、图 5-38 基本形体变化、图 5-39 基本形体变异、图 5-40 两个基本形体关系、图 5-41 多元形体构成关系 、图 5-42 基本形体构成法则——基本骨骼关系、图 5-43 基本形体构成法则——形式美学法则、图 5-44 空间比例、图 5-45 空间尺度：

中国建筑设计院有限公司，天津大学建筑学院 . 建筑设计资料集（1）（第二版）. 北京：中国建筑工业出版社，1994.

图 5-46 空间效果：程大锦 . 建筑：形式、空间和秩序（第三版）. 刘丛红，译 . 天津：天津大学出版社，2008.

图 5-48 二元建筑空间构成、图 5-49 多元建筑空间构成：

中国建筑设计院有限公司，天津大学建筑学院 . 建筑设计资料集（1）（第二版）. 北京：中国建筑工业出版社，1994.

第六单元

图 6-1 图解分析案例：罗杰・H・克拉克、迈克尔・波斯 . 世界建筑大师名作图析（原著第 3 版）. 包志禹、汤纪敏，译 . 北京：中国建筑工业出版社，2006.

图 6-5 小住宅大模型的空间分析：柏梦杰提供

图 6-6 小住宅大模型的空间类型：柏梦杰提供

图 6-7 交通路径模式、图 6-8 流线组织案例：

程大锦 . 建筑：形式、空间和秩序（第三版）. 刘丛红，译 . 天津：天津大学出版社，2008.

图 6-10 六甲山教堂：宋雯珺提供

图 6-12 巴斯克别墅：岳华提供

第七单元

图 7-2 建筑表现图：亢智毅提供

图 7-3 前期场地分析、图 7-4 中期体块生成：

根据分析图专题丨设计推演的理论讲解

图 7-5 后期分析图

功能分区图、流线分析图：钟雨中提供

爆炸图：柏梦杰提供

图 7-6 透视图取景：迪特尔·普林茨，克劳斯·迈那保克恩．建筑思维的草图表达．赵巍岩，译．上海：上海人民美术出版社，2005.

图 7-7 某高校教工俱乐部：建筑设计基础第二教研室．建筑设计基础作业指导书（校本教材），同济大学建筑城市规划学院建筑系，1989.

图 7-8 浮香艺苑：陈金寿提供

第八单元

图 8-3 软件模型： 李婷婷提供

注：本书中其他未注明来源的图片均为编著者自绘、自摄或在相关资料基础上整理重绘，所有学生作业除了标注出处以外的均为济光学院 2008 级至 2021 级学生作业。

REFERENCE

参考文献

[1] 程大锦 . 建筑：形式、空间和秩序 [M]. 3 版 . 刘丛红，译 . 天津：天津大学出版社，2008.

[2] 田学哲 . 建筑初步 [M]. 2 版 . 北京：中国建筑工业出版社，2007.

[3] 建筑设计资料集编委会 . 建筑设计资料集（1）[M]. 2 版 . 北京：中国建筑工业出版社，1994.

[4] 罗杰·克拉克，迈克尔·波斯 . 世界建筑大师名作图析 [M]. 汤纪敏，包志禹，译 . 北京：中国建筑工业出版社，2006.

[5] 高毅 . 设计基础 · 平面构成 [M]. 上海：东方出版中心，2002.

[6] 辛华泉 . 立体构成 [M]. 北京：人民美术出版社，2001.

[7] 同济大学建筑系建筑设计基础教研室 . 建筑形态设计基础 [M]. 北京：中国建筑工业出版社，1981.

[8] 坂本一成，等，建筑构成学——建筑设计的方法 [M]. 陆少波，译 . 上海：同济大学出版社，2018.

POSTSCRIPT

后记

本书是建筑设计基础——建筑初步（一）、（二）课程实践与教学改革的成果。本书得以出版要感谢上海济光职业技术学院和校企合作单位的支持和鼓励，感谢参与该课程建设与教学的专兼职教师团队，特别感谢济光学院室内设计专业林维航老师和景观设计专业王芳老师对本书出版提供的宝贵意见和相关资料。

本书插图众多，除了部分编著者自绘，大部分作品范例都来自建筑设计基础板块相关课程的学生作业，图片和相关资料的整理过程中得到柏梦杰老师和钱俞桑同学的许多帮助与支持，在此对这些同学和老师表示感谢。

笔者衷心希望读者提出更多的宝贵意见。

黄琪、周婧、袁铭

2023 年 10 月